JN312274

International Physics Olympiad

オリンピック問題で学ぶ
世界水準の物理入門

物理チャレンジ・オリンピック日本委員会 編

丸善出版

はじめに

　物理チャレンジ・オリンピック日本委員会*は，2005 年から 5 年間にわたって全国の高校生等を対象とする物理コンテスト「物理チャレンジ」を開催し，そこで優秀な成績を収めた方々の中から 5 名の代表を選出して「国際物理オリンピック（IPhO）」に送る事業を続けてきました。

　国際物理オリンピックで出題される問題は，いずれも日本の高校，大学や入学試験で出題される問題と比べて異質の良問ばかりです。理論問題と実験問題にそれぞれ 5 時間が与えられ，挑戦者は問題を読み解く思考力，課題解決に到る戦略性，長時間考え抜く耐久力，解答手順を明快に記述する表現力などが試されます。

　われわれは国内のコンテストである物理チャレンジの問題を作成する際にも，この国際物理オリンピック問題の出題の意図を汲んできました。このようにして過去 5 年間に作られた物理チャレンジの問題と，1967 年以来蓄積されてきた国際物理オリンピックで出題された選りすぐりの問題に，解答・解説を付すと同時に，一人でも多くの方々に本当の物理の力を身につけて欲しいという願いを込めて 1 冊の本にまとめました。

　本書は屹然として立ちはだかる国際物理オリンピック問題に対して，はじめから一問一問順番に解いていくことで，その高みへと近づくことのできるつくりになっています。比較的平易なものからかなり難しいものまで，オリンピック問題に宿る物語性にみなさんは惹き込まれていくことでしょう。また，わが国の学校教育の基準として文部科学省が定めた「学習指導要領」の範囲を超える問題も含まれています。しかし，まだ物理の多くを学習していない人でも，解説をよく読んで理解し，自分の頭でしっかり考えて一歩一歩論理を追っていくと解答にたどりつけるようになっています。

　本書の問題にチャレンジして物理の面白さを味わい，また世界の物理教育の

レベルがどのようなものかを知って，日本のそれと比べていただきたいと思います。

　そしてぜひ物理チャレンジ，国際物理オリンピックに挑戦してみてください。

　2010 年 4 月

物理チャレンジ・オリンピック日本委員会*を代表して

有 山 正 孝

*2011 年 3 月より NPO 法人物理オリンピック日本委員会に改称

編集委員・執筆者・協力者一覧

編集委員　　北　原　和　夫　　国際基督教大学教養学部
　　　　　　　　杉　山　忠　男　　河合塾物理科
　　　　　　　　並　木　雅　俊　　高千穂大学人間科学部
　　　　　　　　長谷川　修　司　　東京大学大学院理学系研究科

執 筆 者　　江　尻　有　郷　　元琉球大学大学院教育学研究科
　　　　　　　　北　原　和　夫　　国際基督教大学教養学部
　　　　　　　　杉　山　忠　男　　河合塾物理科
　　　　　　　　鈴　木　　　亨　　筑波大学附属高等学校
　　　　　　　　田　中　忠　芳　　松本歯科大学歯学部
　　　　　　　　田　中　良　樹　　東京大学理学部4年
　　　　　　　　谷　崎　佑　弥　　東京大学理学部4年
　　　　　　　　並　木　雅　俊　　高千穂大学人間科学部
　　　　　　　　二　宮　正　夫　　岡山光量子科学研究所
　　　　　　　　野　添　　　嵩　　東京大学教養学部4年
　　　　　　　　長谷川　修　司　　東京大学大学院理学系研究科
　　　　　　　　波田野　　　彰　　放送大学
　　　　　　　　原　田　　　勲　　岡山大学大学院自然科学研究科
　　　　　　　　村　下　湧　音　　東京大学教養学部2年

協 力 者　　蘆　田　祐　人　　東京大学教養学部1年
　　　　　　　　小　野　すみれ　　東京大学教養学部4年
　　　　　　　　松　元　叡　一　　東京大学教養学部2年
　　　　　　　　吉　田　周　平　　東京大学教養学部2年

（2010年4月現在，五十音順）

目　次

理　論　編

1章　物理一般 ……………………………………………………………… 3

　基本問題…3
　　　SI 単位と cgs 単位…3　　ハイヒールの圧力と象の圧力…4
　　　「氷山の一角」とは何％か…5　　太陽の高度…6
　発展問題…7
　　　次元解析とスケール変換…7　　雲はなぜ落ちないのか…10

2章　力　学 ………………………………………………………………… 13

　2.1　等加速度運動…13
　2.2　運動方程式…14
　2.3　エネルギー保存則…15
　2.4　万有引力の法則とケプラーの法則…19
　基本問題…21
　　　自転車から落ちるボールの見え方…21　　屋上からボールを投げる…22　　大砲の弾道…23　　電車の運行…24　　スカイダイビング…26　　ゆるい坂道と急な坂道…29　　滑る球と転がる球…30　　冥王星探査…31
　2.5　運動量保存則…36
　2.6　力のモーメントと角運動量…38
　2.7　ケプラー運動…40
　2.8　剛体の運動方程式とエネルギー…47

発展問題…51

膨張する宇宙…51　　木星探査…56　　地球から離れていく月…60

3章　振動・波動 …………………………………………… 67

3.1　単振動…67

3.2　波　動…68

基本問題…70

正弦波のグラフ…70　　6つのマイクで音を拾う…72

3.3　波の重ね合わせ…74

3.4　ドップラー効果…79

発展問題…81

水面波の速さ…81　　重力の影響を受ける中性子…85　　連星を見極める…89

4章　電磁気学 ……………………………………………… 95

4.1　直流回路…95

4.2　磁場と電磁誘導…97

基本問題…99

電池2個の回路…99　　正四面体の回路…101　　手回し発電機…104

4.3　電荷と電場…106

4.4　電流と磁場…112

発展問題…121

電磁波の発生…121　　自動車のエアバッグ制御システム…127

5章　熱力学 ……………………………………………………… 137

5.1 熱と温度…137

基本問題…138

　　熱の性質…138　　位置エネルギーを熱に変える…140　　理想気体の状態変化…141　　水をお茶より熱くする…142

5.2 気体分子運動論…143

5.3 熱力学第1法則…146

発展問題…149

　　レーザー光を吸収する気体…149　　ブラウン運動…152　　界面で沸騰する2種類の液体…161

6章　現代物理 ……………………………………………………… 167

基本問題…167

　　一般相対論の検証実験…167

発展問題…171

　　特殊相対論の思考実験…171　　レーザー光で原子を冷やす…182　　星の一生…191

実験編

1章　測定とデータ処理 ……………………………………………… 211

1.1 測定の工夫…211

1.2 測定誤差と有効数字…215

1.3 誤　差…216

1.4 間接測定値の誤差と誤差の伝播…219

1.5 1次関数のフィッティング…221

1.6 対数関数のフィッティング…224

1.7 データ整理の10カ条…227

2章　実験物理 ……………………………………………… 229

プランク定数の測定実験…229
　実験で使用する部品・装置…229　実験1 回折格子による光の干渉…231　実験2 発光ダイオードの電流・電圧特性…234

マイクロ波の干渉・回折の実験…240
　実験で使用する部品・装置…240　実験1 マイケルソン干渉計…241　実験2 薄膜の干渉…242　実験3 マイクロ波の回折…245

付　録

物理のための数学 …………………………………………… 259

A.1 逆三角関数…259　A.2 極座標…260　A.3 テイラー展開…267　A.4 テイラー多項式を用いた近似式…269　A.5 複素数平面…271　A.6 オイラーの公式…272　A.7 微分方程式の解法Ⅰ（変数分離型）…274　A.8 微分方程式の解法Ⅱ（線形微分方程式）…275　A.9 偏微分方程式…278　A.10 微分方程式と物理…281

索　引 ………………………………………………………… 285

● コラム
　　日本と世界の物理教育比較…12
　　物理オリンピック OB の声…66, 135, 255
　　合宿型コンテスト…93
　　フィジックス・ライブ…93
　　物理の故郷・岡山…166
　　最新素粒子論…206
　　日本最初の物理屋…226
　　物理屋のココロ…228
　　国際物理オリンピックへの道のり…284

理論編

1章 物理一般

——それでも地球は動いている （G.Galilei）

基本問題

問題1 SI 単位と cgs 単位

　長さ，質量，それに時間などの基本単位を定めると，多くの物理量はこれらの組立単位で表される。国際単位系（SI）では，長さの単位メートル（m），質量の単位キログラム（kg），時間の単位秒（s）をもっとも基本的な単位とする。これらの基本単位から，必要に応じて他のさまざまな単位を組立てることができる。例えば，体積の単位は m×m×m なので m^3 となり，密度の単位は kg/m^3 となる。

　これに対して，長さの単位センチメートル（cm），質量の単位グラム（g），時間の単位秒（s）を使って，さまざまな単位を組立てることもできる。この単位系を cgs 単位系という。cgs 単位系では，体積の単位は cm^3 となり，密度の単位は g/cm^3 となる。例えば，SI 単位系における $1 m^3$ は cgs 単位系では 10^6 cm^3 となる。

　次の物理量において，SI での単位の大きさは，cgs 単位系での単位の大きさの何倍になるか。次の空欄　　に入る数はいくらか。

（例）　体積を表す単位　　　　　10^a 倍　　　　$a=6$
(1)　速度を表す単位　　　　　10^i 倍　　　　$i=$ 　　
(2)　加速度を表す単位　　　　10^j 倍　　　　$j=$ 　　
(3)　力を表す単位　　　　　　10^k 倍　　　　$k=$ 　　
(4)　エネルギーを表す単位　　10^l 倍　　　　$l=$ 　　
(5)　圧力を表す単位　　　　　10^m 倍　　　　$m=$ 　　

（第1チャレンジ理論問題）

解答

$i=2$, $j=2$, $k=5$, $l=7$, $m=1$

解説

(1) 速度は SI で m/s と表され，$1\,\text{m}=1\times10^2\,\text{cm}$ である．速度の SI の単位の大きさは $1\,\text{m/s}=1\times10^2\,\text{cm/s}$ であり，cgs 単位系での単位の大きさ $1\,\text{cm/s}$ の $\underline{10^2}$ 倍になる．

(2) 加速度は SI で m/s^2 と表されるから，$1\,\text{m/s}^2=1\times10^2\,\text{cm/s}^2$ と表され，cgs 単位系での $1\,\text{cm/s}^2$ の $\underline{10^2}$ 倍になる．

(3) 力は「質量×加速度」で表されるから，SI でニュートン $\text{N}=\text{kg}\cdot\text{m/s}^2$ と表される．$1\,\text{kg}=10^3\,\text{g}$ より，$1\,\text{N}=10^3\,\text{g}\times10^2\,\text{cm/s}^2=10^5\,\text{g}\cdot\text{cm/s}^2=10^5\,\text{dyn}$（ダイン）となるから，答は $\underline{10^5}$ 倍になる．

(4) エネルギーは「力×距離」で表され，SI でジュール $\text{J}=\text{N}\cdot\text{m}$ と表される．よって，$1\,\text{J}=10^5\,\text{dyn}\times10^2\,\text{cm}=10^7\,\text{erg}$（エルグ）であり，答は $\underline{10^7}$ 倍となる．

(5) 圧力は「力÷面積」で表され，SI でパスカル $\text{Pa}=\text{N/m}^2$ と表される．よって，$1\,\text{Pa}=10^5\,\text{dyn}/10^4\,\text{cm}^2=10\,\text{dyn/cm}^2$ となるから，答は $\underline{10}$ 倍となる．

問題2 ハイヒールの圧力と象の圧力

ハイヒールを履いた人の全体重 50 kg が，ハイヒールの両かかとの先（ハイヒールのかかとの先1本あたりの断面積は 5 cm²）のみに等しくかかるとする．また，象の全体重 4,000 kg が象の4本の足に等しくかかるとする．このとき，ハイヒール片方のかかとの先に加わる圧力は，象の足の裏1本あたり（足1本あたりの断面積は 0.2 m²）に加わる圧力の何倍か．もっとも適当なものを，次の①～⑥の中から1つ選べ．

① $\dfrac{1}{20}$ 倍　② $\dfrac{1}{10}$ 倍　③ $\dfrac{1}{5}$ 倍　④ 5 倍　⑤ 10 倍　⑥ 20 倍

(第1チャレンジ理論問題)

> **解 答**
>
> ⑤

> **解 説**

単位を SI にそろえることが重要である。重力加速度の大きさを g とする。

$5\,\mathrm{cm}^2 = 5\times10^{-4}\,\mathrm{m}^2$ である。体重 50 kg の人にはたらく重力 $50g$ N が，両かかとに等しくかかるので，ハイヒールの片方のかかとの先にかかる圧力は $p_\mathrm{H} = \dfrac{50g}{2\times5\times10^{-4}} = 5\times10^4 g$ Pa である。一方，象の 1 本の足の裏にかかる圧力は，$p_\mathrm{E} = \dfrac{4000g}{4\times0.2} = 5\times10^3 g$ Pa となるから，答は，$p_\mathrm{H}/p_\mathrm{E} = \underline{10\text{ 倍}}$ となる。

問題3 「氷山の一角」とは何%か

図 1.1 のように，海面に浮かんでいる氷山の，海面上の部分の全体に対する割合はいくらか。ただし，海水の密度を $1{,}024\,\mathrm{kg/m^3}$，氷の密度を $917\,\mathrm{kg/m^3}$ とする。もっとも適当なものを，次の①～⑥の中から 1 つ選べ。

① 89.6% ② 88.3% ③ 52.8%
④ 47.2% ⑤ 11.7% ⑥ 10.4%

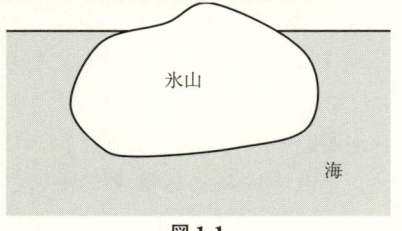

図 1.1

(第1チャレンジ理論問題)

> **解 答**
>
> ⑥

> **解 説**

氷山にはたらく浮力は，海水中の氷山の体積と同体積の海水にはたらく重力に等しい。したがって，氷山の全体積を V，海水中の氷山の体積を v，海水の密度を $\rho_\mathrm{s} = 1{,}024\,\mathrm{kg/m^3}$，氷の密度を $\rho_\mathrm{I} = 917\,\mathrm{kg/m^3}$ として，氷山にはたらく力のつり合いは，重力加速度の大きさを g とすると，

$$\rho_l V g = \rho_s v g$$

となる。水面上に浮かんでいる部分の全体に対する割合は，

$$\frac{V-v}{V} = 1 - \frac{v}{V} = 1 - \frac{\rho_l}{\rho_s} = 1 - \frac{917}{1024} = 0.104 \quad \therefore \quad \underline{10.4\ \%}$$

(参考) 浮力は圧力の合力

図 1.2a のように，密度 ρ の液体中（気体中でも同じである）に沈んでいる体積 V の物体には，周囲の液体から圧力が物体表面に垂直にはたらく。圧力は，液体の深いところの方が大きく，浅いところでは小さいので，圧力の合力は鉛直上方を向く。この合力が浮力 F である。

図 1.2b のように，液体中に，物体と同体積 V の液体を考えるとき，この液体には，物体にはたらくのと同じ大きさの浮力 F が周囲の液体より，鉛直上向きにはたらく。それと同時に体積 V の海水には，大きさ $\rho V g$ の重力がはたらく。よって，この海水に対する力のつり合いより，浮力の大きさは，

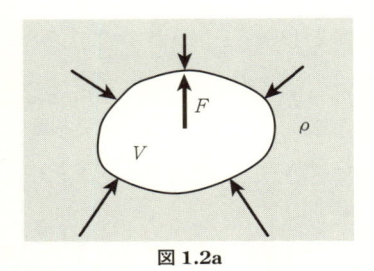

$$F = \rho V g$$

図 1.2a

図 1.2b

で与えられることがわかる。物体が液面上に浮かんでいる場合も同様であり，**物体にはたらく浮力の大きさは，液体中に沈んでいる部分の体積と同体積の液体にはたらく重力の大きさに等しい。**

問題 4 太陽の高度

北極から赤道までの経線の長さを $10,000\ \mathrm{km}$ とする。伊豆・天城山で太陽が正中（南中）していた同日同時刻において，同一経度で真北に $334\ \mathrm{km}$ 離れている新潟市での太陽の高度（角度）は，天城山における高度とどれだけずれているか。もっとも適当なものを，次の①〜⑥の中から1つ選べ。

① 1° ② 1.5° ③ 3° ④ 4.5° ⑤ 6° ⑥ 12°

(第1チャレンジ理論問題)

解答

③　（ヒント）正中時，太陽高度の差は緯度の差

解説

図 1.3 のように，天城山の位置を点 A，新潟市の位置を点 N，地球の中心を点 O とし，∠AON＝θ とおく。θ は，天城山と新潟の緯度の差である。各点で正中したときの太陽の高度は，その点での南方向の地球の接線と太陽の方向 S とのなす角度であるから，点 A と点 N で太陽の高度を ϕ_A，ϕ_N とすると，求める高度の差は，

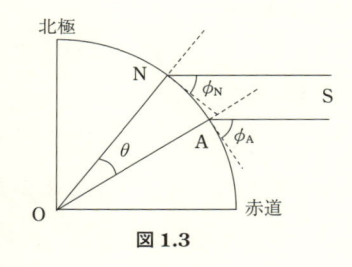

$$\phi_A - \phi_N = \theta$$

となる。北極から赤道までの経線の長さ 10,000 km，天城山と新潟市の距離 334 km を用いると，求める角度は，

$$\theta = \frac{334}{10000} \times 90 = \underline{3.0°}$$

となる。

発展問題

問題1 次元解析とスケール変換

I　次元解析

　物理量の単位は，長さや時間などの基準となる**基本単位**を定めると，それらの組合わせで表される。このように，物理量の単位が基本単位のどのような組合わせになっているかを示すものを**次元**あるいは**ディメンション**という。物理量の関係を数式で表すと，両辺の次元は等しくならなければならない。このことを用いると，ある物理量が他の物理量とどのような関係にあるのかを調べ

ことができる。このような方法を**次元解析**という。

質量の次元を [M], 長さの次元を [L], それに時間の次元を [T] で表し, 次元解析の手法を用いて物理現象を考察してみよう。

(例) 音速 v_s が気圧 p と空気の密度 ρ で決まると考えて,

$$v_s = k\, p^a \rho^b \quad (k は次元のない定数) \tag{2.1}$$

と仮定すると, v_s, p, ρ の次元はそれぞれ $[v_s]=[LT^{-1}]$, $[p]=[(MLT^{-2})/L^2]=[ML^{-1}T^{-2}]$, $[\rho]=[M/L^3]=[ML^{-3}]$ と表すことができる。そこで, (2.1) 式の両辺の次元は,

$$[LT^{-1}]=[ML^{-1}T^{-2}]^a[ML^{-3}]^b=[M^{a+b}L^{-a-3b}T^{-2a}]$$

である。これより,

$$0=a+b, \quad 1=-a-3b, \quad -1=-2a$$

となり, $a=\dfrac{1}{2}$, $b=-\dfrac{1}{2}$ と求まる。

問1 飛行機の揚力を考える。飛行機の翼を長さ W, 奥行き L の長方形であると仮定する。この飛行機が密度 ρ の大気中を, 大気に対する相対速度 v で飛んでいる。飛行機の揚力 F は翼の長さに比例すると考えられるので,

$$\frac{F}{W}=k\rho^a v^b L^c \quad (k は次元のない定数)$$

とおくと, a, b, c はどのように定まるか。a, b, c の各数値を求めよ。

問2 この飛行機は, 地上では時速 250 km で離陸し, 上空 10,000 m では時速 900 km で飛んでいる。上空 10,000 m でこの飛行機にはたらく揚力と地上で離陸するときにこの飛行機にはたらく揚力が等しいとすると, 上空 10,000 m の空気の密度 ρ_1 と地上の空気の密度 ρ_0 の比 ρ_1/ρ_0 はいくらか。

II スケール変換

ある物理量が他の物理量のべき乗で表されている場合, **スケール変換**という手法で物理法則を考察することができる。いま, 長さのスケールを $r \to r_1 = \alpha r$, 時間のスケールを $t \to t_1 = \beta t$ と変換する場合を考える。

問3 速度 V と加速度 A は,

$$V \to V_1 = \alpha^i \beta^j V, \quad A \to A_1 = \alpha^k \beta^l A$$

と変換される。上記の i, j, k, l の値を求めよ。

問4 長さが100分の1のミニチュアの物体を作って落下させ，その様子をビデオに撮影した。これを本物らしく見せるには，長さと時間に関するスケール変換に対して加速度が不変であればよい。このことより，ビデオの再生速度をもとの何倍にすればよいか求めよ。

(第2チャレンジ理論問題)

解 答

問1 $[F]=[MLT^{-2}]$, $[W]=[L]$, $[\rho]=[ML^{-3}]$, $[v]=[LT^{-1}]$, $[L]=[L]$ より，

$$\frac{[MLT^{-2}]}{[L]}=[ML^{-3}]^a[LT^{-1}]^b[L]^c$$

$$[MT^{-2}]=[M^a L^{-3a+b+c} T^{-b}]$$

これより，

$$1=a,\ 0=-3a+b+c,\ -2=-b$$

$$\therefore\ a=\underline{1},\ b=\underline{2},\ c=\underline{1}$$

問2 問1の結果より，

$$\frac{F}{W}=k\rho^1 v^2 L^1$$

であるから，上空10,000 mと地上で離陸するときの揚力が等しいとすると，

$$\rho \propto v^{-2} \quad \therefore\ \frac{\rho_1}{\rho_0}=\frac{900^{-2}}{250^{-2}}=\left(\frac{250}{900}\right)^2 \fallingdotseq \underline{0.077}$$

本問では，有効数字を考えていない。このような場合，有効数字2桁あるいは3桁で答えればよい。

問3 速度は位置の変化を時間でわったものであり，加速度は速度の変化を時間でわったものであるから，VとAは，それぞれ，

$$V \to V_1 = \alpha\beta^{-1}V,\ A \to A_1 = \alpha\beta^{-2}A$$

と変換される。よって，

$$i=\underline{1},\ j=\underline{-1},\ k=\underline{1},\ l=\underline{-2}$$

問4 $\alpha\beta^{-2}=1$にすれば，スケール変換に関して加速度が不変になるので，$\alpha=\dfrac{1}{100}$ より，

$$\beta=\alpha^{\frac{1}{2}}=\left(\frac{1}{100}\right)^{\frac{1}{2}}=\frac{1}{10}$$

つまり，ビデオの再生速度をもとの$\frac{1}{10}$倍にすればよい．

問題2 雲はなぜ落ちないのか

雲は大気中に浮かぶ微小な水滴の集まりである．その水滴の直径は3～10 μm（1μm$=1\times10^{-6}$ m）程度である．この水滴は微小であるが，密度は水に等しく，大気の密度よりずっと大きい．このため，雲が大気中に浮かぶことは不思議である．

なぜ雲は落ちてこないのだろうか．また，雲の中の水滴がどうなると雨となって落下してくるのだろうか．以下の問いに答えよ．

問1 地上の大気中に，水蒸気を多く含んだ空気塊ができたとする．この空気塊が上空で雲になるまでの過程を120字程度で記述せよ．

問2 雲はなぜ落ちてこないのか．80字程度で記述せよ．

問3 雲の中での水滴と水蒸気を多く含んだ大気の相対的運動を考察して，雨が降り出すまでの過程を200字程度で記述せよ．

(第2チャレンジ理論問題)

解答

問1 水蒸気は軽いので，水蒸気を多く含んだ空気塊は上昇する．上昇すると，断熱膨張して温度が下がる．その温度での飽和水蒸気圧がその水蒸気圧以下となれば，水蒸気の一部は凝結して水滴となる．こうして水蒸気と微小な水滴の集団として雲が形成される．

問2 雲の中は微小な水滴と水蒸気で満たされている．水蒸気は空気より軽いが，水滴と水蒸気を平均すると，雲の密度は空気の密度と等しくなり，雲は浮いている．

問3 雲の中では重い水滴は下降し，水蒸気は上昇する．この相対運動の際に，粘性力がはたらく．水滴にはたらく粘性力は，その半径と相対的速さとの積に比例する．水滴にはたらく重力は半径の3乗に比例するため，水滴が小さければ周囲の水蒸気に対して降下する相対的速さが遅く，水滴は雲の中に留まる．水滴が大きくなると，降下する相対的速さが速くなり，水滴は雲から飛び出して落下する．これが雨である．

◁ 解 説 ▷

解答は，下記の事柄に着目して書かれている。
- 雲の中の空気は微小な水滴と飽和水蒸気で満たされている。
- 水蒸気は空気より軽い。

　　水分子（H_2O）の分子量は 18 で，空気の平均分子量 29 より小さいため，水蒸気（気体）の密度は，空気の密度より小さい。
- 気体が断熱膨張すると，温度は低下する。

　　気体の一団が上昇すると，上空ほど気圧が低いので膨張する。その際，気体は熱を伝えにくいので，断熱的に膨張する。気体が膨張すると外部に仕事をするため，その分，内部エネルギーが減少し，気体の温度が低下する。
- 温度が下がると，飽和蒸気圧は低下する。

　　水蒸気圧が飽和水蒸気圧（水と共存できる水蒸気の分圧の最大値）より高くなると，水蒸気は液体になり水滴が生じる。
- 水滴が気体中を相対的に運動すると，水滴にはその半径と相対的な速さとの積に比例する抵抗力（粘性力）がはたらく（ストークスの法則）。
- 水滴にはたらく重力は半径の 3 乗に比例する。

　さらに，水滴が成長する過程では次のようなことも考えられる。

　水滴は大気中で電荷を帯びるため，水滴どうしに電気的反発力が作用する。その結果，水滴どうしは結合せず，大きくなることが妨げられる。しかし，雷が発生すると電荷が放電され，反発力が消滅する。そのため，水滴が結合して急激に大きくなり，雨となって落下する。これが雷雨である。また，水滴が周囲の水蒸気を吸収して成長する際，水滴の半径が小さい間は，水が気化する割合が大きく，水滴は小さくなって消滅する可能性があるが，いったん半径がある値より大きくなると，水蒸気の液化により水滴が急激に成長する可能性の方が大きくなる。

●日本と世界の物理教育比較

　国際物理オリンピックの問題は，開催国が数年前からその国の英知を投入して作成し，試験の前日に参加国の役員全員でさらに磨きをかける良問である。もちろん出題範囲を越える技量が要求されることはないが，解決に到るまでの思考の粘り，手順，戦略といった能力が問われる。例えば実験問題では，実験器具の配置は自分で考えて行うことになっている。信頼のおける実験データのとりかたも自分で考えなければならない。結果だけでなく途中過程も下書き用紙に記録して提出する。日本では（往々にして大学においてさえ），理論で予想される実験データが得られれば○（まる）をもらえる，ということが多いのではないか。しかし，研究の場では信頼性のあるデータの方が重要であることはいうまでもない。教室でも最先端の研究者と同じ"研究魂"が求められるのが世界の物理教育の水準である。

2章 力学
Mechanics

――私が遠くを見ることができたのは，巨人達の肩に乗っていたからです　(I. Newton)

―――― 基本コース ――――

2.1 等加速度運動

物体の位置の単位時間あたりの変化を速度，速度の単位時間あたりの変化を加速度という。x 軸に沿った直線運動を考えよう。

一定の加速度 a で等加速度運動している物体が，時刻 $t=0$ に位置 $x=x_0$ を速度 v_0 で通過するとき，時刻 t での速度は，

$$v = v_0 + at \tag{2.1}$$

と表される。このとき，縦軸に速度 v，横軸に時刻 t をとる $v-t$ グラフは，図2.1のように描かれる。物体の位置の変位は，「速度×時間」で与えられるから，時刻 t での物体の位置 x は，台形公式を用いて，

$$x = x_0 + \frac{1}{2}\{v_0 + (v_0 + at)\} \times t$$
$$= x_0 + v_0 t + \frac{1}{2}at^2 \tag{2.2}$$

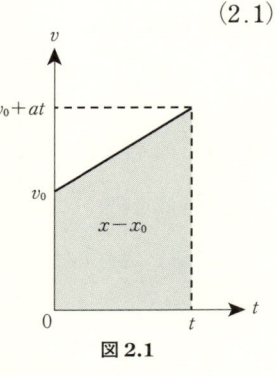

図 2.1

と表すことができる。(2.1)式と(2.2)式より時刻 t を消去すると，

$$v^2 - v_0^2 = 2a(x - x_0) \tag{2.3}$$

の関係式が成り立つことがわかる。

【例題】 速度 v は位置 x の時間微分として $v = \dfrac{dx}{dt}$，加速度 a は速度の時間微分として $a = \dfrac{dv}{dt}$ と表される。積分法を用いて等加速度運動の式(2.1)，(2.2)を導け。

[解] 微分と積分は逆の演算であるから，速度 v は加速度 a を時間 t で積分して，
$$v = \int a\, dt = at + C_1 \quad (C_1 \text{ は積分定数})$$
となる．初期条件「時刻 $t=0$ のとき $v=v_0$」より $C_1=v_0$ となり，(2.1)式を得る．

位置 x は速度 v を時間 t で積分して，
$$x = \int v\, dt = \int (v_0 + at)\, dt = v_0 t + \frac{1}{2} at^2 + C_2 \quad (C_2 \text{ は積分定数})$$
となる．初期条件「$t=0$ のとき $x=x_0$」より $C_2=x_0$ となり，(2.2)式を得る．

(1) 放物運動

空気抵抗を無視するかぎり，空気中の物体には鉛直下方へ一定の重力加速度 g がはたらく．また，水平方向に力がはたらかないから，物体は水平方向に一定の速さで等速運動する．そのため，地上から斜めに投げられた物体は放物線の軌道を描いて運動する．このように放物線を描く運動を**放物運動**という．

図2.2のように地上に原点O，水平右向きに x 軸，鉛直上向きに y 軸をとる．時刻 $t=0$ に原点Oから x 軸と角 θ をなす向きに速さ v_0 で投げ出された小球の運動を考える．時刻 t で小球の座標 (x, y) は，
$$x = v_0 \cos\theta \cdot t, \quad y = v_0 \sin\theta \cdot t - \frac{1}{2} g t^2$$

図 2.2

と表される．これらより t を消去すると，
$$y = x \tan\theta - \frac{g}{2v_0^2 \cos^2\theta} x^2$$
となり，小球が放物線の軌道を描いて運動することがわかる．

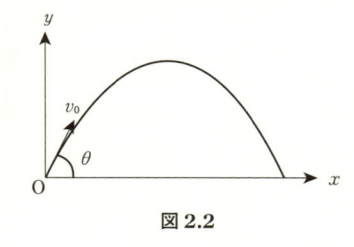

2.2 運動方程式

図2.3のように，物体に力 f がはたらくと，f に比例する加速度 a が生じる．そこで，比例定数を $\frac{1}{m}$ とおくと，

図 2.3

$$a = \frac{1}{m} f \iff ma = f \tag{2.4}$$

が成り立つ。(2.4)式を**運動方程式**という。運動方程式は，別の法則から導かれるものではなく，力学を考える上で出発点にとるべき基本法則の1つである。

2.3 エネルギー保存則

エネルギー保存則は，運動方程式を基にしている。ここでは，作用する力が一定で，物体が x 軸に沿った直線的な運動（等加速度直線運動）をする場合について，運動方程式からエネルギー保存則がどのように導かれるか，示しておこう。

(1) 運動エネルギーと仕事

図 2.4 のように，物体に力 $\vec{f}$ ($|\vec{f}|=f$) が作用し，物体が $\vec{r}$ ($|\vec{r}|=r$) だけ変位したとき，ベクトルの内積を用いて，

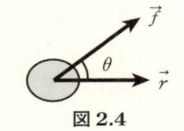

$$W = \vec{f} \cdot \vec{r} = fr\cos\theta \tag{2.5}$$

図 2.4

を**仕事**と定義する。ここで，θ は力 $\vec{f}$ と変位 $\vec{r}$ のなす角である。また，物体がもつ仕事をする能力を**エネルギー**という。エネルギーには，物体が運動することによってもつエネルギーすなわち**運動エネルギー**と，ある位置にいるだけでもつエネルギーすなわち**位置エネルギー**がある。

次に，図 2.5 のように，質量 m の物体に一定の力 f が作用し，物体の位置が x_1 から x_2 へ変化する間に，速度が v_1 から v_2 まで変化したとする。物体の加速度を a とすると，運動方程式は $ma = f$ となり，$a = f/m =$ 一定となる。したがって，等加速度運動の式 (2.3) より，

$$v_2^2 - v_1^2 = 2a(x_2 - x_1)$$
$$\Rightarrow \quad \frac{1}{2}mv_2^2 - \frac{1}{2}mv_1^2 = ma(x_2 - x_1) = f(x_2 - x_1) \tag{2.6}$$

を得る。この式の最右辺は力 f の仕事であるから，物体は $f(x_2 - x_1)$ だけ仕事をする能力すなわちエネルギーを余分にもつことになる。いま，物体は運動することによってそのエネルギーをもつから，左辺は**運動エネルギー**の変化を表すはずである。そこで，質量 m の物体が速度 v で運動しているときの運動エネルギーは $\frac{1}{2}mv^2$ と表されることがわかる。(2.6) 式は，

運動エネルギー変化＝仕事　　　　　　　　　(2.7)

の関係を表している。(2.7)式の関係は，等加速度運動の式の代わりにベクトルとその積分を用いると，時間的に変化する力がはたらく空間内の物体の運動について，一般的に成り立つ関係であることがわかる。

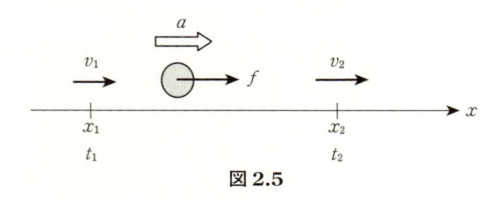

図 2.5

【例題】　x 軸に沿った質量 m の物体の直線運動を考える。一般的に位置 x で x に依存する力 $f(x)$ が x 軸に沿ってはたらくとき，(2.7)式を与える関係式を積分を用いて導け。

［解］　図 2.5 のように，位置 x_1, x_2 を通過するときの物体の速度を v_1, v_2，時刻を t_1, t_2 とする。加速度を速度 v の時間変化として $a = dv/dt$ と書くと，物体の運動方程式は，

$$m\frac{dv}{dt} = f$$

と書ける。ここで，両辺に速度 $v = dx/dt$ をかけて t_1 から t_2 まで積分する。置換積分における積分変数の変換を用いて，

$$\text{左辺} = \int_{t_1}^{t_2} mv\frac{dv}{dt}dt = \int_{v_1}^{v_2} mv\,dv = \frac{1}{2}mv_2^2 - \frac{1}{2}mv_1^2$$

$$\text{右辺} = \int_{t_1}^{t_2} f\frac{dx}{dt}dt = \int_{x_1}^{x_2} f\,dx = W(x_1 \to x_2)$$

となり，関係式

$$\frac{1}{2}mv_2^2 - \frac{1}{2}mv_1^2 = W(x_1 \to x_2)$$

を得る。$W(x_1 \to x_2)$ は x_1 から x_2 まで動く間の力 f の仕事である。

(2) 位置エネルギー

位置エネルギー（**ポテンシャルエネルギー**ともいう）は，物体がある位置にいるときに比べて，別の位置にいるときにどれだけエネルギーを余分にもつかを表す相対的な量である。したがって，位置エネルギーを決めるには，基準となる点を決める必要がある。基準点 O を決めれば，点 P の位置エネルギー $U(\mathrm{P})$ は，P から O まで物体を動かす間に力 $\vec{f}$ がする仕事を $W(\mathrm{P} \to \mathrm{O})$ として，

$$U(\mathrm{P}) \equiv W(\mathrm{P} \to \mathrm{O}) \tag{2.8}$$

で定義される。ここで，位置エネルギーを決めることができるためには，力 $\vec{f}$ の仕事が途中の経路によらず，つねに一定値でなければならない。このような力を**保存力**という。

保存力には，重力やばねの弾性力などがあり，重力に対して**重力の位置エネルギー**，弾性力に対して**弾性エネルギー**が決められる。

(3) 位置エネルギーの例

重力の位置エネルギー

図 2.6 のように，地面から高さ h_0 の点で質量 m の物体のもつ重力の位置エネルギー U_g は，重力加速度の大きさを g とし，地面を基準とすると，物体が高さ $h = h_0$ の点から地面（$h = 0$）まで落下する間の重力の仕事に等しく，

$$U_g = W(h_0 \to 0) = mgh_0 \tag{2.9}$$

と表される。

図 2.6

弾性エネルギー

図 2.7 のように，滑らかな水平面上に置かれた小球にばねの右端が付けられ，ばねの左端は固定されている。ばねの自然長の位置（弾性力が 0 となる位置）を位置エネルギーの基準にとり原点とし，水平右向きに x 軸をとる。位置 x で小球にはたらく弾性力は $F(x) = -kx$ と表される。小球の位置が x_0 のとき，ばねの弾性エネルギー $U(x_0)$ は，位置 $x = x_0$ から $x = 0$ に戻るまでに弾性力 $F(x)$ が小

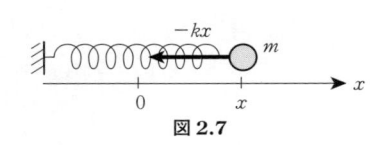

図 2.7

球にする仕事 $W(x_0 \to 0)$ に等しい。横軸にばねの伸び x, 縦軸に弾性力 $F(x)$ をとると, $W(x_0 \to 0)$ は, 図 2.8 の三角形の灰色部分 (直線 $F(x) = -kx$, x 軸と $x = x_0$ で囲まれる三角形) の面積に等しく,

$$U(x_0) = W(x_0 \to 0) = \frac{1}{2}kx_0^2 \quad (2.10)$$

と求められる。

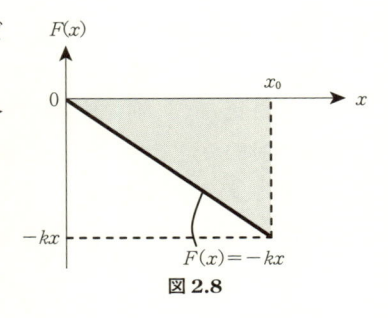

図 2.8

【例題】 積分を用いて (2.10) 式を導け。

[解] ばねの弾性力 $F(x) = -kx$ を用いると,

$$U(x_0) = W(x_0 \to 0) = \int_{x_0}^{0} (-kx)dx = \int_{0}^{x_0} kxdx = \frac{1}{2}kx_0^2$$

となり, (2.10) 式が導かれる。

(4) 力学的エネルギー保存則

図 2.9 のように x 軸上で質量 m の物体が保存力 f を受けて運動する場合を考え, $x = x_0$ を基準点 O とする。物体の点 P_1 ($x = x_1$) での速度を v_1, 点 P_2 ($x = x_2$) での速度を v_2 とし, P_1 から P_2 まで動く間に力 f のする仕事を $W(x_1 \to x_2)$ とすると (2.7) の関係は,

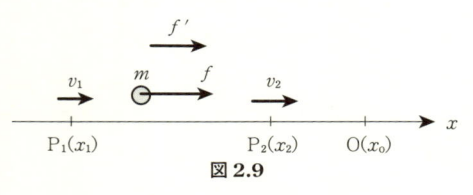

図 2.9

$$\frac{1}{2}mv_2^2 - \frac{1}{2}mv_1^2 = W(x_1 \to x_2) = W(x_1 \to x_2 \to x_0) - W(x_2 \to x_0)$$
$$= U(x_1) - U(x_2)$$

よって,

$$\frac{1}{2}mv_2^2 + U(x_2) = \frac{1}{2}mv_1^2 + U(x_1) \quad (2.11)$$

が成り立つ。これは, 点 P_1 と点 P_2 での運動エネルギーと位置エネルギーの和が等しいことを示している。ここで, 運動エネルギーと位置エネルギーの和

を**力学的エネルギー**とよぶことにすると，(2.11)式は，力学的エネルギーが保存することを表している．これを**力学的エネルギー保存則**という．

(5) 非保存力の仕事

保存力でない力を**非保存力**という．非保存力のする仕事は，はじめの点と最後の点が定まっていても，途中の経路によって異なる．非保存力には，摩擦力などがある．

図 2.9 で，物体が点 P_1 から点 P_2 へ動く間，保存力 f に加えて非保存力 f' が作用し，W' の仕事をしたとする．W' に対して位置エネルギーを定義することはできないので，(2.11)式の右辺に W' が残り，

$$\left(\frac{1}{2}mv_2^2 + U(x_2)\right) - \left(\frac{1}{2}mv_1^2 + U(x_1)\right) = W' \tag{2.12}$$

が得られる．この式は，

$$\text{力学的エネルギー変化} = \text{非保存力の仕事} \tag{2.13}$$

の関係が成り立つことを示している．したがって，動摩擦力などの非保存力がはたらくと，力学的エネルギーは，非保存力の仕事の分だけ変化する．

2.4 万有引力の法則とケプラーの法則

天体の運動を考えるには，万有引力の法則が必要である．この法則は，観測結果としてのケプラーの法則から導かれ，運動方程式などと同様に，力学を考える上ではじめに仮定する基本法則の1つとみなされている．

(1) 万有引力の法則

図 2.10 のように，中心間の距離が r の質量 M の天体 1 と質量 m の天体 2 の間に，斥力の向きを正として，

$$F = -G\frac{Mm}{r^2} \tag{2.14}$$

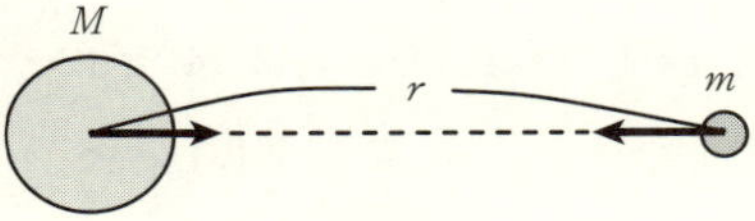

図 2.10

の力がはたらく．ここで，G は万有引力定数とよばれ，$G = 6.67 \times 10^{-11}\,\mathrm{N \cdot m^2/kg^2}$ で与えられる．負号は引力であることを示している．これを**万有引力の法則**という．

万有引力の法則は，厳密には 2 つの質点（質量が 1 点に集中しているとみなされる理想的な物体）間に成り立つ。したがって，大きさのある物体間にはたらく力は，物体を構成している各質点間の力の合力で与えられることになる。しかし，物体の質量がその中心のまわりに球対称に分布していると，中心の 1 点に全質量が集中しているとみなして(2.14)式を用いることができる。多くの天体の質量は中心のまわりに球対称に分布しているので，以下，断らない限り，天体の中心に全質量が集中しているとみなして，万有引力の法則を用いることにする。

(2) 万有引力の位置エネルギー

2.3 で説明したように，位置エネルギーを定めるには，まず基準点を決めなければならない。通常，万有引力の位置エネルギーは，無限遠点を基準とする。そうすると，質量 M の天体 1 の中心から距離 r_0 だけ離れた点にある質量 m の天体 2 のもつ万有引力による位置エネルギー $U(r_0)$ は，天体 2 を距離 r_0 の点から無限遠まで動かすときの万有引力のする仕事 $W(r_0 \to \infty)$ に等しく，図 2.11 で，力 F, r 軸と直線 $r = r_0$ で囲まれた面積に負号を付けた量で与えられる。したがって，

$$U(r_0) = -\frac{GMm}{r_0} \qquad (2.15)$$

となる。

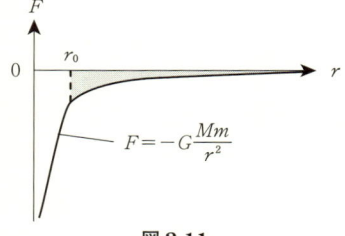

図 2.11

【例題】 (2.15)式を導け。

[解] 万有引力の式(2.14)を用いて，

$$U(r_0) = W(r_0 \to \infty) = \int_{r_0}^{\infty} \left(-G\frac{Mm}{r^2}\right) dr = -GMm \int_{r_0}^{\infty} \frac{dr}{r^2}$$
$$= -GMm \left[-\frac{1}{r}\right]_{r_0}^{\infty} = -\frac{GMm}{r_0}$$

となり，(2.15)式が導かれる。

(3) ケプラーの法則

ケプラーの法則は，次の3つの法則で表される（図2.12）。

第1法則：惑星は，太陽を焦点の1つとする楕円軌道を描く

第2法則：惑星と太陽を結ぶ線分（動径とよぶ）が，単位時間に掃く面積は一定である

第3法則：惑星の軌道の長半径の3乗と公転周期の2乗の比は一定である。ここで，長半径とは楕円の長軸の長さの半分のことである

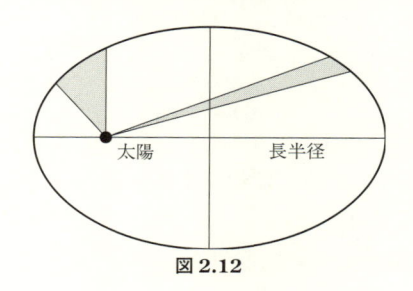

図2.12

基本問題

問題1 自転車から落ちるボールの見え方

自転車に乗っているA君が手からそっとボールを落とした。それを道路に立っていたBさんが見ていた。Bさんから見たボールの落ち方としてもっとも適当なものを，図2.13の中に示した①〜⑤の中から1つ選べ。

（第1チャレンジ理論問題）

図2.13

> 解　答

① （ヒント）落下するボールは，A君の速度に等しい初速度をもつ。

> 解　説

自転車に乗ったA君がボールを静かに落としたとき，ボールはA君ととも

に水平方向に速さをもっている。したがって，空気抵抗を無視すればボールは水平方向にA君と同じ速さで等速運動し，鉛直下方に初速0で一定の重力加速度gで自由落下する。その結果，道路で立っていた（静止していた）Bさんがボールを見ると，ボールは①のような放物線の軌道を描いて運動する。

問題2 屋上からボールを投げる

図2.14に示すように，屋上から，ボールを次のA～Cの方法により等しい初速v_0で投げ出す。

A 鉛直上方に投げ出す
B 水平に投げ出す
C 鉛直下方に投げ出す

A～Cそれぞれの場合に，地面に到達する直前の速さをv_A, v_B, v_Cとする。

これらの大きさの関係について，正しいものを，次の①～⑥の中から1つ選べ。ただし，空気抵抗は無視できるものとする。

① $v_A > v_B > v_C$ ② $v_C > v_B > v_A$
③ $v_B > v_A > v_C$ ④ $v_C > v_A > v_B$
⑤ $v_A = v_C > v_B$ ⑥ $v_A = v_B = v_C$

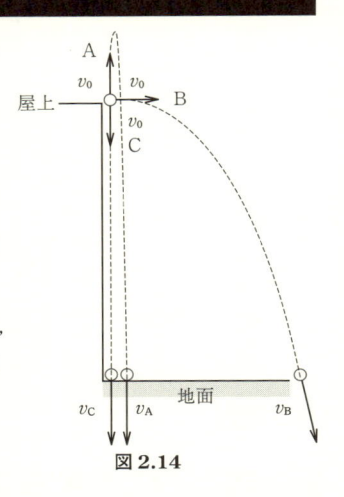

図2.14

（第1チャレンジ理論問題）

解答

⑥ （ヒント）力学的エネルギー保存則を考えてみよう。

解説

ボールを投げ出す点の地面からの高さをh，重力加速度の大きさをg，水平右向きにx軸，鉛直上向きにy軸をとり，等加速度運動の式(2.3)を用いる。

A 鉛直下方へ重力加速度gが生じる。地面に衝突直前のボールの速度のy成分は$-v_A$であるから，$(-v_A)^2 - v_0^2 = 2(-g)(-h)$より，
$$v_A = \sqrt{v_0^2 + 2gh}$$

C 場合Aと同様に，$v_C = \sqrt{v_0^2 + 2gh}$

B　地面に衝突直前のボールの速度を (v_{Bx}, v_{By}) とする。水平方向へ等速運動し，鉛直下方へ加速度 g で自由落下するので，

$$水平方向：v_{Bx}=v_0, \quad 鉛直方向：v_{By}{}^2-0^2=2(-g)(-h)$$
$$\therefore \ v_{By}=-\sqrt{2gh}$$

これより，$v_B=\sqrt{v_{Bx}{}^2+v_{By}{}^2}=\sqrt{v_0^2+2gh}$ となり，$v_A=v_B=v_C$ となる。

(別解)

力学的エネルギー保存則を用いると，A，B，C のいずれの場合も，地面に衝突する直前の速さ v は，

$$\frac{1}{2}mv^2=\frac{1}{2}mv_0^2+mgh \quad \therefore \ v=\sqrt{v_0^2+2gh}$$

となり，$v_A=v_B=v_C$ となる。

問題3 大砲の弾道

図 2.15 のように，同質量の大砲の玉 2 個が目標 1，目標 2 に届くように同時に等しい大きさの初速で打ち出した。ただし，空気抵抗は無視できるものとする。もっとも適当なものを，次の①〜④の中から1つ選べ。

① 玉は目標 2 より目標 1 の方に早く届く
② 玉は目標 1 より目標 2 の方に早く届く
③ 玉は目標 1，目標 2 の両方同時に届く
④ 玉がどちらの目標に早く届くかは，玉の初速度の大きさに依存する

(第1チャレンジ理論問題)

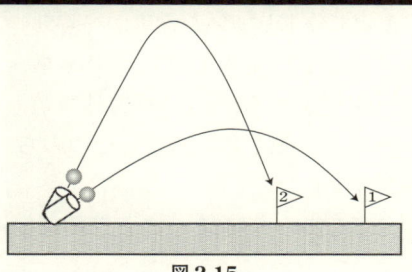

図2.15

<u>解　答</u>

① 　(ヒント) 玉の y 座標（鉛直方向の座標）が，0（投射点の座標）に戻るまでの時間を考えよう。

解説

玉の初速を v_0，初速度が水平面となす角度を θ とする。投射位置を原点に水平右向きに x 軸，鉛直上向きに y 軸をとり，時刻 $t=0$ に投射するものとする。目標 ($y=0$) に届く時刻を t として，玉の y 座標を考えると，

$$y = v_0\sin\theta \cdot t - \frac{1}{2}gt^2 = 0 \qquad \therefore \quad t = \frac{2v_0\sin\theta}{g}$$

これより，投射角 θ が小さい方が早く届くことがわかる。

問題4 電車の運行

A駅からB駅まで移動する電車の運動が，図2.16のグラフのように表される。横軸は時刻 t，縦軸は速度 v である。ただし，A駅とB駅は一直線上にあるとする。

A駅で停車していた電車が，時刻 $t=0$ のとき一定の加速度 α で発車し，t_m 秒後から，一定の加速度 β (<0) で減速しはじめた。そののち，隣のB駅で時刻 $t=T$ に到着してちょうど停車したとする。

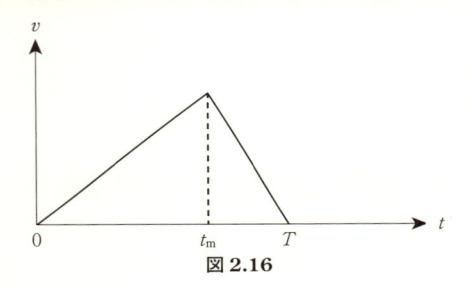

図2.16

発車してから時刻 t_m まで等加速度運動しているので，速度 v は α と時間 t を用いて，

$$v = \boxed{(\mathcal{T})} \tag{2.16}$$

と表される。

また，時刻 t_m より後の速度 v は，

$$v = \beta t + c \tag{2.17}$$

と記すことができる。(2.16)式と(2.17)式は $t = t_m$ で一致しているので，$c = \boxed{(\mathcal{A})} \times t_m$ となる。

これより，t_m より後の時刻 t における速度は，

$$v = \beta(t - t_m) + \boxed{(\mathcal{ウ})} \tag{2.18}$$

と表すことができる。

また，時刻 t における A 駅から電車までの距離を s とすると，時刻 t_m までは，

$$s = \boxed{(エ)} \tag{2.19}$$

となる。また t_m より後は，

$$s = \boxed{(オ)} \times (t-t_m)^2 + \boxed{(カ)} \times (t-t_m) + d \tag{2.20}$$

と表すことができる。これらが $t=t_m$ で一致するので，(2.19)，(2.20)式から，$d = \boxed{(キ)}$ となる。

また，t_m と T の関係は，α と β を用いて，

$$t_m = \boxed{(ク)} \times T \tag{2.21}$$

と表すことができる。T までの移動距離，すなわち A 駅と B 駅の距離を L とすると，L と T^2 の関係は，(2.20)式と(2.21)式から α と β を用いて，

$$\frac{L}{T^2} = \boxed{\quad (ケ) \quad} \tag{2.22}$$

となる。

A 駅から B 駅までの距離は $1.8\,\mathrm{km}$，加速度 $\alpha = 0.20\,\mathrm{m/s^2}$，$\beta = -0.80\,\mathrm{m/s^2}$ であったとすると，この電車の所要時間は $\boxed{(コ)}$ 秒である。

(第1チャレンジ理論問題)

解 答

(ア) αt 　(イ) $\alpha - \beta$ 　(ウ) αt_m 　(エ) $\dfrac{1}{2}\alpha t_m^2$ 　(オ) $\dfrac{1}{2}\beta$ 　(カ) αt_m

(キ) $\dfrac{1}{2}\alpha t_m^2$ 　(ク) $\dfrac{\beta}{\beta - \alpha}$ 　(ケ) $\dfrac{\alpha\beta}{2(\beta - \alpha)}$ 　(コ) 150

(ヒント) 等加速度運動の式(2.1)，(2.2)を活用しよう。

解 説

(イ) 時刻 $t = t_m$ における(2.16)式と(2.17)式の速度が一致することから，

$$\alpha t_m = \beta t_m + c \quad \therefore \quad c = \underline{(\alpha - \beta)t_m}$$

(ウ) (イ)の結果を(2.17)式へ代入すると，

$$v = \beta t + (\alpha - \beta)t_m = \beta(t - t_m) + \underline{\alpha t_m}$$

(オ)，(カ) 　$t > t_m$ では，加速度は β，$t = t_m$ での速度は αt_m であるから，

$t=t_\mathrm{m}$ での位置を d とおくと,
$$s = \frac{1}{2}\beta \times (t-t_\mathrm{m})^2 + \alpha t_\mathrm{m}(t-t_\mathrm{m}) + d \tag{2.20}$$

(ク)　$t=T$ で速度が 0 になることから, $\alpha t_\mathrm{m} + \beta(T-t_\mathrm{m})=0$ となる. よって,
$$t_\mathrm{m} = \frac{\beta}{\beta-\alpha}T \tag{2.21}$$

(ケ)　(2.21)式より, $T-t_m = \frac{-\alpha}{\beta-\alpha}T$ と書けるから, $t=T$ のときの(2.20)式に, $T-t_m$ と t_m を代入して,
$$L = \frac{1}{2}\beta(T-t_\mathrm{m})^2 + \alpha t_\mathrm{m}(T-t_\mathrm{m}) + \frac{1}{2}\alpha t_\mathrm{m}^2$$
よって,
$$\frac{L}{T^2} = \frac{\alpha\beta}{2(\beta-\alpha)} \tag{2.22}$$

(コ)　(2.22)式へ与えられた数値を代入して,
$$T = \sqrt{\frac{2(\beta-\alpha)}{\alpha\beta}L} = \underline{150}\text{ s}$$

問題5 スカイダイビング

　スカイダイビングの競技は, 数人でグループを作って落下しながら演技をする. しかし, 全員が同時に飛行機から飛び降りるわけではなく, 一人ずつ順に飛び降りる. 後から飛び降りた人が先に飛び降りた人に追いつくにはどうするのか考えてみる. 飛び降りると体に空気抵抗を受け, 空気抵抗は速さが増すと大きくなる. 次のそれぞれの問いに対して, もっとも適当なものを, ①～④の中から1つ選べ.

問1　飛び降りた人の落下する速さや加速度はどうなるか.
① 飛び降りた瞬間から空気抵抗のために一定の速さで落下する
② 空気抵抗のため加速度は大きくはならないが, 一定の加速度で落下する
③ 空気抵抗があっても加速度がどんどん大きくなる
④ 空気抵抗のため, 速さがある一定値に近づく

問2　先に飛び降りた人に追いつくにはどうしたらよいか.
① 体重の軽い人から先に飛び降りないと追いつかない
② 重力が大きくなるように体を丸める

③ 重力が大きくなるように手足をできるだけ広げる
④ 空気抵抗を小さくするように姿勢を変える

問3 演技が終わると，最後にはそれぞれの人がパラシュートを開いて着地するが，パラシュートが開いた直後の加速度の向きはどちら向きか．
① 上向き
② 下向き
③ パラシュートが開いたときの速さが大きければ下向き
④ 加速度は生じない

(第1チャレンジ理論問題)

> **解　答**

問1 ④　**問2** ④　**問3** ①
(ヒント) 空気抵抗を受けて落下する人の速度は，十分に時間がたつと一定値（これを**終端速度**という）になる．終端速度は，抵抗が小さいと速いが，抵抗が大きくなると遅くなる．

> **解　説**

問1 飛び降りる人には，その速度 v に比例し，速度と逆向きに空気抵抗がはたらく．その比例定数を k (>0) とする．人の質量を m，鉛直下向きを正として加速度を a，重力加速度の大きさを g とすると，落下する人の運動方程式は（図 2.17），

$$ma = mg - kv \qquad (2.23)$$

図 2.17

となる．はじめ速度（鉛直下向きを正）が $v=0$ のとき，(2.23)式より，加速度は $a=g$ である．しかし，速度が少しずつ増加すると，加速度は次第に小さくなり，十分に時間がたつと加速度は0となり速度は一定値 $v_0 = \dfrac{mg}{k}$ になる．人が飛び降りる瞬間を時刻 $t=0$ とすると，速度 v は t

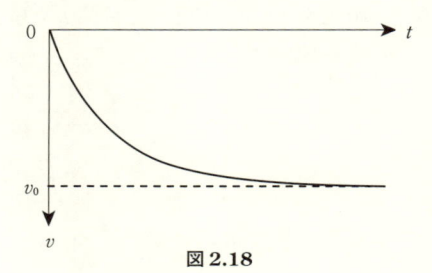

図 2.18

とともに図2.18のように変化する。

問2 姿勢を変えて空気抵抗を小さくすると，比例定数 k は小さくなる。そうすると，同じ時刻 t での落下速度は大きくなり（図2.19），先に飛び降りた人に追いつくことができる。

問3 一定速度 v_0 で落下していた人が時刻 $t=t_0$ にパラシュートを開くと，空気抵抗が増加し，比例定数は大きくなり k_1（$>k$）となる。そうすると，図2.20のように速度は減少して，一定の速度 $v_1=\dfrac{mg}{k_1}$（$<v_0$）となって着地する。

図2.19

図2.20

(参考)

参考1 加速度を $a=\dfrac{dv}{dt}$ とすると，運動方程式(2.23)は $v_0=\dfrac{mg}{k}$ を用いて，

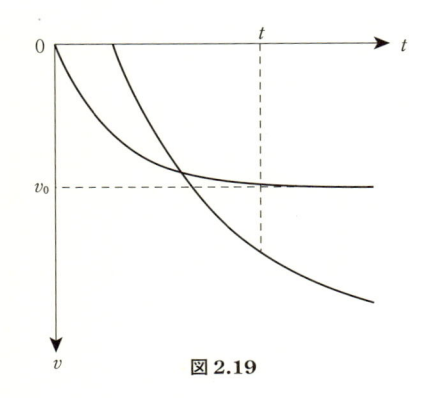

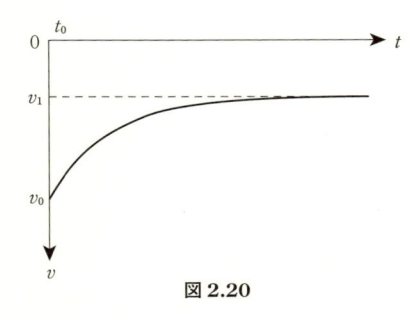

$$m\frac{dv}{dt}=-k(v-v_0)$$

と書ける。これは，変数分離型微分方程式とよばれ，次のように解く（v を時間 t の関数として表す）ことができる。

両辺を $v-v_0$ で割って時間 t で積分すると，置換積分における積分変数の変換を用いて，

$$\int \frac{1}{v-v_0}\frac{dv}{dt}dt = -\int \frac{k}{m}dt$$

$$\Rightarrow \int \frac{dv}{v-v_0} = -\frac{k}{m}\int dt$$

となり，積分定数を C とすると，

$$\log|v-v_0| = -\frac{k}{m}t + C$$

となる。ここで，$v=v_0$ とすると上式の左辺は発散するから，v は v_0 を超えて変化することはできない。そこで，初期条件「$t=0$ のとき $v=0$」を考えることにより速度 v は v_0 より小さい（$v<v_0$）。よって，

$$v_0 - v = e^C \cdot e^{-(k/m)t}$$

となる。初期条件より，積分定数は $e^C = v_0$ と定まり，速度 v を時間 t の関数として，

$$v = v_0(1 - e^{-(k/m)t})$$

と求めることができる。この式のグラフを描いたものが図 2.18 である。

参考 2 演技終了後，時刻 $t=t_0$ にパラシュートを開くと，運動方程式は，

$$m\frac{dv}{dt} = mg - k_1 v = -k_1\left(v - \frac{mg}{k_1}\right) = -k_1(v - v_1)$$

となる。ここで，$v=v_0$（$>v_1$）のとき，$v-v_1>0$ となるから，

$$v - v_1 = e^C \cdot e^{-(k_1/m)t}$$

となる。初期条件「$t=t_0$ のとき $v=v_0$」より，$e^C = (v_0 - v_1)e^{(k_1/m)t_0}$ と定まり，時刻 t（$>t_0$）での速度が，

$$v = v_1 + (v_0 - v_1)e^{-(k_1/m)(t-t_0)}$$

と定まる。これより，$t \to \infty$ で $v \to v_1$ となることもわかる。この式のグラフを描いたものが図 2.20 である。

問題 6 ゆるい坂道と急な坂道

図 2.21 のように，出発点と終着点の高さがそれぞれ等しく，水平方向の距離 l が等しい 2 つの経路 A，B がある。これらの経路の途中には異なる 2 種類の斜面がある。この 2 種類の経路で，出発点から小物体を同時に滑らすとどうなるか。正しいものを，次の①〜④の中から 1 つ選べ。ただし，経路は滑らかで角ばっておらず，小物体は斜面から離れることはなく，摩擦は無視できるものとする。

① 経路 A は 2 回加速するので，先に終着点に到達する
② 経路 B は初めの斜面で速度が大きくなるので，先に終着点に到達する
③ 経路 A，B ともに，経路の長さが等しいので，同時に終着点に到達する

④ 経路A，Bともに，出発点と終着点の高さが等しいので，同時に終着点に到達する

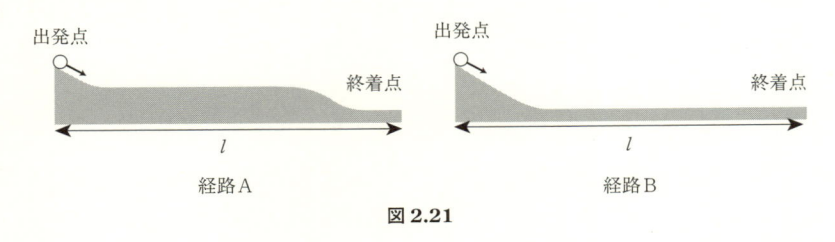

図2.21

経路A

経路B

(第1チャレンジ理論問題)

> 解　答

② （ヒント）小物体の速さが速い状態で長い距離を移動した方が，早く終着点に達する。

> 解　説

小物体の速さは，落下距離が大きい方が速い。したがって，最初に高い距離を落下し，小物体の速さを速くした方が早く終着点に達する。

問題7　滑る球と転がる球

図2.22のような斜面の高さhから，小球を静かにはなした。

(a) 斜面の摩擦がなく，小球が回転せずに滑り落ちる場合
(b) 斜面に摩擦があり，小球は滑ることなく，転がり落ちる場合

図2.22

の2通りを考える。小球が地面に到達する時間についてもっとも適当な文を，次の①〜④の中から1つ選べ。

① 滑り落ちる場合，(a)の方が，摩擦がないので先に地面に到達する
② 転がり落ちる場合，(b)の方が，回転のエネルギーが加わるので先に地面に到達する
③ (a)，(b)ともに同じ高さから球を降ろすので，エネルギーの保存則よ

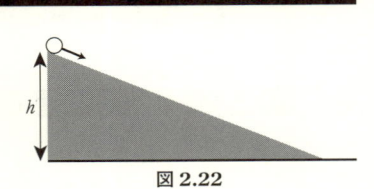

り，同時に地面に到達する
④ (a)の方は，位置エネルギーが回転のエネルギーになることなくすべて運動エネルギーになるので先に地面に到達する

(第1チャレンジ理論問題)

> 解　答

④ （ヒント）小球が回転すると，力学的エネルギーの一部は回転のエネルギーになる。

> 解　説

小球が落下すると，重力の位置エネルギーは，小球の中心（重心）の運動エネルギーと中心のまわりの回転エネルギーになる。摩擦があると小球は回転するが，摩擦がなければ回転しない。回転しないと回転エネルギーは存在せず，重力の位置エネルギーはすべて重心の運動エネルギーになるので，小球の速さは速くなり早く地面に達する。

問題8 冥王星探査

　海王星の外側には，新たに準惑星として定義された冥王星の他にも，大きな天体があることがわかってきた。そこで，冥王星軌道付近に探査機を送り込むことを考える。
　惑星の運動は，ケプラーの法則にしたがう。太陽のまわりを回る物体は，惑星と同様にケプラーの法則にしたがう。

問1　地球は楕円軌道を描いているが，ほぼ円軌道とみなすことができる。この軌道半径を1天文単位という。冥王星の軌道長半径は，およそ40天文単位である。冥王星の公転周期はおよそ何年か。もっとも適当なものを，次の①～⑥の中から1つ選べ。

　　① 10年　② 40年　③ 180年　④ 250年　⑤ 640年　⑥ 1600年

問2　地球の公転軌道の接線方向に探査機を打ち上げることにする。軌道長半径が20天文単位程度になれば，もっとも太陽から離れるとき，探査機は冥王星軌道近辺に達する（図2.23）。この場合，探査機が地球から冥王星軌道近辺に至るには，およそ何年かかるか。もっとも適当なものを，次の①～⑥

の中から1つ選べ。

① 5年　② 30年　③ 45年　④ 60年　⑤ 90年　⑥ 120年

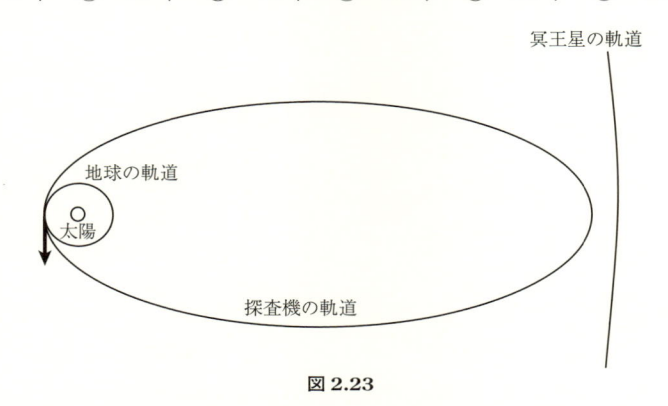

図 2.23

問3 地球とともに太陽を中心に回転する座標系では，地球に対する太陽からの万有引力と遠心力がつり合っている。

　公転軌道の接線方向に，地球が進む向きに探査機を打ち上げると，探査機の速さが円運動している地球の速さより速くなるため，探査機にはたらく遠心力が太陽からはたらく万有引力よりも大きくなる。そのため，探査機は太陽から離れていく。

　しかし，ケプラーの第1法則にしたがい探査機が楕円軌道を描くとすれば，探査機は，再び太陽に近づくことになる。太陽からの万有引力は太陽から離れると小さくなるのだが，どうして戻ってくるのだろうか。そのことを説明する次の文章中の空欄 (ア) ～ (オ) に入る数あるいは式を答えよ。

　地球とともに円運動している探査機の質量を m，円軌道の半径を r_0，速さを v_0 とすると，回転系で見たとき，遠心力は，

$$F_C = m\frac{v_0^2}{r_0}$$

で表される。円軌道を描いているとき，太陽に引かれる万有引力を F_G とすれば，$F_C = F_G$ が成り立つ。探査機に接線方向の速さ v_1（$>v_0$）を与えると，

$$F_C > F_G$$

となるので，つり合いは破れ，探査機は太陽から離れていく。

　ここで，等速円運動でなくなった場合の遠心力について考えよう。太陽 S

から探査機 P にいたるベクトル $\vec{r}$（$|\vec{r}|=r$）を動径ベクトルとよぶ。

図 2.24 のように，探査機 P の速度 $\vec{v}$ を動径方向（S→P 方向）成分 v_r と，動径に垂直な方向成分 v_θ（S のまわりを反時計まわりに回る向きを正とする）に分解すると，ケプラーの第 2 法則は，r と v_θ を用いて，

$$\boxed{（ア）}=k\text{（一定値）}$$

と表現できる。

したがって，太陽と探査機の間の距離 r が増すと，$\boxed{（イ）}$ が減少する。

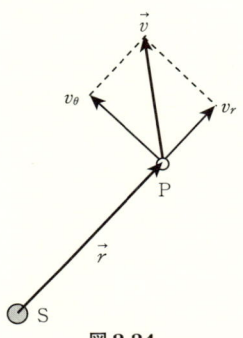

上記の k を用いれば，太陽からの距離 r の位置で探査機にはたらく遠心力の大きさは，

$$F_C=\boxed{（ウ）}$$

となり，遠心力の大きさは，太陽との距離の $\boxed{（エ）}$ 乗に反比例することがわかる。

万有引力の大きさは距離の $\boxed{（オ）}$ 乗に反比例するので，r が大きくなったときの遠心力の減少の割合は，万有引力の減少の割合よりも大きい。

$F_C=F_G$ となっても，速度の動径成分が正であるため，さらに太陽から離れ続けるが，はじめに探査機に与えた速さ v_1 があまり大きくない場合，太陽からの距離がある程度大きくなると，探査機の速度の動径方向成分 v_r はゼロになる。このとき，遠心力の大きさよりも万有引力の大きさが大きく（$F_C<F_G$）なっているので，探査機は再び太陽に近づいていく。

問 4 問 3 のはじめの速さ v_1 がある値より大きければ，探査機は太陽系を脱出する。これは，探査機のエネルギーを考えると理解できる。

太陽から r の位置における万有引力による位置エネルギーは，太陽質量を M，万有引力定数を G とすると，

$$U=-G\frac{Mm}{r}$$

となる。地球とともに円運動しているときの探査機の力学的エネルギーは，

$$E=\frac{1}{2}mv_0{}^2-G\frac{Mm}{r_0}$$

で与えられる。速さ v_1 が地球の速さ v_0 の何倍以上であれば，太陽系を脱出することになるか。結果だけでなく，導き方も簡潔に示せ。

問5 冥王星軌道の外側には，オールトの雲とよばれる「彗星の巣」があって，そこから太陽に向かって「落ちて」くるのが彗星である。落ちてくるといっても，太陽に達するのではなく，多くの場合，彗星は太陽の近辺を通り過ぎ，やがて離れていく。

　太陽に近くなると，引力は大きくなり，位置エネルギーを失う分だけ運動エネルギーが増すのに，彗星はどうして離れていくのか。問3の説明文を参考にして簡単に説明せよ。

（第1チャレンジ理論問題）

解 答

問1 ④　**問2** ③

問3 (ア) $\frac{1}{2}rv_\theta$ (rv_θ)　(イ) v_θ　(ウ) $\frac{4mk^2}{r^3}\left(\frac{mk^2}{r^3}\right)$　(エ) 3　(オ) 2

問4 探査機の力学的エネルギー E が $E \geq 0$ であれば，太陽系から脱出できる。探査機が地球とともに円運動しているとき，その円運動の運動方程式は，

$$m\frac{v_0^2}{r_0} = G\frac{Mm}{r_0^2} \quad (2.24)$$

となる。一方，探査機に速さ v_1 を与えると，その力学的エネルギーは，

$$E = \frac{1}{2}mv_1^2 - G\frac{Mm}{r_0} \quad (2.25)$$

となる。(3.24), (3.25)式より $E \geq 0$ を用いて，

$$E = \frac{1}{2}mv_1^2 - mv_0^2 \geq 0 \quad \therefore \quad \frac{v_1}{v_0} \geq \underline{\sqrt{2}} \text{ (倍)}$$

問5 万有引力の大きさは動径の長さ r の2乗に反比例し，遠心力の大きさは r の3乗に反比例する。したがって，彗星が太陽に近づき r が小さくなると，遠心力の方が万有引力より大きくなり，彗星は太陽から離れていく。

> 解説

問1 地球の公転軌道半径を $R_E=1$〔天文単位〕, 公転周期を $T_E=1$〔年〕, 冥王星の公転軌道の長半径を $R_P=40$〔天文単位〕, 公転周期を T_P〔年〕とすると, ケプラーの第3法則 $\dfrac{T_P^2}{R_P^3}=\dfrac{T_E^2}{R_E^3}=1$ より, $T_P \fallingdotseq 253$〔年〕となる。

問2 探査機の軌道長半径を $R_I=20$〔天文単位〕, 周期を T_I〔年〕とすると, ケプラーの第3法則 $\dfrac{T_I^2}{R_I^3}=1$ より, $T_I \fallingdotseq 89.4$〔年〕となる。地球から冥王星軌道近辺に至るまでの時間は, $\dfrac{T_I}{2}=44.7$〔年〕となる。

問3 図2.24のように, Pの運動は, 動径方向の運動と, 半径 $r(=|\vec{r}|)$, 速さ v_θ の円運動に分解して考えることができる。この場合, 探査機Pには, 動径方向へ遠心力 $m\dfrac{v_\theta^2}{r}$ と万有引力 $-G\dfrac{Mm}{r^2}$ (負号は引力であることを示している) が作用する。このことを, エネルギーを用いて説明してみよう。

太陽から無限に離れた点を万有引力の位置エネルギーの基準とすると, 質量 m の探査機Pの力学的エネルギー E は,

$$E=\frac{1}{2}m(v_r^2+v_\theta^2)-\frac{GMm}{r}$$

と表される。

ケプラーの第2法則より, r と v_θ の間には,

$$\frac{1}{2}rv_\theta=k=一定 \tag{2.26}$$

が成り立つから, 力学的エネルギー E は,

$$E=\frac{1}{2}mv_r^2+U_e(r) \tag{2.27}$$

$$U_e(r)=\frac{2mk^2}{r^2}-\frac{GMm}{r}$$

と表される。(2.27)式は r 方向の運動エネルギーと位置エネルギーを表し, 位置エネルギー $U_e(r)$ を, Pの r 方向の運動に対する**有効ポテンシャル**という。

一般に, 物体にはたらく保存力は, 位置エネルギーの高い方から低い方へ

はたらき，その大きさは位置エネルギーの傾きの大きさで与えられるから，探査機Pにはたらくr方向の力Fは，

$$F = -\frac{dU_e}{dr} = \frac{4mk^2}{r^3} - \frac{GMm}{r^2} \tag{2.28}$$

と表される。ここで，(2.26)式を用いて(2.28)式最右辺の第1項を再びv_θで表すと，

$$F = \frac{mv_\theta^2}{r} - \frac{GMm}{r^2}$$

となる。これより，Pには動径方向でrの増加する方向へ遠心力 $\frac{mv_\theta^2}{r} = \frac{4mk^2}{r^3}$ と，減少する方向へ万有引力 $\frac{GMm}{r^2}$ が作用することがわかる。

こうして，問題文に書かれているように，遠心力と万有引力の大きさを比較することで，探査機Pの運動を理解することができる。

———— 発展コース ————

本書の発展コースでは，ベクトルは太字で表すことにする。例えばベクトル$\vec{a}$は$\boldsymbol{a}$と記す。また，物理量の時間tでの微分は，・（ドットと読む）を付けて表すことにする。例えば，位置xの時間tに関する1階微分（すなわち速度）dx/dtを$\dot{x}$（エックスドットと読む）と表す。位置xの時間tに関する2階微分（すなわち加速度）d^2x/dt^2を$\ddot{x}$（エックスツードットと読む）と表す。

2.5 運動量保存則

以下，x軸に沿った質点の運動を考えるが，空間内の3次元的な運動においても，全く同様な性質が成り立つ。

(1) 運動量と力積

質量mの質点に力fが作用するとき，質点の加速度をdv/dtとすると，運動方程式は，

$$m\frac{dv}{dt}=f \tag{2.29}$$

となる。運動方程式の両辺を時間 t で時刻 t_1（このときの質点の速度を v_1）から時刻 t_2（このときの質点の速度を v_2）まで積分すると，

$$m\int_{t_1}^{t_2}\frac{dv}{dt}dt=\int_{t_1}^{t_2}fdt \Rightarrow m\int_{v_1}^{v_2}dv=\int_{t_1}^{t_2}fdt$$

となり，$I=\int_{t_1}^{t_2}fdt$ とおいて，

$$mv_2-mv_1=I \tag{2.30}$$

を得る。ここで，「質量×速度」を**運動量**，I を**力積**とよぶことにする。(2.30)式は，

$$\textbf{運動量変化＝力積} \tag{2.31}$$

の関係を示している。

(2) 運動量保存則

質量 m_1 の質点1と質量 m_2 の質点2が互いに大きさ f の力（これを**内力**という）を及ぼし合い，時刻 t_1 から t_2 までに，それぞれの速度が v_1, v_2 から v_1', v_2' に変化したとする（図2.25）。この間，外から力（これを**外力**という）がはたらかないとする。質点1に力積 I が作用すると，質点2に $-I$ が作用する（作用・反作用の法則）。これより，各質点の「運動量変化＝力積」の関係は，

$$m_1v_1'-m_1v_1=I$$
$$m_2v_2'-m_2v_2=-I$$

と書けるから，両辺の和をとると，

$$m_1v_1'+m_2v_2'=m_1v_1+m_2v_2 \tag{2.32}$$

が成り立つ。(2.32)式は，外力がはたらかないとき，運動量の和が一定に保たれることを示している。これを**運動量保存則**という。

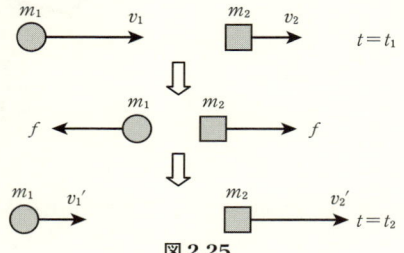

時刻 t_1 から t_2 までの間に内力の他に，質点1あるいは2に外力の力積 I' が作用すると，(2.32)式は，

図2.25

$$(m_1v_1' + m_2v_2') - (m_1v_1 + m_2v_2) = I' \tag{2.33}$$

となる．一般的に，(2.33)式は，

$$\text{全運動量変化} = \text{外力の力積} \tag{2.34}$$

の関係が成り立つことを示している．

2.6 力のモーメントと角運動量

　天秤の腕の両端におもりをつるしたとき，天秤が水平状態で静止するのは，天秤の支点に関する時計回りの力のモーメントと反時計回りの力のモーメントがつり合うからである．

　図 2.26 のように，**剛体**（大きさをもつが，力を加えても変形しない理想化された物体）の支点 O のまわりの力のモーメント $\boldsymbol{m}$ は，支点 O から作用点 P までの位置ベクトル $\boldsymbol{r}$（$|\boldsymbol{r}|=r$）と作用点 P に作用する力のベクトル $\boldsymbol{f}$（$|\boldsymbol{f}|=f$）との**ベクトル積**（ベクトルの**外積**ともいう）

$$\boldsymbol{m} = \boldsymbol{r} \times \boldsymbol{f} \tag{2.35}$$

で与えられる．すなわち，$\boldsymbol{m}$ の大きさ（ベクトル積 $\boldsymbol{r} \times \boldsymbol{f}$ の大きさ）は $\boldsymbol{r}$ と $\boldsymbol{f}$ がつくる平行四辺形の面積で与えられ，$rf\sin\theta$ と表される．ここで，θ は $\boldsymbol{r}$ と $\boldsymbol{f}$ のなす角である．$\boldsymbol{m}$ の向きは平行四辺形を含む平面に垂直で，$\boldsymbol{r}$ から $\boldsymbol{f}$ の向きに回る右ねじの進む向きである．$\boldsymbol{r}$, $\boldsymbol{f}$ が $x-y$ 平面上のベクトルならば，z 軸の方向である．

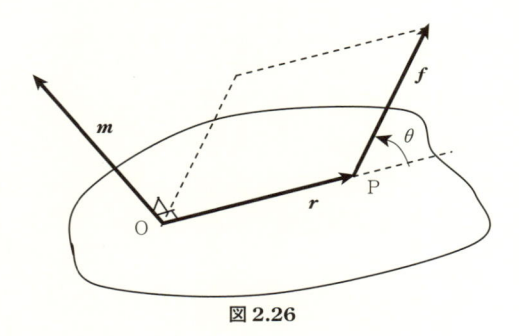

図 2.26

　$\boldsymbol{m}$ の大きさ $|\boldsymbol{m}| = rf\sin\theta$ は，高校物理で習う力のモーメントの定義「力の大きさ f と点 O から力 $\boldsymbol{f}$ の作用線に引いた垂線の長さ $r\sin\theta$ の積に等しい」に一致している．

2.6 力のモーメントと角運動量

一般に，2つのベクトル A, B のベクトル積は A, B が互いに垂直（$A \perp B$）のとき最大値をとり，平行（$A // B$）のときはゼロであるので，2つのベクトルの平行性を見る量としても使われる。また，各ベクトルの成分を $A=(A_x, A_y, A_z)$, $B=(B_x, B_y, B_z)$ とすると，ベクトル積 $A \times B$ は成分を用いて
$$A \times B = (A_y B_z - A_z B_y,\ A_z B_x - A_x B_z,\ A_x B_y - A_y B_x)$$
$$= \left(\begin{vmatrix} A_y & B_y \\ A_z & B_z \end{vmatrix},\ \begin{vmatrix} A_z & B_z \\ A_x & B_x \end{vmatrix},\ \begin{vmatrix} A_x & B_x \\ A_y & B_y \end{vmatrix} \right) \tag{2.36}$$

と表される。ここで，$\begin{vmatrix} a & c \\ b & d \end{vmatrix} = ad - bc$ は**行列式**とよばれる。

【例題】 3つのベクトルを a, b, c とするとき，分配法則
$$(a+b) \times c = a \times c + b \times c \tag{2.37}$$
が成り立つことを用いて，ベクトル積の成分表示(2.36)を導け。

[解] x, y, z 軸方向の単位ベクトル（これを**基本ベクトル**という）を，それぞれ i, j, k とすると，ベクトル $A=(A_x, A_y, A_z)$, $B=(B_x, B_y, B_z)$ はそれぞれ，
$$A = A_x i + A_y j + A_z k,\quad B = B_x i + B_y j + B_z k$$
と書ける。ここで，分配法則(2.37)および基本ベクトルのベクトル積の関係式
$$i \times i = j \times j = k \times k = 0$$
$$i \times j = k,\ j \times k = i,\ k \times i = j,\ j \times i = -k,\ k \times j = -i,\ i \times k = -j$$
を用いると，
$$A \times B = (A_x i + A_y j + A_z k) \times (B_x i + B_y j + B_z k)$$
$$= (A_y B_z - A_z B_y) i + (A_z B_x - A_x B_z) j + (A_x B_y - A_y B_x) k$$
となり，(2.36)式を得る。

次に，**角運動量**は運動量モーメントといえる物理量で，位置ベクトル r の点の運動量ベクトルを p とすると，角運動量ベクトル l は，
$$l = r \times p \tag{2.38}$$
で定義される。l は r と p がつくる平面に垂直なベクトルである。

ここで，力のモーメント m と角運動量 l の間には，
$$\frac{dl}{dt} = m \tag{2.39}$$

関係が成り立つ。

【例題】 (2.39)式が成り立つことを示せ。

[解] (2.38)式の両辺を時間微分すると,
$$\frac{d\boldsymbol{l}}{dt}=\frac{d\boldsymbol{r}}{dt}\times\boldsymbol{p}+\boldsymbol{r}\times\frac{d\boldsymbol{p}}{dt}$$
となる。$\frac{d\boldsymbol{r}}{dt}=\boldsymbol{v}$, $\boldsymbol{p}\propto\boldsymbol{v}$ であり, $\frac{d\boldsymbol{r}}{dt}/\!/\boldsymbol{p}$ となるから, 上式右辺第1項は0である。また, 運動方程式 $\frac{d\boldsymbol{p}}{dt}=\boldsymbol{f}$ (質点の質量を m とすると, $\boldsymbol{p}=m\boldsymbol{v}$ であるから, $m\frac{d\boldsymbol{v}}{dt}=\frac{d\boldsymbol{p}}{dt}$ より質点の運動方程式は $\frac{d\boldsymbol{p}}{dt}=\boldsymbol{f}$) より, 第2項は $\boldsymbol{r}\times\boldsymbol{f}=\boldsymbol{m}$ となることから(2.39)式を得る。

2.7 ケプラー運動

万有引力を受けて運動する天体の運動(**ケプラー運動**という)を考えよう。

(1) 2次元極座標

ケプラー運動を考える準備として, まず, 2次元極座標を考える。

2次元 x-y 直交座標の原点Oより点 (x,y) に引いたベクトル $\boldsymbol{r}$ の方向に r 軸をとり, r 軸に垂直に反時計回りに ϕ 軸をとる(図2.27)。ここで, ϕ はベクトル $\boldsymbol{r}$ が x 軸となす角である。このときの (r,ϕ) 座標を **2次元極座標**という。

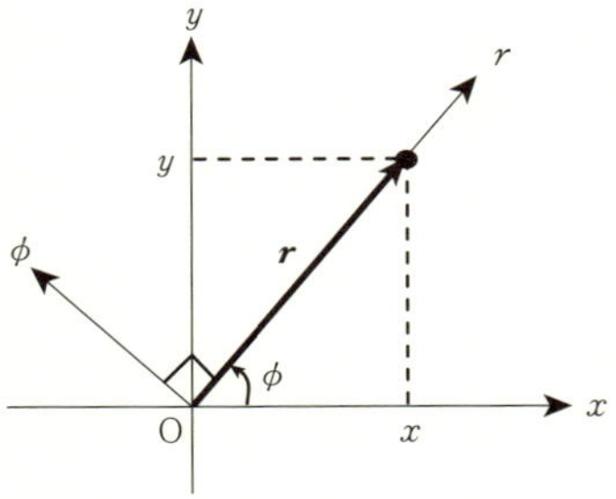

図2.27

2次元極座標と2次元 x-y 座標の関係は,
$$x=r\cos\phi, \quad y=r\sin\phi$$
で与えられる。

速度ベクトル $\boldsymbol{v}$ の x 成分 v_x や y 成分 v_y を2次元極座標で表すと, 上式を時間微分して,

2.7 ケプラー運動

$$v_x = \dot{x} = \dot{r}\cos\phi - r\dot{\phi}\sin\phi, \quad v_y = \dot{y} = \dot{r}\sin\phi + r\dot{\phi}\cos\phi \tag{2.40}$$

となる。

速度ベクトル $\boldsymbol{v}$ の r 軸方向の成分を v_r, r 軸に垂直で原点 O のまわりを反時計まわりに回る向きの成分を v_ϕ とする。図 2.28 より，速度 $\boldsymbol{v}$ の $x-y$ 座標成分 (v_x, v_y) は，極座標成分 (v_r, v_ϕ) を用いて，

$$v_x = v_r\cos\phi - v_\phi\sin\phi, \quad v_y = v_r\sin\phi + v_\phi\cos\phi \tag{2.41}$$

と表される。(2.40)，(2.41)式を比較して，

$$v_r = \dot{r}, \quad v_\phi = r\dot{\phi} \tag{2.42}$$

となる。さらに(2.40)式をもう 1 回時間で微分して加速度成分の式を導けば，

$$a_x = (\ddot{r} - r\dot{\phi}^2)\cos\phi - (2\dot{r}\dot{\phi} + r\ddot{\phi})\sin\phi$$

$$a_y = (\ddot{r} - r\dot{\phi}^2)\sin\phi + (2\dot{r}\dot{\phi} + r\ddot{\phi})\cos\phi$$

となる。ここで，加速度ベクトル $\boldsymbol{a}$ の r 成分を a_r, ϕ 成分を a_ϕ とすると，速度の場合と同様に，

$$a_x = a_r\cos\phi - a_\phi\sin\phi, \quad a_y = a_r\sin\phi + a_\phi\cos\phi \tag{2.43}$$

と書けるから，

$$a_r = \ddot{r} - r\dot{\phi}^2, \quad a_\phi = 2\dot{r}\dot{\phi} + r\ddot{\phi} \tag{2.44}$$

となる。

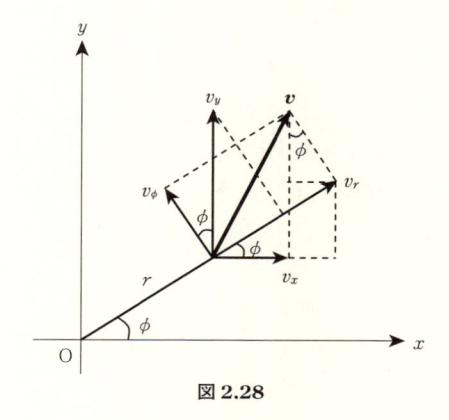

図 2.28

(2) 惑星にはたらく万有引力

太陽の質量 M は惑星の質量 m に比べて十分大きく，太陽は動かないとする。太陽と惑星の間にはたらく万有引力 $\boldsymbol{F}$ は，太陽を原点とした惑星の位置ベクトルを $\boldsymbol{r}$ ($|\boldsymbol{r}|=r$) として，

$$\boldsymbol{F}=-\frac{GmM}{r^2}\frac{\boldsymbol{r}}{r}$$

と表される。負号は力が引力の向きであることを示しており，G は万有引力定数である。このとき，ニュートンの運動方程式

$$m\ddot{\boldsymbol{r}}=\boldsymbol{F}$$

は，

$$m\ddot{\boldsymbol{r}}=-\frac{GmM}{r^2}\frac{\boldsymbol{r}}{r} \tag{2.45}$$

となる。

(3) 中心力のモーメント

質点に中心力が作用するとき，すなわち，力 $\boldsymbol{f}$ が中心と質点を結ぶ直線に平行 ($\boldsymbol{f}\parallel\boldsymbol{r}$) であるとき，力のモーメント $\boldsymbol{m}$ は，

$$\boldsymbol{m}=\boldsymbol{r}\times\boldsymbol{f}=0$$

である。したがって，中心力がはたらくとき(2.39)式より，$\dfrac{d\boldsymbol{l}}{dt}=0$ となり，

$$\boldsymbol{l}=一定$$

が得られる。

すなわち，**中心力を受けて運動する質点の角運動量は一定である**。また，中心力を受けた質点は，質点の位置ベクトル $\boldsymbol{r}$ とその運動量ベクトル $\boldsymbol{p}$ を含む平面内で運動する。

【例題】 質量 m の質点が xy 平面内にあり，その位置が，

$$\boldsymbol{r}=(x,y,z)=(r\cos\phi, r\sin\phi, 0)$$

(r と ϕ は時間 t の関数）と書けるとき，角運動量 $\boldsymbol{l}$ の z 成分 l_z はどのように表されるか。

[解] 質点の運動量 $\boldsymbol{p}=(p_x, p_y, 0)$ は，

$$p_x = m\dot{x} = m(\dot{r}\cos\phi - r\dot{\phi}\sin\phi), \quad p_y = m\dot{y} = m(\dot{r}\sin\phi + r\dot{\phi}\cos\phi)$$

と表されるから，

$$\begin{aligned}
l_z &= (\boldsymbol{r}\times\boldsymbol{p})_z = xp_y - yp_x \\
&= r\cos\phi\cdot m(\dot{r}\sin\phi + r\dot{\phi}\cos\phi) - r\sin\phi\cdot m(\dot{r}\cos\phi - r\dot{\phi}\sin\phi) \\
&= \underline{mr^2\dot{\phi}}
\end{aligned} \tag{2.46}$$

と表される。

いま，中心力がはたらき $l_z =$ 一定のとき，$r^2\dot{\phi} =$ 一定となる。

また，図 2.29 のように，曲線軌道上を速度 $\boldsymbol{v}$ ($|\boldsymbol{v}|=v$) で運動している中心力（中心 O）を受けた惑星が，微小時間 Δt の間に，点 P から点 Q′ に移動したとき，$\overrightarrow{\mathrm{PQ'}}$ はほぼ $\boldsymbol{v}\Delta t$ に等しく，扇形 OPQ′ の面積は三角形 OPQ の面積で近似できる。その面積 ΔS は，ベクトル積を使って，

$$\Delta S = \frac{1}{2}|\boldsymbol{r}\times\boldsymbol{v}\Delta t| = \frac{1}{2m}|\boldsymbol{r}\times\boldsymbol{p}|\Delta t = \frac{1}{2m}|\boldsymbol{l}|\Delta t$$

となる。よって，**面積速度**（単位時間あたりに $\boldsymbol{r}$ が掃く面積）は，

$$\frac{dS}{dt} = \frac{1}{2m}|\boldsymbol{l}|$$

と表される。すなわち，面積速度は角運動量の $1/2m$（倍）となり，中心力を受けた惑星の運動では，$\boldsymbol{l} =$ 一定より，面積速度は一定であることがわかる。

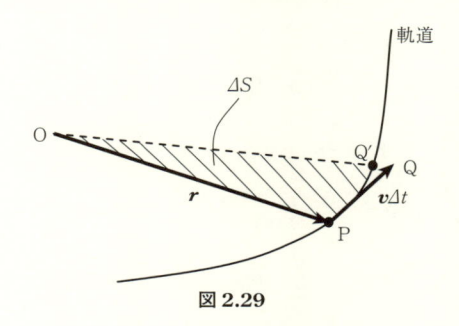

図 2.29

【例題】図 2.30 のように，速度 $\boldsymbol{v} = \overrightarrow{\mathrm{PQ}}$ で運動している質点 P が，瞬間的に中心力 $\boldsymbol{F}$ ($/\!/\overrightarrow{\mathrm{OP}}$) を受けて速度を $\boldsymbol{v}' = \overrightarrow{\mathrm{PQ'}}$ に変えた。このとき，中心 O のまわりの面積速度が一定になることを説明せよ。

[解] 中心力 $\boldsymbol{F}$ は $\overrightarrow{\mathrm{OP}}$ に平行であるから，質点 P の速度変化 $\overrightarrow{\mathrm{QQ'}}$ は，
$$\overrightarrow{\mathrm{QQ'}} /\!/ \overrightarrow{\mathrm{OP}}$$
となる．したがって，
$$\triangle \mathrm{OPQ} = \triangle \mathrm{OPQ'}$$
となり，中心力が作用するとき，面積速度が一定になることがわかる．

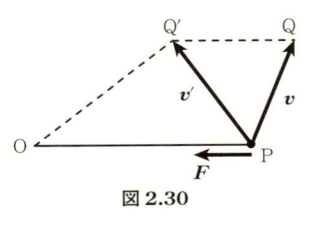

図 2.30

(4) 惑星の運動

万有引力は中心力であるから，惑星の角運動量は $L = mr^2\dot{\phi} = $ 一定である．このことを用いて，運動方程式(2.45)より 2 次元極座標表示の軌道方程式を導く．

(2.45)式を x, y 成分に分けた式

$$m\ddot{x} = -\frac{GmM}{r^2}\frac{x}{r}, \quad m\ddot{y} = -\frac{GmM}{r^2}\frac{y}{r}$$

の右辺に $x = r\cos\phi$, $y = r\sin\phi$ を用いると，

$$\ddot{x} = -\frac{GM}{r^2}\frac{x}{r} = -\frac{GM}{r^2}\cos\phi \tag{2.47}$$

$$\ddot{y} = -\frac{GM}{r^2}\frac{y}{r} = -\frac{GM}{r^2}\sin\phi \tag{2.48}$$

が得られる．

(2.47), (2.48)式に $\dfrac{1}{r^2} = \dfrac{m}{L}\dot{\phi}$ を代入して，$\mu = \dfrac{GmM}{L}$ とおくと，

$$\ddot{x} = -\mu\dot{\phi}\cos\phi, \quad \ddot{y} = -\mu\dot{\phi}\sin\phi$$

となる．ここで，$\dfrac{d}{dt}\sin\phi = \dot{\phi}\cos\phi$, $\dfrac{d}{dt}\cos\phi = -\dot{\phi}\sin\phi$ を用いると，

$$\ddot{x} = -\mu\frac{d}{dt}\sin\phi, \quad \ddot{y} = \mu\frac{d}{dt}\cos\phi$$

と書けるから，これらの両辺を t で積分して，

$$\dot{x} = -\mu\sin\phi + C_1 \tag{2.49}$$

$$\dot{y} = \mu\cos\phi + C_2 \tag{2.50}$$

を得る．ここで，C_1, C_2 は積分定数である．

2.7 ケプラー運動

【例題】 $\dot{x}$, $\dot{y}$ の極座標表現(2.40)を用いて, (2.49), (2.50)式から r, ϕ, $\dot{\phi}$ の間に成り立つ関係式を導け.

[解] (2.40)の2式を, (2.49), (2.50)式へ代入して,
$$\dot{r}\cos\phi - r\dot{\phi}\sin\phi = -\mu\sin\phi + C_1$$
$$\dot{r}\sin\phi + r\dot{\phi}\cos\phi = \mu\cos\phi + C_2$$

上の第1式に $-\sin\phi$, 第2式に $\cos\phi$ を乗じて辺々加えて,
$$r\dot{\phi} = \mu - C_1\sin\phi + C_2\cos\phi \tag{2.51}$$
を得る.

(2.51)式の中に含まれる2つの積分定数 C_1, C_2 を決定するために, 惑星の運動を考察する. 太陽のまわりの惑星の運動は周期運動である. ϕ は0から 2π で一周する. 太陽に最接近する近日点を $\phi = 0$ にとると, 最遠の遠日点は $\phi = \pi$ になる.

近日点の条件は,
$$\text{近日点（極小値）} \quad r = r_1 \text{ で}, \quad \phi = 0, \quad \frac{dr}{d\phi} = 0, \quad \frac{d^2 r}{d\phi^2} > 0$$
を満たす.

【例題】 (2.51)式より近日点の条件として「$\phi = 0$, $\dfrac{dr}{d\phi} = 0$」を使って, C_1 を決定せよ.

[解] $\dot{\phi} = \dfrac{L}{mr^2}$, $\mu = \dfrac{GmM}{L}$ を(2.51)式へ代入して,
$$\frac{L}{mr} = \frac{GmM}{L} - C_1\sin\phi + C_2\cos\phi$$
$$\therefore \quad \frac{1}{r} = \frac{Gm^2 M}{L^2} - \frac{mC_1}{L}\sin\phi + \frac{mC_2}{L}\cos\phi$$

この式の両辺を ϕ で微分する.
$$-\frac{1}{r^2}\frac{dr}{d\phi} = -\frac{mC_1}{L}\cos\phi - \frac{mC_2}{L}\sin\phi \tag{2.52}$$

ここで, 近日点の条件を用いる. $\phi = 0$ で $\dfrac{dr}{d\phi} = 0$ であるから,

$$\frac{mC_1}{L}=0 \quad \therefore \ C_1=\underline{0}$$

を得る。

【例題】 近日点のもう一つの条件「$\phi=0, \ \dfrac{d^2r}{d\phi^2}>0$」を使うと,積分定数 C_2 にはどのような条件が付くか。さらに,適当な正の定数 D および ε を決めて,

$$r=\frac{D}{1+\varepsilon\cos\phi} \tag{2.53}$$

を導け。

[解] $C_1=0$ のとき,(2.52)式は $\dfrac{dr}{d\phi}=r^2\dfrac{mC_2}{L}\sin\phi$ となり,これをもう一度 ϕ で微分する。

$$\frac{d^2r}{d\phi^2}=2r\frac{dr}{d\phi}\frac{mC_2}{L}\sin\phi+r^2\frac{mC_2}{L}\cos\phi$$

近日点の条件は,「$\phi=0$ で $\dfrac{d^2r}{d\phi^2}>0$」であるから,$r^2\dfrac{mC_2}{L}>0$ となり,$L>0$ として一般性を失わないから,$C_2>0$ となる。結局,r と ϕ の関係式は,

$$\frac{1}{r}=\frac{Gm^2M}{L^2}+\frac{mC_2}{L}\cos\phi=\frac{Gm^2M}{L^2}\left(1+\frac{LC_2}{GmM}\cos\phi\right)$$

となり,$\dfrac{L^2}{Gm^2M}=D,\ \dfrac{LC_2}{GmM}=\varepsilon$ とおくと,

$$r=\frac{D}{1+\varepsilon\cos\phi},\ \varepsilon>0$$

が導かれる。

(2.53)式は,**2次元極座標表示の円錐曲線の方程式**といわれる。D を**半直弦**,ε を**離心率**という。円錐曲線は ε の値により,以下のようになる。

$\varepsilon=0$	円
$0<\varepsilon<1$	楕円
$\varepsilon=1$	放物線
$\varepsilon>1$	双曲線

2.8 剛体の運動方程式とエネルギー

運動する剛体の運動状態を指定するのに必要な変数の数を，剛体の**自由度**という。

空間に存在する剛体の運動状態を決めるには，剛体の代表点（重心）Gの位置座標 x, y, z，および，Gを通るある軸のまわりの回転を考えると，その軸の方向を決める2つの角 θ, ϕ と軸のまわりの回転角 ψ が必要なことがわかる。よって，剛体の自由度は6である。

(1) 剛体の運動方程式

自由度6の運動を知るには，6個の独立な方程式が必要である。

① **重心の並進運動に関する方程式**（ベクトルの各成分に関する3個の方程式）；

$$M\frac{d^2 \boldsymbol{r}_G}{dt^2} = \boldsymbol{F} \quad (\boldsymbol{F} は外力の合力) \tag{2.54}$$

② **回転運動に関する方程式**（ベクトルの各成分に関する3個の方程式）；

$$\frac{d\boldsymbol{L}}{dt} = \boldsymbol{N} \quad (\boldsymbol{N} は力のモーメント) \tag{2.55}$$

回転の方程式は，回転軸が決まると回転軸のまわりの角運動量 L が決まり，自由度は1になる。回転の角速度を $\omega = \dot{\phi}$ とし，剛体を構成している i 番目の体積素片（質量 m_i）の軸からの距離を r_i とすると，剛体の角運動量は，

$$L = \sum_i m_i r_i^2 \omega = I\omega \quad \left(\sum_i は剛体全体の各体積素片に関する和\right) \tag{2.56}$$

と書ける。

ここで，$I = \sum_i m_i r_i^2$ は回転軸のまわりの**剛体の慣性モーメント**と定義される。

よって，回転軸が決まっている（固定軸）場合は，**回転の運動方程式**は，回転軸の方向を z 軸とすると，力のモーメントの z 成分を N_z として，

$$I\frac{d\omega}{dt} = N_z \tag{2.57}$$

となる。

【例題】(1) 質量 M, 半径 a の一様な円柱の軸のまわりの慣性モーメント I_1 を求めよ。

(2) 質量 M, 半径 R の一様な球の中心を通る回転軸のまわりの慣性モーメント I_2 を求めよ。

[解](1) まず, 図 2.31 のように, 質量 m, 半径 a の一様な薄い円板の中心 O を通り, 円板に垂直な回転軸のまわりの慣性モーメントを求める。円板の質量面密度を $\sigma = \dfrac{m}{\pi a^2}$ とすると, 半径 r, 幅 dr の円輪の質量は,

$$dm = \sigma \cdot 2\pi r dr$$

と書けるから, 円板の慣性モーメント I は,

$$I = \int_0^a r^2 dm = 2\pi\sigma \int_0^a r^3 dr = 2\pi\sigma \left[\frac{r^4}{4}\right]_0^a = \frac{\pi\sigma}{2} a^4 = \frac{1}{2} m a^2$$

と求められる。

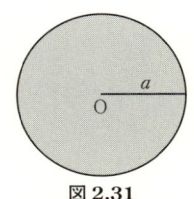

図 2.31

次に円柱の軸のまわりの慣性モーメント I_1 を求める。図 2.32 のように, 円柱を, 軸に垂直な薄い円板の合成と考えて, 円柱の慣性モーメント I_1 を,

$$I_1 = \int \frac{1}{2} a^2 dm = \frac{1}{2} a^2 \int dm = \underline{\frac{1}{2} M a^2}$$

と得る。

(2) 図 2.33 のように, 球の質量密度を $\rho = \dfrac{M}{(4/3)\pi R^3}$, 体積要素（微小体積）を dv とし, 中心 O を原点に x, y, z 軸をとる。そうすると, x 軸, y 軸, z 軸のまわりの慣性モーメントはそれぞれ,

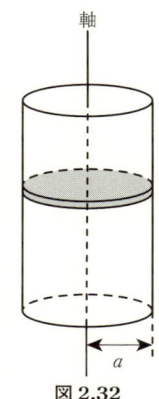

$$I_x = \int \rho(y^2+z^2) dv, \quad I_y = \int \rho(z^2+x^2) dv, \quad I_z = \int \rho(x^2+y^2) dv$$

図 2.32

と書ける。ここで対称性より, $I_2 = I_x = I_y = I_z$ となるから,

$$I_2 = \frac{1}{3}(I_x + I_y + I_z) = \frac{2}{3}\rho \int (x^2+y^2+z^2) dv = \frac{2}{3}\rho \int r^2 dv$$

となるが, dv として半径 r と $r+dr$ の球で挟まれた球殻の体積 $4\pi r^2 dr$ をとれば, 求める慣性モーメント I_2 は,

$$I_2 = \frac{2}{3}\rho \int_0^R 4\pi r^4 dr = \frac{8}{3}\pi\rho \left[\frac{r^5}{5}\right]_0^R = \frac{8}{15}\pi\rho R^5 = \underline{\frac{2}{5} M R^2}$$

となる。

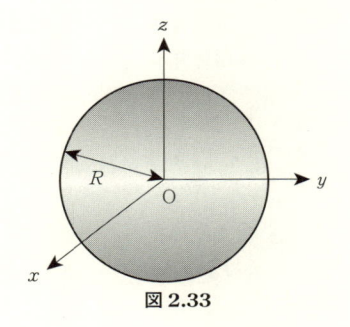

図 2.33

(2) 回転運動エネルギー

角速度 ω で回転する i 番目の質量 m_i の体積素片の速さは $r_i\omega$ であるから,その体積素片の回転運動エネルギーは,$\frac{1}{2}m_i(r_i\omega)^2$ と書ける.

剛体の回転による運動エネルギー K_R は,各体積素片の運動エネルギーの総和であるから $K_R = \sum_i \frac{1}{2}m_i(r_i\omega)^2$ と書ける.したがって,慣性モーメント I の定義を使うと,

$$K_R = \frac{1}{2}I\omega^2 \tag{2.58}$$

となる.

【例題】 図 2.34 のように,水平面と角 θ をなす粗い斜面上に,半径 R,質量 M の円柱をその軸が斜面の最大傾斜線と垂直になるように静かに置く.円柱と斜面の間の静止摩擦係数を μ,動摩擦係数を μ',重力加速度の大きさを g とする.

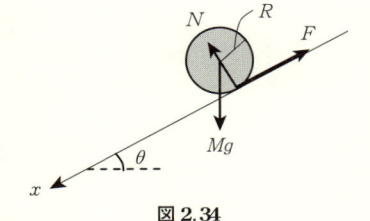

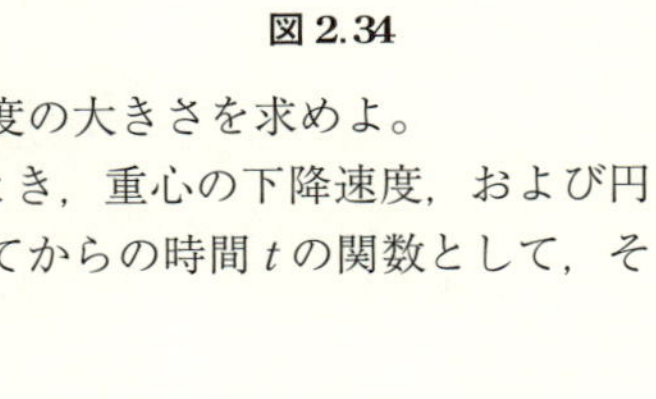

(1) 円柱が斜面上を滑らずに転がり落ちるための μ の条件,および重心が下降する加速度の大きさを求めよ.
(2) 円柱が斜面上を滑りながら転がり落ちるとき,重心の下降速度,および円柱と斜面の接触点の滑る速度を,滑りはじめてからの時間 t の関数として,それぞれ求めよ.

図 2.34

[解]　(1) 斜面に沿って下向きに x 軸をとり，円柱の重心座標を x とする。滑らずに転がり落ちるとし，円柱に作用する静止摩擦力の大きさを F，軸のまわりの円柱の慣性モーメントを I として，重心の並進運動方程式と重心のまわりの回転運動方程式を書くと，それぞれ，

$$M\ddot{x} = Mg\sin\theta - F, \quad I\frac{d\omega}{dt} = FR \tag{2.59}$$

となる。滑らないとき，重心の速度 $\dot{x}$ と回転の角速度 ω の間に $\dot{x} = R\omega$ の関係が成り立つから，これを (2.59) の第2式に代入して ω を消去し，$I = \frac{1}{2}MR^2$（前例題参照）を代入すると，

$$M\ddot{x} = 2F$$

となる。これと (2.59) の第1式より，重心の下降する加速度

$$\ddot{x} = \frac{2}{3}g\sin\theta$$

と静止摩擦力の大きさ

$$F = \frac{1}{3}Mg\sin\theta$$

を得る。円柱にはたらく垂直抗力の大きさは $N = Mg\cos\theta$ となるから，滑らない条件は，$F \leq \mu N$ より，

$$\underline{\tan\theta \leq 3\mu}$$

となる。

(2) 円柱が滑りながら落ちるとき ($\tan\theta > 3\mu$)，動摩擦力の大きさは $F' = \mu' N = \mu' Mg\cos\theta$ と書けるから，重心の加速度は，

$$M\ddot{x} = Mg\sin\theta - \mu' Mg\cos\theta \;\; \Rightarrow \;\; \ddot{x} = g(\sin\theta - \mu'\cos\theta) > 0$$

となり，時間 t だけたったときの重心の下降速度は，初期条件を「$t=0$ のとき，$\dot{x} = 0$」として，

$$\dot{x} = \underline{g(\sin\theta - \mu'\cos\theta)t}$$

となる。
　一方，重心のまわりの回転運動方程式は，

$$I\frac{d\omega}{dt} = F'R = \mu' Mg\cos\theta \cdot R$$

と書けるから，$I = \frac{1}{2}MR^2$ を代入して，

$$R\dot{\omega} = 2\mu' g\cos\theta$$

を得る。これより，接触点の滑る速度 u は ($t=0$ のとき $\omega=0$)，

$$u = \dot{x} - R\omega = \underline{g(\sin\theta - 3\mu'\cos\theta)t} \;\; (>0)$$

と求められる。

発展問題

問題1 膨張する宇宙

　ニュートンの万有引力の法則を用いて，一般相対性理論を考慮することなく宇宙の時間発展を考えてみよう。
　遠くの銀河にある原子が発した光が地球に到達したとき，その光の波長が，元々その光を発した原子が発する光の波長（固有の波長）よりも長い波長として観測される。これを**赤方偏移**という。真空中の光速を c とする。

問1　ある原子が観測者から速さ v で遠ざかりながら固有の波長 λ_0 の光を発しているとき，観測者が観測する光の波長 λ を λ_0，c および v を用いて表せ。ただし，v は c に比べて十分小さく（$v \ll c$），光についても，音と同じドップラー効果の式が成り立つものとする。

　1929 年，米国の天文学者エドウィン・ハッブル（Edwin Hubble）は，遠方の銀河からくる光の赤方偏移を観測した結果，ほとんどの銀河は地球から遠ざかっており，その後退する速さ v は観測者（地球）からその銀河までの距離 r にほぼ比例するという関係を見出した。この関係は，

$$v = H_0 r$$

と表され，H_0 を**ハッブル定数**という。この関係式は，銀河の遠ざかる速さとその銀河までの距離の比が，すべての銀河に対して一定値 H_0 になるということを表している。この比例関係が任意の時刻 t においても成り立つとすると，銀河の後退する速さ $v(t)$ と地球からその銀河までの距離 $r(t)$ の関係は，時間の関数 $H(t)$ を用いて，

$$v(t) = H(t) r(t) \tag{2.60}$$

と表される。ここで，速度は $v(t) = \dfrac{dr(t)}{dt}$ と表され，$H(t)$ は**ハッブルパラメータ**とよばれる。

　宇宙にはどこにも特別な場所はなく（一様），かつ特別な方向もない（等方的）。これを**宇宙原理**という。この宇宙原理にしたがって宇宙の膨張を考えよう。このような一様で等方的な宇宙の膨張を考えるには，空気を吹き込まれた球形の風船が次第に膨張するようすを思い浮かべればよい。風船表面の任意の

2点間の距離は，風船の膨張とともに一様に増加する．これが3次元空間の膨張を2次元空間でイメージしたものである．

現在（時刻 $t=t_0$），観測者 O から質点 P までの距離を r_0，時刻 t における距離を $r(t)$ とする．ここで，宇宙膨張の目盛りとして**スケール因子**とよばれる量

$$a(t) = \frac{r(t)}{r_0} \tag{2.61}$$

を導入する．ビッグバンが起こったとき（時刻 $t=0$），質点 P と観測者 O は同じ点にあったと考えられるから $r(0)=0$, $a(0)=0$ である．以後，$r(t)$ を簡単に r，$a(t)$ を a と書く．

問2 ハッブルパラメータ $H(t)$ をスケール因子 a とその時間変化 $\dfrac{da}{dt}$ を用いて表せ．

時刻 $t=t_0$ において点 O を中心に半径 r_0 の球内の質量密度（単位体積あたりの質量）を ρ_0，時刻 t における半径 r の球内の質量密度を ρ とする．いま，膨張によって質量が変化しないとすると，これらの球内の質量は同じである．

質量が一様に分布するとき，任意の点 O にいる観測者からは，質量が点 O を中心に球対称に分布しているように見える．質点 P と点 O の距離を r とすると，点 O を中心に半径 r の球外の質量から質点 P にはたらく万有引力は互いに打ち消し合い，P に及ぼす合力は 0 となる．したがって，質点 P にはたらく万有引力は，点 O を中心に半径 r の球内の質量 M が点 O に集中している場合にはたらく力に等しい（図2.35）．以下，万有引力定数を G とする．

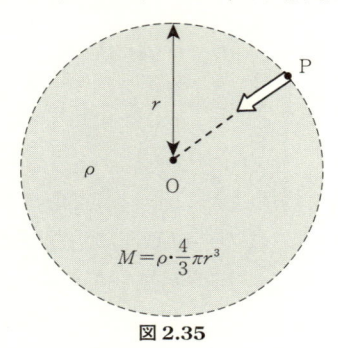

図2.35

問3 時刻 t における点 O から遠ざかる向きの質点 P の加速度を $\dfrac{d^2 r}{dt^2}$ とすると，$\dfrac{d^2 a}{dt^2} = \dfrac{1}{r_0} \dfrac{d^2 r}{dt^2}$ となる。$\dfrac{1}{a} \dfrac{d^2 a}{dt^2}$ を ρ と G を用いて表せ。

現在の宇宙が膨張しているということは，①宇宙はいつまでも膨張し続ける，②宇宙はいつかは収縮に転じる，のどちらかであると考えられる。最近の観測結果によると，①と②の境界に近いと推測されている。このことをニュートン力学で考えると，全力学的エネルギーが 0 に近いことを意味する。以下では，力学的エネルギーを 0 と考えて計算してみよう。

問4 時刻 t において，質点 P の力学的エネルギー保存則を使って，$\left(\dfrac{1}{a} \dfrac{da}{dt}\right)^2$ を ρ と G を用いて表せ。ただし，質点 P は点 O から遠ざかる向きにのみ運動をするものとする。

問5 半径 r の球内の質量が保存されることから，ρ を ρ_0 と a を用いて表せ。

問4と問5の結果より，時刻 t でのスケール因子 $a(t)$ は，現在の時刻 t_0 を用いて $a(t_0)=1$ より，

$$a(t) = \left(\dfrac{t}{t_0}\right)^n \tag{2.62}$$

と表されることがわかる。

問6 (2.62)式における指数 n を求めよ。また，時刻 t_0 を現在の宇宙質量密度 ρ_0 と万有引力定数 G を用いて表せ。

問7 現在の宇宙年齢 t_0 をハッブル定数 $H_0\ (=H(t_0))$ を用いて表し，ハッブル宇宙望遠鏡による値 $H_0 = 72\ \mathrm{km/(s \cdot Mpc)}$ を用いて t_0 を億年の単位で有効数字 2 桁まで求めよ。また，$G = 6.67 \times 10^{-11}\ \mathrm{N \cdot m^2/kg^2}$ として ρ_0 を有効数字 2 桁まで求めよ。ただし，$1\ \mathrm{Mpc} = 10^6\ \mathrm{pc}$（Mpc はメガパーセク，pc はパーセクと読む）であり，$1\ \mathrm{pc}$ は地球と太陽の距離を見込む角が 1 秒となる距離として定義され，$1\ \mathrm{pc} = 3.09 \times 10^{16}\ \mathrm{m}$ である。

(第2チャレンジ理論問題)

解 答

問 1 光源である原子が観測者から遠ざかれば，波長は引き伸ばされるから，

$$\lambda = \frac{c+v}{c}\lambda_0$$

問 2 (2.60)式の両辺を r_0 で割り $\frac{1}{r_0}v(t) = \frac{1}{r_0}\frac{dr}{dt} = \frac{da}{dt}$, $\frac{r}{r_0} = a$ を用いると，

$$H(t) = \frac{1}{a}\frac{da}{dt} \tag{2.63}$$

問 3 質点 P には，半径 r の球内の質量 $\rho\frac{4}{3}\pi r^3$ が万有引力を及ぼすから，P の質量を m とすると，運動方程式は，

$$m\frac{d^2r}{dt^2} = -G\frac{\rho\frac{4}{3}\pi r^3 m}{r^2} = -\frac{4\pi Gm}{3}\rho r$$

両辺を r で割り，(2.61)式を用いると，

$$\underline{\frac{1}{a}\frac{d^2a}{dt^2} = -\frac{4\pi G}{3}\rho}$$

問 4 質点 P は，運動エネルギー $\frac{1}{2}mv^2 = \frac{1}{2}m\left(\frac{dr}{dt}\right)^2$ と万有引力による位置エネルギー $-\dfrac{G\cdot\rho\frac{4\pi}{3}r^3 m}{r} = -\dfrac{4\pi G}{3}\rho r^2 m$ をもつから，力学的エネルギー保存則は，

$$\frac{1}{2}m\left(\frac{dr}{dt}\right)^2 - \frac{4\pi G}{3}\rho r^2 m = 0 \quad \therefore\ \left(\frac{dr}{dt}\right)^2 = \frac{8\pi G}{3}\rho r^2$$

さらに両辺を r^2 で割り，(2.61)式を用いると，

$$\left(\frac{1}{a}\frac{da}{dt}\right)^2 = \underline{\frac{8\pi G}{3}\rho} \tag{2.64}$$

問 5 半径 r の球内の質量が保存されることから，

$$\rho\cdot\frac{4}{3}\pi r^3 = \rho_0\cdot\frac{4}{3}\pi r_0^3 \quad \therefore\ \rho = \frac{r_0^3}{r^3}\rho_0 = \underline{\frac{\rho_0}{a^3}} \tag{2.65}$$

問 6 (2.64), (2.65)式より，

$$\left(\frac{da}{dt}\right)^2 = \frac{8\pi G}{3}\cdot\frac{\rho_0}{a}$$

題意にしたがって，$a=\left(\dfrac{t}{t_0}\right)^n$ とおくと，

$$\frac{da}{dt}=\frac{k}{\sqrt{a}}=k\left(\frac{t}{t_0}\right)^{-\frac{n}{2}} \tag{2.66}$$

ここで，$k=\sqrt{\dfrac{8\pi G}{3}\rho_0}$ である．(2.62)式の両辺を時刻 t で微分して，

$$\frac{da}{dt}=\frac{n}{t_0{}^n}t^{n-1} \tag{2.67}$$

(2.66)，(2.67)式の右辺の t の指数を比較して，

$$n=\underline{\frac{2}{3}}$$

を得る．このとき，(2.67)式は，$\dfrac{da}{dt}=\dfrac{2}{3t_0}\left(\dfrac{t}{t_0}\right)^{-\frac{1}{3}}=\dfrac{2}{3t_0}\dfrac{1}{\sqrt{a}}$ となるから，

$$\frac{2}{3t_0}=k=\sqrt{\frac{8\pi G}{3}\rho_0} \quad \therefore\ t_0=\underline{\frac{1}{\sqrt{6\pi G\rho_0}}} \tag{2.68}$$

となる．

問 7 $\dfrac{da}{dt}=\dfrac{2}{3t_0}\left(\dfrac{t}{t_0}\right)^{-\frac{1}{3}}$ であるから，$\left(\dfrac{da}{dt}\right)_{t=t_0}=\dfrac{2}{3t_0}$ となる．したがって，(2.63)式より，$a(t_0)=1$ を用いて，

$$H_0=H(t_0)=\left(\frac{1}{a}\frac{da}{dt}\right)_{t=t_0}=\frac{2}{3t_0} \quad \therefore\ t_0=\underline{\frac{2}{3H_0}}$$

ここで，$H_0=\dfrac{7.2\times 10^4}{3.09\times 10^{16}\times 10^6}\fallingdotseq 2.33\times 10^{-18}\,\mathrm{s}^{-1}$，1年 $\fallingdotseq 3.15\times 10^7\,\mathrm{s}$ となることを用いて，

$$t_0=\frac{2}{3H_0}=\frac{2}{3\times 2.33\times 10^{-18}}=2.86\times 10^{17}\,\mathrm{s}$$
$$=9.08\times 10^9\text{年}\fallingdotseq \underline{91\text{億年}}$$

を得る．次に，(2.68)式より，

$$\rho_0=\frac{1}{6\pi Gt_0^2}$$
$$=\frac{1}{6\pi\times 6.67\times 10^{-11}\times(2.86\times 10^{17})^2}=\underline{9.7\times 10^{-27}\,\mathrm{kg/m^3}}$$

となる．

問題 2 木星探査

この問題では，宇宙探査機を望ましい方向へ加速するのにしばしば用いられる方法について考察する．探査機は，惑星の近くを飛行して惑星の軌道運動からエネルギーを少しだけ受け取ることにより，その速さをかなり増加させ，飛行方向を大きく変える．ここでは，木星の近くを通過する探査機に対して，この効果を解析する．

木星の近くを飛行する探査機の質量を m とする．簡単化のため，探査機はつねに木星軌道と同じ平面内にあり，探査機が木星軌道の平面からはずれるようなことはないとする．

木星の引力が他のどんな重力より十分強い場合のみを考える．

太陽の中心に固定された座標系から見て，図 2.36 の y 軸正方向に沿った探査機の初速は $v_0 = 1.00 \times 10^4$ m/s であり，一方，木星は，x 軸負方向へ運動している．ここで，初速とは，探査機が木星からは遠く離れているが，木星からの引力に比べて，太陽からの引力が無視できる領域での速さである．探査機と木星の遭遇は，太陽のまわりの公転軌道に沿った木星の運動方向の変化が無視できる十分短い時間に起こるものとする．また，探査機は木星の後側（すなわち，y 座標が等しいとき，探査機の x 座標が木星の x 座標より大きくなる位置）を通過するものとする．

下記の問題の数値計算には，以下の数値データを用いよ．

万有引力定数：$G = 6.67 \times 10^{-11}$ m³/(kg·s²)

太陽の質量：$M_S = 1.99 \times 10^{30}$ kg

木星の質量：$M = 1.90 \times 10^{27}$ kg

木星の赤道半径：$R_B = 69.8 \times 10^6$ m

木星の平均公転軌道半径：$R = 7.78 \times 10^{11}$ m

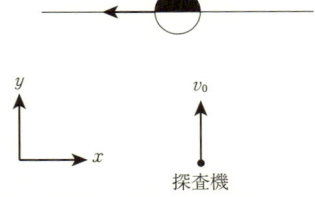

楕円軌道に沿って太陽のまわりを回っている木星の軌道を，平均半径 R の円軌道で近似する．

図 2.36 太陽の質量中心に固定された座標系で見た図

問 1 太陽のまわりを回っている木星の速さ V の表式と数値を求めよ．

以降，特に指定のない限り，V はそのまま用いてよい．

発展問題　57

問2　はじめに探査機が木星からずっと遠く離れているとき（始状態），木星に固定された座標系で見た探査機の運動方向と x 軸のなす角の大きさ θ_0 （$0 \leq \theta_0 < \pi/2$）の表式を，逆三角関数を用いて表せ．また，探査機の速さ v' の表式と数値を求めよ．

　例えば，$a = \cos\theta$ を満たす θ（$-\pi < \theta \leq \pi$）を，$\theta = \cos^{-1} a$ と表し，$\cos^{-1} a$ を**逆三角（余弦）関数**という．同様に，逆三角（正弦，正接）関数 $\sin^{-1}\theta$ （$-\pi < \theta \leq \pi$），$\tan^{-1}\theta$（$-\pi/2 < \theta < \pi/2$）が定義される．

以降，v' は特に指定のない限り，そのまま用いてよい．

木星に固定された座標系で探査機は双曲線軌道を描き，その曲線の方程式は，極座標を用いて，

$$\frac{1}{r} = \frac{GM}{v'^2 b^2}\left(1 + \sqrt{1 + \frac{2Ev'^2 b^2}{G^2 M^2 m}} \cos\theta\right) \tag{2.69}$$

と表される．ここで，b は衝突係数とよばれ，漸近線の1つと木星の間の距離，E は木星に固定された座標系での探査機の全力学的エネルギー，(r, θ) は極座標で，それぞれ動径の長さと偏角である．

　図 2.37 には，方程式 (2.69) で与えられる双曲線が描かれている．ただし，そこには漸近線も描かれ，極座標も示されている．方程式 (2.69) は双曲線の引力型焦点（木星の位置）を原点とする．探査機の軌跡は，もっとも太い線で示

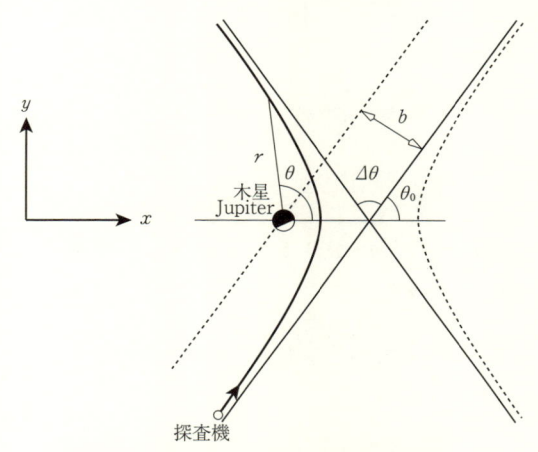

図 2.37　木星の中心に固定された座標系で見た図

された引力型の軌跡である。

問3 探査機の軌跡を描く方程式(2.69)を用いて,木星に固定された座標系での探査機の全偏向角 $\Delta\theta$（図2.36に示されている）を,逆三角関数を用いて初速 v', 衝突係数 b および G, M で表せ.

問4 探査機は,木星中心からの距離が木星赤道半径 R_B の3倍よりも近い点を通過することができないと仮定する.このとき,可能な衝突係数の最小値 $b_{\min}$ の表式を求め,数値を代入することにより,$b_{\min}$ は R_B の約何倍になるか求めよ.また,可能な偏向角の最大値の表式と数値を求めよ.

問5 太陽に固定された座標系で,探査機の最終的な速さ v'' を与える表式を,木星の速さ V, 探査機の初速 v_0, 偏向角 $\Delta\theta$ のみを用いて表せ.

問6 問5で求めた結果から,偏向角が最大になるとき,太陽に固定された座標系で見た探査機の最終的な速さ v'' の数値を求めよ.

(IPhO イタリア大会理論問題改)

解 答

問1 題意により,木星が太陽のまわりを円運動しているとして,円運動の運動方程式は,

$$M\frac{V^2}{R}=G\frac{M_S M}{R^2} \quad \therefore\ V=\sqrt{\frac{GM_S}{R}} \approx \underline{1.31\times10^4\,\text{m/s}}$$

問2 木星に固定された座標系で,探査機の速度の x 成分,y 成分は,それぞれ,$v_x'=V$, $v_y'=v_0$ であるから,

$$\tan\theta_0 = \frac{v_0}{V} \quad \therefore\ \theta_0 = \underline{\tan^{-1}\frac{v_0}{V}}$$

探査機の速さは,

$$v' = \sqrt{v_0^2 + V^2} = \underline{1.65\times10^4\,\text{m/s}}$$

問3 $r\to\infty$ で(2.69)式の左辺が0となるから,終状態と始状態の偏角 $\theta_\pm$ ($\theta_+ = \theta_0 + \Delta\theta$, $\theta_- = -\pi + \theta_0$) は,

$$1+\sqrt{1+\frac{2Ev'^2 b^2}{G^2 M^2 m}}\cos\theta_\pm = 0$$

を満たす.よって,

$$\theta_\pm = \cos^{-1}\left[-\left(1+\frac{2Ev'^2b^2}{G^2M^2m}\right)^{-1/2}\right] = \pm\left[\pi - \cos^{-1}\left(1+\frac{2Ev'^2b^2}{G^2M^2m}\right)^{-1/2}\right]$$

と書ける．ここで，$0 \leq \cos^{-1}\left(1+\frac{2Ev'^2b^2}{G^2M^2m}\right)^{-1/2} < \pi$ とし，次の関係が成り立つことを用いた．

$0 \leq \theta < \pi$ として $\cos^{-1}x = \theta \Leftrightarrow x = \cos\theta$ とすると，

$$\theta_\pm = \cos^{-1}(-x) \Rightarrow \cos\theta_\pm = -x = -\cos\theta = \cos[\pm(\pi-\theta)]$$
$$\Rightarrow \theta_\pm = \pm(\pi-\theta)$$

図 2.36 に示されている偏向角 $\Delta\theta$ は，2 つの漸近線のなす角であり，

$$\Delta\theta = (\theta_+ - \theta_-) - \pi$$
$$= \pi - 2\cos^{-1}\frac{1}{\sqrt{1+\frac{2Ev'^2b^2}{G^2M^2m}}} = \pi - 2\cos^{-1}\frac{1}{\sqrt{1+\frac{v'^4b^2}{G^2M^2}}}$$

となる．ここで，$E = \frac{1}{2}mv'^2$ と表されることを用いた．

問 4 $\theta = 0$ のとき探査機は木星に最接近する．したがって，最接近距離 $r_{\min}$ は，

$$r_{\min} = \frac{v'^2b^2}{GM}\left(1+\sqrt{1+\frac{v'^4b^2}{G^2M^2}}\right)^{-1}$$

で与えられる．これより，衝突係数は，

$$b = \sqrt{r_{\min}^2 + \frac{2GM}{v'^2}r_{\min}}$$

と書ける．題意より，$r_{\min} \geq 3R_B$ とすると，

$$b_{\min} = \sqrt{9R_B^2 + \frac{6GM}{v'^2}R_B}$$

また，問 3 の結果より，衝突係数 b が最小のとき偏向角 $\Delta\theta$ は最大となるから，

$$\Delta\theta_{\max} = \pi - 2\cos^{-1}\frac{1}{\sqrt{1+\frac{v'^4 b_{\min}^2}{G^2M^2}}}$$
$$= \pi - 2\cos^{-1}\frac{1}{\sqrt{1+\frac{v'^4}{G^2M^2}\left(9R_B^2 + \frac{6GM}{v'^2}R_B\right)}}$$

数値を代入して，
$$b_{min} = 4.89 \times 10^8 \text{ m} = \underline{7.0\, R_B}, \quad \Delta\theta_{max} = \underline{1.52 \text{ rad}} = \underline{87.2°}$$

問 5 木星に固定された座標系で，探査機の運動方向の最終的な角度は，$\theta_0 + \Delta\theta$ であるから，最終的な速度成分は，
$$v_x' = v'\cos(\theta_0 + \Delta\theta), \quad v_y' = v'\sin(\theta_0 + \Delta\theta)$$
となり，太陽に固定された座標系での速度成分は，
$$v_x'' = v'\cos(\theta_0 + \Delta\theta) - V, \quad v_y'' = v'\sin(\theta_0 + \Delta\theta)$$
となる．したがって，探査機の最終的な速さ v'' を与えられた文字で表すと，
$$\begin{aligned}
v'' &= \sqrt{(v'\cos(\theta_0 + \Delta\theta) - V)^2 + (v'\sin(\theta_0 + \Delta\theta))^2} \\
&= \sqrt{v_0^2 + 2V^2 - 2v'V\cos(\theta_0 + \Delta\theta)} \\
&= \sqrt{v_0^2 + 2V^2 - 2v'V(\cos\theta_0\cos\Delta\theta - \sin\theta_0\sin\Delta\theta)} \\
&= \sqrt{v_0^2 + 2V^2 - 2V(V\cos\Delta\theta - v_0\sin\Delta\theta)} \\
&= \underline{\sqrt{v_0(v_0 + 2V\sin\Delta\theta) + 2V^2(1 - \cos\Delta\theta)}}
\end{aligned}$$

問 6 問 5 の結果の式に，$v_0 = 1.00 \times 10^4$ m/s, $V = 1.31 \times 10^4$ m/s, $\Delta\theta = \Delta\theta_{max} = 1.52$ rad を代入して，
$$v'' = \underline{2.62 \times 10^4 \text{ m/s}}$$

問題 3　地球から離れていく月

地球と月の間の距離は極めて正確に決定することができる．実際，1969 年に宇宙飛行士が月の表面に設置した特殊な鏡にレーザー光線を反射させ，光の往復時間を計測することにより，この距離は定まる．この観測によって，月が地球からゆっくりと離れていることが，直接計測されたのである．つまり，地球と月の間の距離は時間の経過とともに増加している．これは，潮汐で生じた力のモーメントによって地球の角運動量が月に移るからである．

月の重力は地球上の海水の変形（ふくらみ）を引き起こす．地球の回転により，ふくらみを通る直線は地球と月を結ぶ直線とは一致しない．この方向の違いが，地球の自転から月の公転運動に角運動量を移す力のモーメントを発生させる．この問題では，この現象の基本的なパラメータを導出する．

L_1 は地球と月からなる系の全角運動量を表すものとする．以下では，次の

仮定をする．
① L_1 は地球の回転軸のまわりの自転の角運動量と，地球を回る軌道上の月の公転運動の角運動量との和である．
② 月の軌道は円であり，月は質点であるとする．
③ 地球の自転軸と月の公転軸は平行である．
④ 計算を簡単にするため，地球の自転と月の公転運動の中心は地球の中心であると考える．また，この問題を通じて，すべての慣性モーメント，力のモーメント，角運動量は地球の中心軸のまわりに定義される．
⑤ 太陽による影響は無視する．

I 角運動量保存則

問1 この地球と月からなる系の現在の全角運動量を式で表せ．すなわち，現在の全角運動量 L_1 を，地球の慣性モーメント I_E，地球の現在の自転の角速度 ω_{E1}，月の現在の地球中心軸のまわりの慣性モーメント I_{M1}，月の現在の公転運動の角速度 ω_{M1} を用いて表せ．

地球の自転運動から月の公転運動への角運動量の移動が終わるのは，地球の自転周期が，月の地球のまわりの公転周期と同じ時間になるときである．このとき，月によって地表に引き起こされた海水のふくらみが，地球と月を結ぶ直線と一致し，力のモーメントが生じなくなる．

問2 地球の慣性モーメント I_E，最終的な地球の角速度であり月の公転運動の角速度でもある ω_2，地球の中心のまわりの月の慣性モーメント I_{M2} を用いて，地球と月からなる系の最終的な全角運動量 L_2 を表せ．

問3 最終的な全角運動量のうち，地球の角運動量は十分小さいので無視して，現在と最終的な状態の間の角運動量保存則を表す式を記せ．

II 地球と月の最終的な距離と最終的な角速度

地球のまわりを回る月についての，万有引力による円運動の方程式は常に成り立っているとする．ここで，最終的な全角運動量のうちの地球の角運動量は十分小さいので無視する．

問4 最終状態において，地球のまわりを回る月について考える．地球と月の間の最終的な距離 D_2 と月の最終の角速度 ω_2 を，既知のパラメータ L_1，地

球の質量 M_E, 月の質量 M_M, 万有引力定数 G を用いて表せ。

以下では，D_2 と ω_2 の数値解を求める。そのためには，地球の慣性モーメントが必要である。

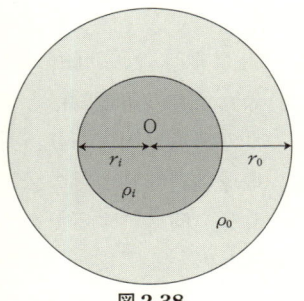

問5 地球が球であり，中心Oから半径 r_i までは一様な密度 ρ_i であり，半径 r_i から半径 r_0 の表面までは一様な密度 ρ_0 であるとする（図 2.38）。この場合に地球の慣性モーメント I_E をこれらの密度 ρ_i, ρ_0 と半径 r_i, r_0 を用いて表せ。また，$\rho_i=1.3\times 10^4$ kg/m³, $r_i=3.5\times 10^6$ m, $\rho_0=4.0\times 10^3$ kg/m³, $r_0=6.4\times 10^6$ m を用いて，I_E の数値を求めよ。ただし，半径 R, 質量 M の一様な球の，直径を回転軸とする慣性モーメントは $I=\dfrac{2}{5}MR^2$ で与えられる。

図 2.38

地球と月の質量は，それぞれ $M_E=6.0\times 10^{24}$ kg, $M_M=7.3\times 10^{22}$ kg である。現在の地球の中心と月の距離は $D_1=3.8\times 10^8$ m，地球の自転運動の現在の角速度は $\omega_{E1}=7.3\times 10^{-5}$ rad/s，月の地球のまわりの公転運動の角速度は $\omega_{M1}=2.7\times 10^{-6}$ rad/s，万有引力定数は $G=6.7\times 10^{-11}$ Nm²/kg² である。

問6 最終的な地球と月の距離 D_2 は現在の距離 D_1 の何倍か。また，最終的な1日の長さは，現在の1日を単位として表すと何日になるか。

Ⅲ 月は1年間にどれだけ遠ざかるか

さて，1年にどれだけ月が遠ざかるかを調べる。そのためには，現在の月に

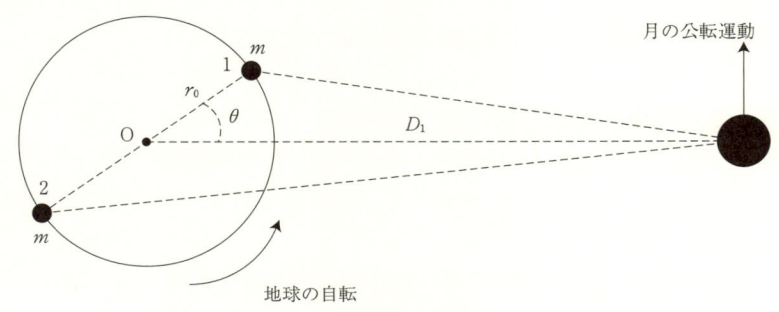

図 2.39

作用する力のモーメントを与える表式を知ることが必要である。ここで，潮汐による海面のふくらみ分の質量が，地球表面2か所に同じ質量 m の質点1，2を付け加えることに等しいと仮定する（図2.39）。θ を2か所の質点を結ぶ直線と，地球の中心と月の中心を結ぶ直線とがなす角とする。

問7 2つの質点1，2により月に与えられる，地球の中心Oのまわりの合計の力のモーメントの大きさ N の表式を求めよ。ただし，$r_0 \ll D_1$ なので，r_0/D_1 の2乗以上の項は，1乗の項に比べたときは0と近似してよい。また，$x \ll 1$ のときには，$(1+x)^a \approx 1+ax$ としてよい。さらに，$\theta=3°$，$m=3.6\times10^{16}$ kg（この質量は地球の質量の 10^{-8} 倍である）であることを用いて，N の数値を求めよ。

問8 月の角運動量を M_M，M_E，D_1，G のみを用いて表した上で，現在の地球と月の間の1年あたりの増加距離を数値で求めよ。また，現在，1年ごとの1日の長さはどれだけ長くなっているか，数値で求めよ。

（Luis Felipe Rodríguez 作成，IPhO メキシコ大会理論問題改）

解答

問1 (2.56)式より，
$$L_1 = I_E\omega_{E1} + I_{M1}\omega_{M1} \tag{2.70}$$

問2 (2.56)式より，
$$L_2 = I_E\omega_2 + I_{M2}\omega_2$$

問3 地球の角運動量 $I_E\omega_2$ を無視して，$L_2=L_1$ とおくと，
$$I_E\omega_{E1} + I_{M1}\omega_{M1} = I_{M2}\omega_2 \tag{2.71}$$

問4 最終状態での月の円運動の方程式より，
$$M_M D_2 \omega_2^2 = G\frac{M_E M_M}{D_2^2} \quad \Rightarrow \quad \omega_2^2 D_2^3 = GM_E \tag{2.72}$$

最終状態の月の慣性モーメントは，$I_{M2}=M_M D_2^2$ と書けるから，(2.71)式より，
$$L_1 = L_2 = I_{M2}\omega_2 = M_M D_2^2 \omega_2 \quad \Rightarrow \quad \omega_2 = \frac{L_1}{M_M D_2^2} \tag{2.73}$$

(2.72)，(2.73)式より，

$$D_2 = \frac{L_1^2}{GM_E M_M^2}, \quad \omega_2 = \frac{G^2 M_E^2 M_M^3}{L_1^3} \tag{2.74}$$

問5 この場合，地球の慣性モーメントは，半径 r_0，密度 ρ_0（質量 $\rho_0 \cdot \frac{4}{3}\pi r_0^3$）の球体の慣性モーメントと，半径 r_i，密度 $\rho_i - \rho_0$（質量 $(\rho_i - \rho_0) \cdot \frac{4}{3}\pi r_i^3$）の球体の慣性モーメントの和で表される．よって，

$$I_E = \frac{2}{5}\frac{4\pi}{3}[\rho_0 r_0^5 + (\rho_i - \rho_0) r_i^5] = \underline{8.0 \times 10^{37} \text{ kg} \cdot \text{m}^2}$$

問6 (2.70)式に，$I_E = 8.0 \times 10^{37}$ kg·m², $I_{M1} = M_M D_1^2 = 1.05 \times 10^{40}$ kg·m², $\omega_{E1} = 7.3 \times 10^{-5}$ rad/s, $\omega_{M1} = 2.7 \times 10^{-6}$ rad/s を代入すると，

$$L_1 = I_E \omega_{E1} + I_{M1} \omega_{M1} = 3.4 \times 10^{34} \text{ kg} \cdot \text{m}^2/\text{s}$$

となるから，(2.74)式へ $L_1 = 3.4 \times 10^{34}$ kg·m²/s, $G = 6.7 \times 10^{-11}$ N·m²/kg², $M_E = 6.0 \times 10^{24}$ kg, $M_M = 7.3 \times 10^{22}$ kg を代入して，

$$D_2 = 5.4 \times 10^8 \text{ m} = \underline{1.6} \, D_1, \quad \omega_2 = 1.6 \times 10^{-6} \text{ rad/s}$$

を得る．また，最終的な1日は，$T_2 = \dfrac{2\pi/\omega_2}{24 \times 3600} = \underline{45 \text{日}}$ となる．

問7 質点1, 2から月の受ける力の大きさ F_c, F_f は，余弦定理からそれぞれ，

$$F_c = \frac{GM_M m}{D_1^2 + r_0^2 - 2D_1 r_0 \cos\theta}, \quad F_f = \frac{GM_M m}{D_1^2 + r_0^2 + 2D_1 r_0 \cos\theta}$$

となる．図2.40のように角 ϕ をとると，正弦定理より，

$$\frac{\sin\phi}{D_1} = \frac{\sin\theta}{\sqrt{D_1^2 + r_0^2 - 2D_1 r_0 \cos\theta}}$$

が成り立つから，質点1から月に与えられる地球の中心Oのまわりの力の

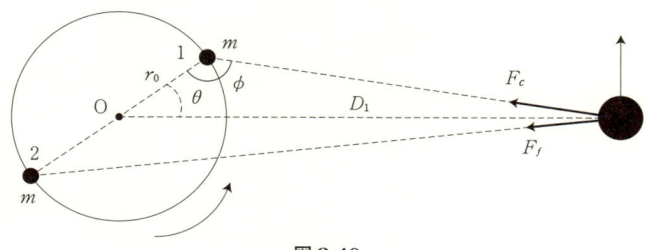

図2.40

モーメントは，反時計回りに，

$$N_c = F_c r_0 \sin(\pi - \phi) = F_c r_0 \sin\phi = \frac{GM_M m r_0 D_1 \sin\theta}{(D_1^2 + r_0^2 - 2D_1 r_0 \cos\theta)^{3/2}}$$

$$\approx \frac{GM_M m r_0 \sin\theta}{D_1^2 \left(1 - \frac{2r_0 \cos\theta}{D_1}\right)^{3/2}} \approx \frac{GM_M m r_0 \sin\theta}{D_1^2} \left(1 + \frac{3r_0 \cos\theta}{D_1}\right)$$

となる．同様に，質点 2 から月に与えられる力のモーメントは時計回りに，

$$N_f = \frac{GM_M m r_0 D_1 \sin\theta}{(D_1^2 + r_0^2 + 2D_1 r_0 \cos\theta)^{3/2}} \approx \frac{GM_M m r_0 \sin\theta}{D_1^2} \left(1 - \frac{3r_0 \cos\theta}{D_1}\right)$$

となる．よって，反時計まわりの力のモーメントは，

$$N = N_c - N_f = \frac{6GM_M m r_0^2 \sin\theta \cos\theta}{D_1^3} = \underline{4.1 \times 10^{16} \text{ N·m}}$$

問3 現在の月の円運動の方程式より，

$$M_M D_1 \omega_1^2 = G\frac{M_E M_M}{D_1^2} \quad \Rightarrow \quad \omega_1 = \sqrt{\frac{GM_E}{D_1^3}}$$

となるから，月の角運動量 L_{M1} は，

$$L_{M1} = I_{M1} \omega_{M1} = M_M D_1^2 \sqrt{\frac{GM_E}{D_1^3}} = M_M \sqrt{GM_E D_1}$$

と表される．角運動量の時間的な変化は力のモーメントに等しいことから，$\frac{dD_1}{dt} \to \frac{\Delta D_1}{\Delta t}$ として，

$$N = \frac{dL_{M1}}{dt} = \frac{M_M \sqrt{GM_E}}{2\sqrt{D_1}} \frac{\Delta D_1}{\Delta t} \quad \Rightarrow \quad \Delta D_1 = \frac{2N}{M_M} \sqrt{\frac{D_1}{GM_E}} \Delta t$$

となる．ここで，$\Delta t = 1$ 年 $= 3.15 \times 10^7$ s および他の数値を代入して，地球－月間距離の 1 年間の増加

$$\Delta D_1 = \underline{0.034 \text{ m}}$$

を得る．

次に，地球に作用する力のモーメントは月に作用するモーメントと逆符号になる（作用・反作用の法則）ことに注意すると，地球の回転運動方程式は，

$$I_E \frac{d\omega_{E1}}{dt} = -N$$

と書ける．ここで，$\frac{d\omega_{E1}}{dt} \to \frac{\Delta \omega_{E1}}{\Delta t}$，$\Delta t = 1$ 年 $= 3.15 \times 10^7$ s として，自転角

速度の1年間の変化は，

$$\Delta\omega_{E1} = -\frac{N\Delta t}{I_E} = -1.6\times 10^{-14} \text{ rad/s}$$

となる。

現在の地球の自転周期を $T_E = 1$ 日 $= 8.64\times 10^4$ s，1年間での1日の伸びを ΔT_E とすると，

$$T_E\omega_{E1} = 2\pi, \quad (T_E+\Delta T_E)(\omega_{E1}+\Delta\omega_{E1}) = 2\pi$$

より，$\Delta T_E \Delta\omega_{E1} \approx 0$ と近似して，

$$\frac{\Delta T_E}{T_E} + \frac{\Delta\omega_{E1}}{\omega_{E1}} = 0 \quad \Rightarrow \quad \Delta T_E = -\frac{\Delta\omega_{E1}}{\omega_{E1}}T_E = \underline{1.9\times 10^{-5} \text{ s}}$$

を得る。

●物理オリンピック OB の声 その①

　物理チャレンジ・オリンピックの問題は，今まで見たことのないような問題が多く出題されます。例えば，物理チャレンジで，アインシュタインの特殊相対論が出題されたこともありました。しかし，いくら見たことがなくても，必要な知識は必ず問題文の中に入っているはずです。そこから出発してどう考えていくか，が勝負どころです。この本で勉強する際も，計算方法やテクニカルな解法にとらわれず，物理の考え方を大切にしてください。そして本番では，どんな難しい問題に出会っても，問題文の隅々からヒントをかき集めて，ねばりにねばってください。

3章 振動・波動
Vibration・Oscillation
――科学の美をみつけるのが何よりの目標だ （E. Schrödinger）

――― 基本コース ―――

3.1 単振動

質量 m の質点が x 軸上で運動するとき，原点 O からの距離 $|x|$ に比例した引力 $-kx$（$k>0$）（これを復元力という）がはたらくと，その質点の運動方程式は，

$$m\frac{d^2x}{dt^2}=-kx \tag{3.1}$$

となる．その解は，a と α を初期条件から決まる任意定数として，

$$x(t)=a\cos(\omega_0 t+\alpha), \quad \text{ただし,} \quad \omega_0=\sqrt{\frac{k}{m}} \tag{3.2}$$

と書ける．これは，区間 $-a \leq x \leq a$ の間での振動であり，**単振動**または**調和振動**という．a を**振幅**，$\omega_0 t+\alpha$ を**位相**，α を**初期位相**，ω_0 を**角振動数**，1往復の時間 $T=2\pi/\omega_0$ を**周期**，1秒間の往復回数 $f=1/T=\omega_0/2\pi$ を**（固有）振動数**とよぶ．

ばね定数 k のばねに質量 m のおもりがぶら下がって振動しているときの角振動数は(3.2)式で書ける．また，長さ L の単振り子は重力加速度 g を用いて角振動数 $\omega_0=\sqrt{g/L}$ の単振動をする．

指数関数と三角関数の関係を示すオイラーの定理

$$e^{\pm i\theta}=\cos\theta \pm i\sin\theta \quad \text{（複号同順）} \tag{3.3}$$

を使うと，(3.2)式は，複素数

$$z(t)=a\exp\{i(\omega_0 t+\alpha)\} \tag{3.4}$$

の実部である．複素数を使って計算して，最後に求められた結果の実部をとることによって振動解を求めると計算が楽になる場合がある．

【例題】 長さ L の単振り子に質量 m のおもりをぶら下げて、微小振幅で振動させたときの運動方程式を立て、その角振動数を求めよ。

［解］ 図 3.1 のように、糸が鉛直方向から θ の角度だけ傾いた瞬間のおもりの座標を x とする。おもりには鉛直下向きに重力 mg が、糸に沿って支点の向きに糸の張力 S がはたらいている。θ が小さいときには、おもりは鉛直方向にはほとんど動かないので、その方向の力のつり合いは、

$$S\cos\theta = mg \tag{3.5}$$

水平方向の運動方程式は、

$$m\frac{d^2x}{dt^2} = -S\sin\theta \tag{3.6}$$

となる。$|\theta| \ll 1$ のとき、$\cos\theta \approx 1$ なので、(3.5)式から $S \approx mg$ となる。また、図 3.1 から $x = L\sin\theta$ なので、(3.6)式に代入すると、

$$m\frac{d^2x}{dt^2} = -\frac{mg}{L}x \tag{3.7}$$

となる。これは(3.1)式と同じ単振動の方程式なので、(3.1)式と見比べると角振動数は、

$$\omega_0 = \sqrt{\frac{g}{L}} \tag{3.8}$$

と書けることがわかる。単振り子の角振動数あるいは周期は、おもりの質量や振れの振幅に依らないことがわかる（ガリレオの振り子の等時性）。

3.2 波 動

波動とは媒質がそれぞれの場所で振動していて、その振動が隣の場所に次々と伝わる現象である。この振動が正弦関数で表される波を**正弦波**とよぶ。原点 O において媒質が周期 T で単振動していると、時刻 t での媒質の原点 O（座標を $x=0$ とする）での変位 $y(0,t)$ は、(3.2)式より、

$$y(0,t) = a\cos\left(2\pi\frac{t}{T}\right) \tag{3.9}$$

と書ける。簡単のため、初期位相はゼロとした。これが波として速さ V で伝

播したとする。そうすると，原点から波の進む向きに x だけ離れた点 P では，x/V だけ遅れて原点と同じ変位をする。つまり，時刻 t における点 P での変位は，時刻 $t-x/V$ における原点 O での変位に等しい。よって，点 P での媒質の変位は，

$$y(x,t) = a\cos\left\{2\pi\frac{1}{T}\left(t-\frac{x}{V}\right)\right\} \tag{3.10}$$

波の**波長** λ とは，1 周期 T の間に進む距離なので，

$$\lambda = VT \quad \Leftrightarrow \quad V = f\lambda \quad (f=1/T \text{ は振動数}) \tag{3.11}$$

が成り立つ。よって，(3.10)式は，

$$y(x,t) = a\cos\left\{2\pi\left(\frac{t}{T}-\frac{x}{\lambda}\right)\right\} \tag{3.12}$$

と書き直せる。**波数** $k=2\pi/\lambda$ を定義すると，角振動数 $\omega=2\pi/T$ も使って，

$$y(x,t) = a\cos(\omega t - kx) \tag{3.13}$$

と書ける。

【例題】 (1) $y=0.2\cos\pi(5t-2x)$ で表される波の振幅，振動数，波長，および波の速さを求めよ。ただし，長さと時間の単位は m および s である。
(2) 振幅 0.1 m，振動数 2 Hz の正弦波が速さ 2 m/s で $-x$ 方向に進むとき，時刻 t における位置 x での変位 y を与える式を整数 n を用いて表せ。ただし，原点（$x=0$）で時刻 $t=0$ での変位を $y=0$ とする。

[解] (1) (3.12)式と見比べると，振幅 $a=\underline{0.2 \text{ m}}$，周期 $T=0.4$ s，波長 $\lambda=\underline{1.0 \text{ m}}$ であることがわかる。よって，振動数 $f=1/T=\underline{2.5 \text{ Hz}}$，波の速さ $V=f\lambda=\underline{2.5 \text{ m/s}}$ となる。

(2) $y(x,t) = \underline{0.1\cos\left\{4\pi\left(t+\frac{x}{2}\right)+\left(n+\frac{1}{2}\right)\pi\right\}}$
$= \underline{-0.1\sin 4\pi\left(t+\frac{x}{2}+\frac{n}{4}\pi\right)}$

【例題】 正弦波が x 軸に沿って伝播しているとき，$x=0$ m と 1 m の 2 つの地点で波を観測した。その結果，その 2 点での波の変位 y は次のように書き表せた。
$$y(0,t)=0.2\cos(3\pi t), \quad y(1,t)=0.2\cos(3\pi t+\pi/8)$$
この波の振動数，波長，伝播する速さはいくらか。波が $+x$ 方向あるいは $-x$ 方向に伝播する場合に分けて，適当な整数 n を用いて表せ。また，波長は

0.7 m より長いものとして，可能な数値をすべて求めよ．

[解]　(3.9)式と見比べることにより，$f = \underline{1.5\,\text{Hz}}$．1 m 離れた地点での波は，原点での波に比べて位相が $\frac{\pi}{8} \pm 2n\pi$（$n = 0, 1, 2, \cdots$）だけずれている（2π の整数倍の任意性がある）．これが負の値ならば，(3.12)式と同じになり，$+x$ の方向に伝播する波といえる．逆に，この位相の差が正の値ならば $-x$ の方向に伝播している．

よって，$+x$ 方向に伝播する波ならば，(3.12)式から $-\frac{2\pi}{\lambda} = \frac{\pi}{8} - 2n\pi$（$n = 1, 2, \cdots$）なので，

$$\lambda = \frac{16}{16n - 1}\,[\text{m}] = \underline{1.1\,\text{m}}, \quad V = f\lambda = \frac{24}{16n - 1}\,[\text{m/s}] = \underline{1.6\,\text{m/s}}$$

となる．ここで，$\lambda > 0.7$ m より $n = 1$ とした．$-x$ 方向に伝播する波ならば，(3.12)式から $\frac{2\pi}{\lambda} = \frac{\pi}{8} + 2n\pi$（$n = 0, 1, 2, \cdots$）なので，

$$\lambda = \frac{16}{16n + 1}\,[\text{m}] = \underline{16\,\text{m}},\ \underline{0.94\,\text{m}}$$

$$V = f\lambda = \frac{24}{16n + 1}\,[\text{m/s}] = \underline{24\,\text{m/s}},\ \underline{1.4\,\text{m/s}}$$

となる．ここで，$\lambda > 0.7$ m より $n = 0, 1$ とした．

基本問題

問題1　正弦波のグラフ

水面上の波を観測したら，ある時刻（$t = 0$ とする）における水面の変位が，図 3.2 の実線で示すような形になっていた．その時刻から 0.2 秒後に，点線で

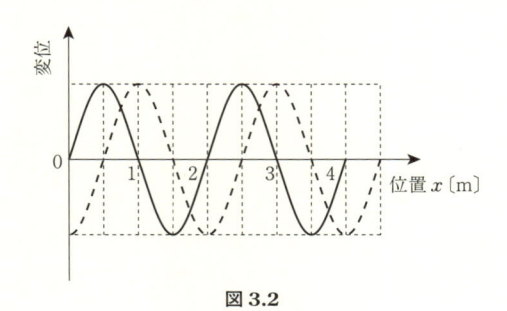

図 3.2

示す形の波をはじめて観測した。

問1 この波の振動数は何 Hz か。もっとも適当なものを，次の①〜⑤の中から1つ選べ。

① 0.8 Hz ② 1 Hz ③ 1.25 Hz ④ 1.5 Hz ⑤ 2.5 Hz

問2 原点 $x=0$ における $t=0$ 以降の水面の変位の時間変化を表したグラフはどれか。正しいものを，次の①〜④の中から1つ選べ。

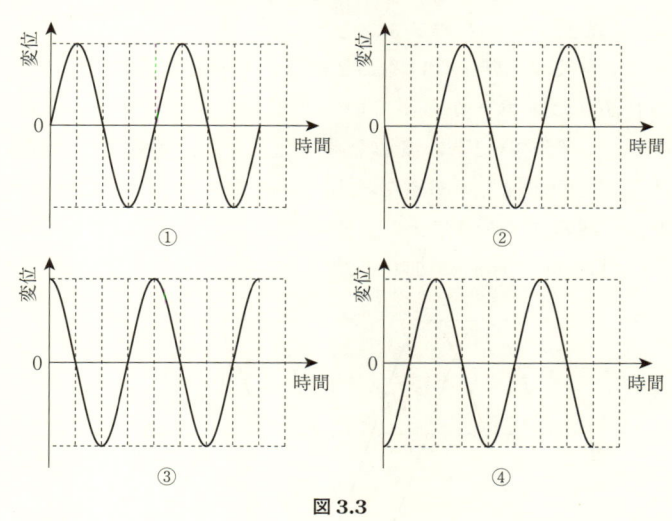

図3.3

(第1チャレンジ理論問題)

> 解 答

問1 ③ 問2 ②

> 解 説

問1 0.2 秒で4分の1波長進んでいるので，波が1波長進む時間は振動の周期に等しい。よって，

周期 $T=0.2\times4=0.8$ 秒，振動数 $f=1/T=1/0.8=\underline{1.25\,\text{Hz}}$

問2 図3.2をよく見ると，変位は0から負に向かうことがわかる。ちなみに，この波を式で書き表すと，$y(x,t)=a\sin\{\pi(x-2.5t)\}$ となることがわかる。

問題26 つのマイクで音をひろう

スピーカーとマイクロフォンからなる装置がある（図3.4）。スピーカーから，さまざまな波長の音が出ている。またマイクロフォンは，音を電気信号に変換することによって音の波形を測定することができる。以下において，音波が距離とともに減衰することはなく，また，マイクロフォンを置くことによって音波が影響を受けることはないものとする。

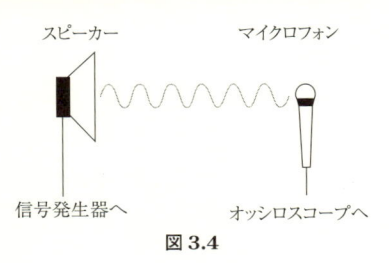

波長 λ の音がスピーカーから出ているとする。スピーカーの置かれた位置にマイクロフォンを置いて音の波形を調べたところ，出力電圧の振幅は 1V，時間変化は図3.5の曲線㋐であった。次に，スピーカーから距離 $L=\lambda/4$ だけ離れた位置に，別のマイクロフォンを置いた。これらの音の波形を同時に測定したところ，図3.5の㋐に㋑が加わった。

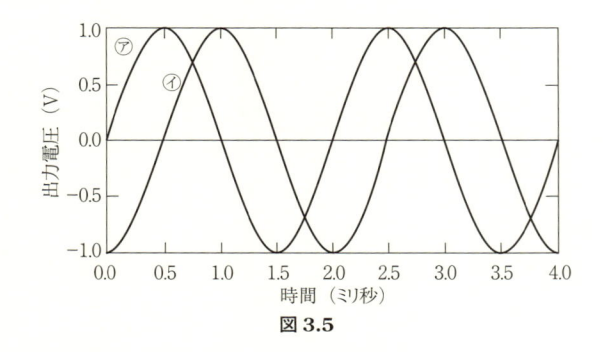

図3.5

問1 図3.6に示すように，距離 L の間隔をおいて6本のマイクロフォンを直線上に配置した。$L=\lambda$ のとき，6本のマイクロフォンの出力電圧を合わせた振幅は何 V か。

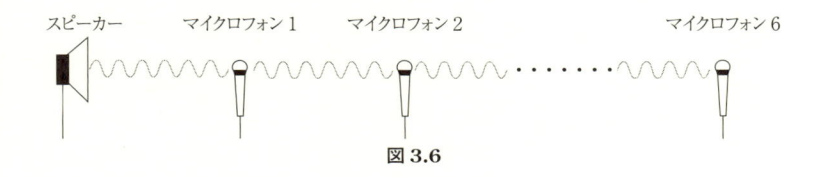

図3.6

問2 次に，$L=\frac{5}{6}\lambda$ にした。マイクロフォン1とマイクロフォン4の出力電圧を合わせた振幅は何Vか。

問3 同様にマイクロフォン2とマイクロフォン5の出力電圧の和，マイクロフォン3とマイクロフォン6の出力電圧の和を考えると，6本のマイクロフォンの出力電圧を合わせた振幅は何Vか。

問4 非常に多数のマイクロフォンをそれぞれ等間隔 L だけ離して配置する。いろいろと L を変化させたとき，すべてのマイクロフォンの出力電圧を合成したものが L の変化とともにどのように変化するかをグラフに表すとすると，その概形としてもっとも適当なものを，次の①〜⑥の中から1つ選べ。

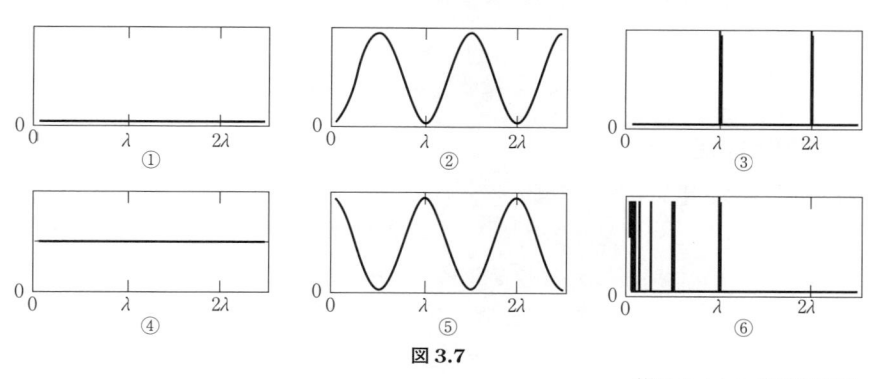

図3.7

(第1チャレンジ理論問題)

解 答

問1 6本のマイクロフォンの出力電圧は，(3.12)式で，$x=n\lambda$ $(n=1, 2, \cdots, 6)$ とおいて計算される。しかし，それらはすべて cos 関数の位相を 2π だけずらしているだけなので，同じ値となる。このような場合を「位相が一致する」という。したがって，6本のマイクロフォンの出力電圧を合わせると，単純に1本のマイクロフォンの出力電圧の6倍になるだけなので，振幅 <u>6.0 V</u> の正弦波となる。

問2 マイクロフォン1とマイクロフォン4の間の距離は $3L=3\times\frac{5}{6}\lambda=\frac{5}{2}\lambda$ なので，(3.12)式から，2つの波形の位相の差は 5π，すなわち π となる

(2π の整数倍の位相差は無いに等しいから)。すなわち，山と谷，谷と山が重なる逆位相の関係になるので，完全に打ち消しあう。よって2本のマイクロフォンの出力電圧を合わせると常に $\underline{0\,\text{V}}$ になる。

問3 問2と同様に考えて，マイクロフォン2と5，および3と6が互いに完全に打ち消す関係になるので，それらすべての和も $\underline{0\,\text{V}}$ となる。

問4 答えは，③

マイクロフォンの間隔が λ かその整数倍でない限り，非常に多数のマイクロフォンがあれば，必ず逆位相の関係が生じるので，出力電圧は互いに打ち消しあってしまい，ほぼ 0 V になる。間隔が λ かその整数倍のときにはすべての出力電圧の位相が一致するので大きな電圧になる。

───**発展コース**───

3.3 波の重ね合わせ

(1) ヤングの2重スリット干渉

図 3.8 に示したヤングの 2 重スリットの実験を考えよう。スリット S_1 と S_2 から出た光がスクリーン上のある点 P で観測されるとき，その明るさ（光の強度）を求めてみよう。点 P で観測される S_1 から出た光の波動を，

$$y_1 = A_1 \sin\omega t$$

と書くと，S_2 から出た光の波動 y_2 は光路差 $L = |S_2P - S_1P|$ のために位相が δ だけ遅れる。ここで，光の波長を λ とすると，$\delta = 2\pi L/\lambda$ と書けるから，

$$y_2 = A_2 \sin(\omega t - \delta)$$

と書ける。したがって，2つの光波の合成波 y は，

$$\begin{aligned} y = y_1 + y_2 &= A_1 \sin\omega t + A_2 \sin(\omega t - \delta) \\ &= \sqrt{A_1^2 + A_2^2 + 2A_1 A_2 \cos\delta} \cdot \sin(\omega t + \beta) \end{aligned} \quad (3.14)$$

(β は δ に依存する定数)。ここで，三角関数の加法定理，および合成公式を用いた。

光の強度は振幅の 2 乗に比例する。したがって，点 P で観測される光の強度 I は，振動 y_1 の強度を I_1，振動 y_2 の強度を I_2 とすると，(3.14)式より，

$$I = I_1 + I_2 + 2\sqrt{I_1 I_2} \cdot \cos\delta \quad (3.15)$$

と書ける。よって，n を整数として，

$\delta = 2n\pi$ のとき，$I = (\sqrt{I_1} + \sqrt{I_2})^2$ となり強度が最大（明線） (3.16)

$\delta = (2n+1)\pi$ のとき，$I = (\sqrt{I_1} - \sqrt{I_2})^2$ となり強度が最小（暗線） (3.17)

となる。これは波の干渉の効果であり，(3.16) 式の条件を**強め合う干渉**，(3.17) 式の条件を**弱め合う干渉**という。それぞれの干渉の条件を光路差 L で書くと，$L = n\lambda$，および $L = (n + 1/2)\lambda$ と書ける。

2つのスリットから出た光の位相差 δ がランダムに変化している場合，時間平均をとると（観測には有限の長さの時間が必要），(3.15) 式の中の $\cos\delta$ がゼロになるので，

$$I = I_1 + I_2$$

となる。つまり，単にそれぞれのスリットからの光の強度の和となる。この場合，2つの光は干渉していないことになる。このように，2つの波が干渉するには，互いの位相差がきちんと決まっていなければならない。一般に**2つの独立した光源からの光波は，位相関係が定まっていないので干渉しない**。

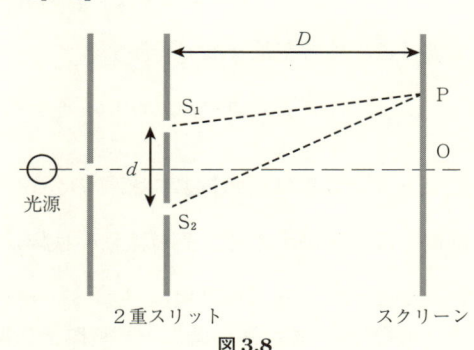

図 3.8

【**例題**】 図 3.8 で，2 つのスリット S_1 と S_2 の間隔を d，2 重スリットとスクリーンの間の距離を D とし，$D \gg d$ のとき，スクリーン上で観察される明線の間隔を求めよ。ここで，$|x| \ll 1$ のとき，$(1 + x)^\alpha \approx 1 + \alpha x$ となることを用いよ。

[**解**] 中心軸とスクリーンとの交点を O とし，OP の長さを x とおくと，光路差 L は，

$$\begin{aligned}
L &= \sqrt{D^2 + \left(x + \frac{d}{2}\right)^2} - \sqrt{D^2 + \left(x - \frac{d}{2}\right)^2} \\
&= D\left\{1 + \left(\frac{x + d/2}{D}\right)^2\right\}^{1/2} - D\left\{1 + \left(\frac{x - d/2}{D}\right)^2\right\}^{1/2} \\
&\approx D\left\{1 + \frac{1}{2}\left(\frac{x + d/2}{D}\right)^2\right\} - D\left\{1 + \frac{1}{2}\left(\frac{x - d/2}{D}\right)^2\right\} = \frac{d}{D}x
\end{aligned} \quad (3.18)$$

明線では $L = n\lambda$ なので,連続する整数 n に対応する x の値の差から明線の間隔は,

$$x_{n+1} - x_n = \underline{\frac{D}{d}\lambda} \tag{3.19}$$

(2) 定常波

振幅 A,周期 T,波長 λ がいずれも等しい2つの正弦波が x 軸上を逆向きに進行している場合を考える(したがって,波の速さ $v = \lambda/T$ も等しい)。

$$\text{右向き進行波:} y_1(x,t) = A\sin\frac{2\pi}{T}\left(t - \frac{x}{v}\right)$$

$$\text{左向き進行波:} y_2(x,t) = A\sin\frac{2\pi}{T}\left(t + \frac{x}{v}\right)$$

と書ける。両者が重なって干渉すると,その合成波 $y(x,t)$ は,

$$y(x,t) = y_1(x,t) + y_2(x,t) = \underbrace{2A\cos\frac{2\pi}{\lambda}x}_{\text{振幅項}} \cdot \underbrace{\sin\frac{2\pi}{T}t}_{\text{振動項}} \tag{3.20}$$

となる。計算には三角関数の和積の公式と $vT = \lambda$ の関係を用いた。座標 x の位置で波を観測すると,その振動の振幅は時間とともに $\sin\frac{2\pi}{T}t$ で単振動していることがわかる(振動項)。しかし,その振動の振幅は場所 x によって異なる(振幅項)。この波は時間 t と座標 x に関して独立に振動しているので進行波ではない。つまり,位置に無関係に時間 t に関して各点がすべて同位相で振動しているので,**定常波**とよばれる。振動項 = 0 を満たす位置

$$x = \left(n + \frac{1}{2}\right)\frac{\lambda}{2} \quad (n \text{ は整数})$$

では,常に振幅がゼロなので,**節**とよばれ,振幅が最大になるのは,

$$x = n\frac{\lambda}{2}$$

の位置であり,**腹**とよばれる。腹での振幅は $2A$ となり,進行波の振幅の2倍になっている。また,節と節の間隔は腹と腹の間隔に等しく,ともに $\frac{\lambda}{2}$ である。定常波とは,互いに逆向きに進む進行波の重ね合わせである。

3.3 波の重ね合わせ

【例題】 x 軸に沿って右向きに進行する正弦波

$$y_1(x,t) = A\sin\frac{2\pi}{T}\left(t - \frac{x}{v}\right)$$

が $x=L$ にある壁に衝突して反射した。壁が（a）固定端の場合と，（b）自由端の場合のそれぞれについて，
(1) 反射波を式で書き表せ。
(2) 反射波と入射波が干渉してできた合成波を式で書き表せ。

　ここで，固定端とは，その場所で常に波の合成の変位がゼロである端である（つまり，反射波の変位が入射波の変位を常に打ち消す）。自由端とは，その場所での反射波の変位が入射波の変位に等しくなる端である。

[解]　(1) 反射波は左向きに進行し，振幅，周期，および速さは入射波と同じなので，一般に，

$$y_2(x,t) = A\sin\frac{2\pi}{T}\left(t + \frac{x}{v} + \beta\right)$$

と書ける。ここで位相 β は端での条件（境界条件）を満たすような定数である。
　(a) 固定端の場合，$x=L$ で常に $y(L,t) = y_1(L,t) + y_2(L,t) = 0$ なので，

$$\sin\frac{2\pi}{T}\left(t - \frac{L}{v}\right) + \sin\frac{2\pi}{T}\left(t + \frac{L}{v} + \beta\right) = 0$$

これを常に満たすためには，$\beta = \dfrac{T}{2} - \dfrac{2L}{v}$ であればよい。よって，

$$y_2(x,t) = A\sin\left\{\frac{2\pi}{T}\left(t + \frac{x-2L}{v}\right) + \pi\right\} = \underline{-A\sin\frac{2\pi}{T}\left(t + \frac{x-2L}{v}\right)}$$

となる。
　(b) 自由端の場合，$x=L$ で常に $y_1(L,t) = y_2(L,t)$ なので，

$$\sin\frac{2\pi}{T}\left(t - \frac{L}{v}\right) = \sin\frac{2\pi}{T}\left(t + \frac{L}{v} + \beta\right)$$

これを常に満たすためには $\beta = -\dfrac{2L}{v}$ であればよい。よって，

$$y_2(x,t) = \underline{A\sin\frac{2\pi}{T}\left(t + \frac{x-2L}{v}\right)}$$

(2) それぞれの場合に合成波 $y(x,t) = y_1(x,t) + y_2(x,t)$ を計算すると，

(a) $y(x,t) = \underline{2A\sin\left(\dfrac{2\pi}{T}\cdot\dfrac{L-x}{v}\right)\cdot\cos\dfrac{2\pi}{T}\left(t - \dfrac{L}{v}\right)}$

(b) $y(x,t) = \underline{2A\cos\left(\dfrac{2\pi}{T}\cdot\dfrac{L-x}{v}\right)\cdot\sin\dfrac{2\pi}{T}\left(t - \dfrac{L}{v}\right)}$

両者とも座標と時間に関して独立に振動しているので定常波であることがわかる。

(3) うなり

わずかに振動数の異なる2つの波が重なる場合を考えてみる。例えば、ある地点に振動数 f_1 と f_2 の2つの音波がやってきたとき、それらは $y_1(t)=A\sin(2\pi f_1 t)$、および $y_2(t)=A\sin(2\pi f_2 t+\alpha)$ と表されたとしよう。三角関数の和積公式を使うと合成波は、

$$y(t)=y_1(t)+y_2(t)=\underbrace{2A\cos\left(\frac{2\pi(f_1-f_2)t-\alpha}{2}\right)}_{\text{ゆっくり変動する振幅項}}\cdot\underbrace{\sin\left(\frac{2\pi(f_1+f_2)t+\alpha}{2}\right)}_{\text{振動項}} \tag{3.21}$$

2つの波の振動数 f_1 と f_2 は差が小さいので、cos( ) の項はゆっくり変化するのに対して、sin( ) の項は高い振動数で振動する項となる。これを図示すると図3.9(b)となり、**うなり**の現象として知られている。つまり、振動数 f_1 と f_2 の2つの高さの音が別々に聞こえるのではなく、その平均値の振動数の音が強弱を繰り返しながら聞こえる。その音の強弱の周期、つまり、うなりの周期 T は cos( )=0 を満たす時刻の間隔であり、

$$\text{うなりの周期 } T=\frac{1}{|f_1-f_2|}, \quad \text{うなりの振動数 } f=\frac{1}{T}=|f_1-f_2| \tag{3.22}$$

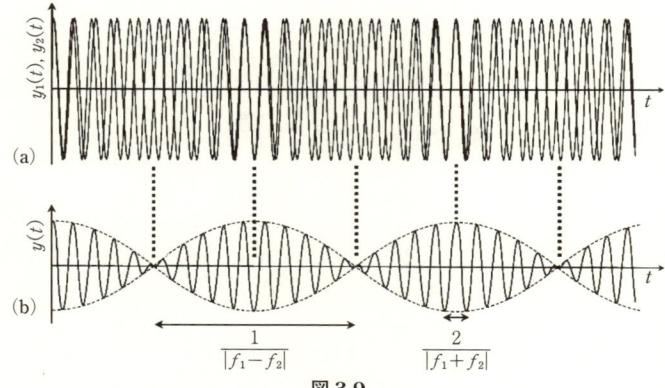

図3.9

3.4 ドップラー効果

音源と観測者が相対運動していると，音源が発する振動数とは異なる振動数の音として観測者に聞こえる。この効果を**ドップラー効果**という。この効果は音だけでなく光でも起こる。

図 3.10(a) に示すように，音源 S が振動数 f の音を発し続けながら速さ v_S で動いている場合を考える。音速を V とし，$v_S < V$ とする。ここで注意すべきことは，音がひとたび音源から発せられれば静止した空気中を伝播するので，音速は音源の速さに関わらず一定値であるということである。図 3.10(a) に描いた波面は同位相の波面であり，この図から，音源の前方では波長が短くなり（λ' とする），後方では長くなる（λ'' とする）ことがすぐにわかるであろう。図 3.10(b) に示すように，1 秒間に 1 つの波面は V だけ進むが，音源は v_S だけ進む。その間に f 個の波面が入っているので，音源の前方では距離 $V - v_S$ の間に f 個の波面が入り，音源の後方では距離 $V + v_S$ の間に f 個の波面が入る。したがって，それぞれの波長 λ' と λ'' は，

$$\lambda' = \frac{V - v_S}{f} = \left(1 - \frac{v_S}{V}\right)\lambda, \quad \lambda'' = \frac{V + v_S}{f} = \left(1 + \frac{v_S}{V}\right)\lambda \tag{3.23}$$

図 3.10

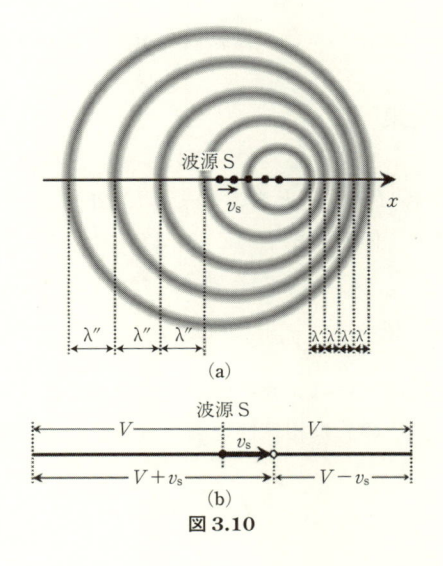

と書ける。ここで，$\lambda = V/f$ であり，音源が静止しているときの波の波長である。よって，移動している音源の前方または後方で静止している観測者が音を聞くと，音速 V は変わらないので，それぞれの振動数 f'，f'' は，

$$\text{音源が近づく場合：} f' = \frac{V}{\lambda'} = \frac{V}{V - v_\mathrm{S}} f \qquad (3.24)$$

$$\text{音源が遠ざかる場合：} f'' = \frac{V}{\lambda''} = \frac{V}{V + v_\mathrm{S}} f \qquad (3.25)$$

今度は音源が進んでいく前方にいる観測者 O が，静止している人から見て速さ v_0 で音源から遠ざかっている場合を考えてみる。波長は観測者が運動していても変わらないので，(3.23)式で与えられる λ' の波が観測者に届く。しかし，音波の速度は V ではなく相対速度 $V - v_0$ になる。なぜなら，空気と観測者の間に生じた相対速度によって実効的な音速が変わったからである。よって，(3.24)式の代わりに，

$$f' = \frac{V - v_0}{\lambda'} = \frac{V - v_0}{V - v_\mathrm{S}} f \qquad (3.26)$$

となる。普通，v_S，$v_0 \ll V$ なので，(3.26)式は，

$$f' = \frac{1 - v_0/V}{1 - v_\mathrm{S}/V} f \approx \left(1 - \frac{v_0}{V}\right)\left(1 + \frac{v_\mathrm{S}}{V}\right) f \approx \left(1 - \frac{v_0 - v_\mathrm{S}}{V}\right) f \qquad (3.27)$$

と近似できる。よって，v_0 と v_S の大小関係，つまり波源と観測者との相対速度 $v_0 - v_\mathrm{S}$ によって，観測される音の振動数が増加するか減少するかが決まる。

(1) 光のドップラー効果

光の場合を考えると，光速度不変の原理によって，観測者から見た光速は観測者の運動とは無関係に一定値となるので，(3.26)式の分子にある波の速さ $V - v_0$ は光速度 c の一定値のままである。

光源が観測者から速さ v_S で遠ざかる場合，観測者の移動速度に関わらず，

$$f' = \frac{c}{c + v_\mathrm{S}} f \qquad (3.28)$$

となる。つまり，光の場合には光源の観測者に対する速度のみが振動数の変化を引き起こす。実は，この式は相対性理論から導かれる結果

$$f' = \sqrt{\frac{c - v_\mathrm{S}}{c + v_\mathrm{S}}} f \qquad (3.29)$$

の近似式である．実際，$v_S \ll c$ として (3.28), (3.29) 式を v_S/c の 1 次の項まで近似すると，両者は一致する．

(2) 衝撃波

波源の速さが波の伝播速度より大きい場合 ($v_S > V$)，波の様子は一変する．図 3.11 に示すように，波源は移動しながら次々に各点で波を発生させるが，それらの波の波頭が円錐形の波面を形成し，これが図の矢印の方向に進む．円錐の側面上では波頭が重なり合うので振幅が著しく大きくなる．これが超音速旅客機が飛行する際に聞こえる爆発音のような大きな音であり，**衝撃波**とよばれるパルス的な波である．音源が時間 t の間に S_0 から S まで距離 $v_S t$ だけ進んだとすると，その間に音波は S_0 から A まで距離 Vt だけ進む．したがって，衝撃波がつくる波面の円錐の半頂角 α は，

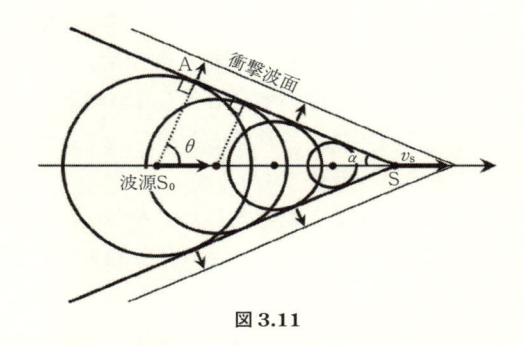

$$\sin\alpha = \frac{V}{v_S}$$

で与えられる．$v_S = V$ のときには $\alpha = 90°$ となり，衝撃波の波面が波源の進行方向に垂直となる．衝撃波の進行方向は，波源の運動方向に対して図中に示した角度 θ であり，

$$\cos\theta = \frac{V}{v_S}$$

となる．

図 3.11

発展問題

問題 1 水面波の速さ

水面波は，媒質の水が重力を受けながら運動することによってできる．水面波が他の波と違って複雑であるのは，媒質の周期運動が 2 次元的になるからで

ある。弦を伝わる波は，媒質である弦が波の進行方向に垂直に振動する横波である。空気中を伝わる音波は，媒質である空気が波の進行方向に平行に振動する縦波である。これに対して水面波では水の運動は進行方向に平行な要素と垂直な要素を合わせもつ。

　水面波は水面が上下するから，水の運動には波の進行方向に垂直な成分があることは確かである。一方，海水浴に行って浮き輪につかまって浮いてみると，波の山の部分で浮いているときは岸の方へ動かされ，波の谷の部分で浮いていると沖の方へ動かされることを経験するから，波の進行方向に平行な水の運動があることも確かである。

　一般にこのような運動として考えられるのは鉛直面内のだ円軌道に沿っての運動であるが，ここではまず，水は図3.12のように等速円運動していると考えてみよう。ただし，波は右に向かって速さVで進んでいるとする。

　図3.12(a)～(c)において，破線で示した円の中心Oは空間に固定されている。(a)は，波の谷がOの下に来たときのようすを示す。このとき，水面の最下点にあった水のかたまり（黒丸で表す）は，時間とともに円軌道に沿って時計回りに進み，やがて，(b)のようにOと同じ高さになる。周囲の水も黒丸の水のかたまりとともに上昇する。さらに時間が経つと，黒丸の水のかたまりは，(c)のようにOの真上に至り，そのときこの水のかたまりは波の山の頂上にある。

　水面波の表面付近では，図3.12(d)に示したように，至る所で水はこのよう

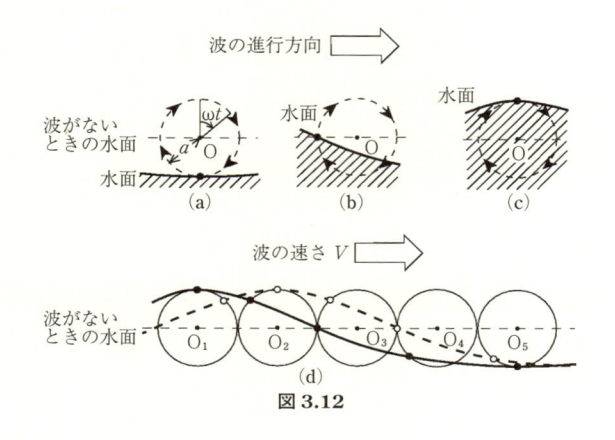

図3.12

な円運動をしている。あるとき，この図の実線で示したような波が来たとする。このとき，水面上の黒丸で示したところにあった水のかたまりのそれぞれは，その後，円運動をしながら白丸の位置に移動したとする。これらの白丸を結んでできる破線がそのときの新しい波の水面である。破線の水面は実線の水面を右へ平行移動したものになっている。円軌道の半径を a とし，水のかたまりが単位時間に進む角度（単位はラジアン）を ω とする。

問1 波の周期は周期運動する媒質の周期のことである。波の波長を λ とするとき，波の速さ V を a, ω, λ の中で必要なものを使って表せ。

水面波とともに波の速さ V で右向きに動く座標系から，この波と水の円運動をみてみよう。そのようすを図 3.13 に示す。この座標系では，水面は波の形を保ったまま静止しているが，これまで図 3.12 で考えた中心が1つの水平軸に固定されていた水の円軌道は，ここでは速さ V で左に運動している。したがって，この座標系での水の運動は半径 a の円運動と速さ V での左向きの平行移動を重ね合わせたものである。

図 3.13 に描かれた円の接線の向きの多数の矢印は，白丸の位置にある水のかたまりの円運動の速度ベクトルで，実際の水の速度ベクトルはこれに左向きの一様な速度 V の運動が重なるため，水の速度ベクトルは A_2 のところにつけた白抜きの矢印で示すように，水面に接する向きになる。すなわち，この座標系で見ると水は水面に沿って上下に蛇行しながら流れる。ただし，このような説明が有効であるのは，波の山の A_5 につけた矢印の長さが，V の矢印より短い場合に限られる。この条件は式で書くと，$a\omega < V$ となる。

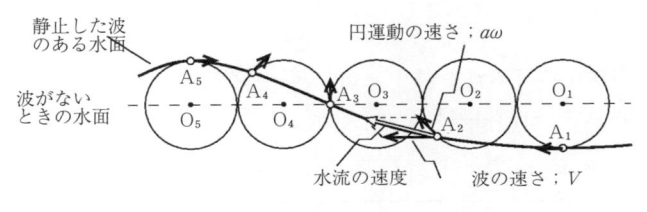

図 3.13

問2 図 3.13 の白丸（小さな円）は，質量が Δm の水の小さなかたまりであるとする。このかたまりが A_1 の位置にあるときと A_5 の位置にあるときの

速さをそれぞれ a, ω, V を使って表し，力学的エネルギー保存則を書け。ただし，水には重力以外の外力ははたらかない。また，重力加速度を g とする。

問3 前問の結果を使って，波の速さ V と波長 λ の関係を導け。

問4 前問の結果を使うと，周期5秒の波と10秒の波の波長はそれぞれいくらになると予想されるか。ただし，重力加速度は $g=9.80 \mathrm{~m/s^2}$ とする。

物理学における法則とは，物理量の間の関係である。力学の場合には物理量は質量 [M]，長さ [L]，時間 [T] などの基本次元，あるいは速度 [LT^{-1}]，加速度 [LT^{-2}]，密度 [ML^{-3}] などのような組合わせ次元をもち，長さ，時間，質量の p 次，q 次，r 次の次元をもつ量 C を $[C]=[L^p T^q M^r]$ と表す。このような次元のみの関係式を次元式あるいは次元関係式という。このような次元関係式を使うと物理量の間の関係を導くことのできる場合がある。

問5 ここでは，波の速さ V が運動する水の密度 ρ，その運動を引き起こす重力加速度 g，運動により生じる波の波長 λ だけに依存すると仮定して，次元関係式を $[V]=[\rho^p][g^q][\lambda^r]$ と表し，両辺を基本次元で書き直すことによって，p, q, r を決め，問3で得られた結果を再導出せよ。ただし，問3の解に無次元の定数が出ていたら，その定数は1として比較せよ。

(第2チャレンジ理論問題抜粋)

> **解答**

問1 波の振動数を f とすると，$V=f\lambda$ であり，$\omega=2\pi f$ なので，

$$V=\frac{\lambda\omega}{2\pi} \tag{3.30}$$

問2 波の山の位置での速さは $V-a\omega$，谷の位置での速さは $V+a\omega$ なので，力学的エネルギー保存則は，

$$\frac{1}{2}\Delta m\cdot(V-a\omega)^2+2\Delta m\cdot ga=\frac{1}{2}\Delta m\cdot(V+a\omega)^2 \tag{3.31}$$

問3 (3.31)式から $\omega V=g$ が得られる。これと(3.30)式から，

$$V=\sqrt{\frac{g\lambda}{2\pi}} \tag{3.32}$$

が得られる。つまり、波の速さは水深に依らず、波長だけで決まることがわかる。

問4 (3.30)式と(3.32)式より、$\lambda = \dfrac{g}{2\pi}T^2$ が得られる。よって、$T=5$ s のときには $\lambda = \underline{39\text{ m}}$、$T=10$ s のときには $\lambda = \underline{156\text{ m}}$ となる。

問5 波の速さ V が運動する水の密度 ρ、その運動を引き起こす重力加速度 g、運動により生じる波の波長 λ だけに依存すると仮定しているので、$V \propto \rho^p g^q \lambda^r$ とおいて考える。

時間、長さ、質量の次元をそれぞれ $[T]$、$[L]$、$[M]$ で表すと、速度、密度、重力加速度および波長の次元はそれぞれ、

$$[V]=[L][T]^{-1},\ [\rho]=[M][L]^{-3},\ [g]=[L][T]^{-2},\ [\lambda]=[L]$$

となる。$V \propto \rho^p g^q \lambda^r$ の両辺の次元を等しいとおけば、

$$[T]^{-1}[L]=[T]^{-2q}[L]^{-3p+q+r}[M]^p$$

が得られる。この式から $p=0$、$q=1/2$、$r=1/2$ が得られるので、$V=\sqrt{g\lambda}$ と書ける。これは問3の結果と係数を除いて一致する。

問題2 重力の影響を受ける中性子

コレラ (Collela)、オーバーハウザー (Overhauser)、ウェーナー (Werner) が行った有名な中性子干渉計の実験について考えよう。ここでは、理想的なビーム分離器と鏡をもつ干渉計を用いて中性子のド・ブロイ波に対する重力の影響を調べる。

光学干渉計になぞらえたこの干渉計の概念図を図 3.14(a) に示す。中性子は入口を通って干渉計に入り、示された2つの経路を通って、出口1あるいは出口2で検出される。2つの経路はひし形をかたちづくり、ひし形の面積はほぼ数 cm^2 である。干渉計のひし形の経路面が水平であれば、中性子のド・ブロイ波（波長は 10^{-10} m 程度）は干渉して、すべての中性子が対称な出口1から出る。しかし、干渉計が入射中性子線の軸に関して角 ϕ だけ回転すると、2つの出口1と出口2から出る中性子の数の分布は ϕ に依存して変化する。

以下の設問において、必要なら、$|x| \ll 1$ のとき、$(1+x)^\alpha \approx 1 + \alpha x$ となることを用いよ。

86   3章　振動・波動

空間的配置：$\phi=0°$ のとき，干渉計のひし形の経路面は水平である。$\phi=90°$ のとき，ひし形の経路面は鉛直であり，回転軸上にくる。

以下の問1，問2の答は a，θ および ϕ の中で必要なものを用いて表せ。

問1　干渉計の2つの経路で囲まれたひし形の面積 A はいくらか。

問2　回転角が ϕ のとき回転軸を含む水平面からの出口1の高さ H はいくらか。

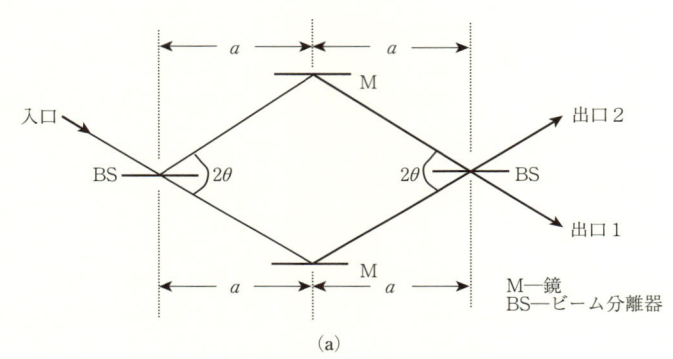

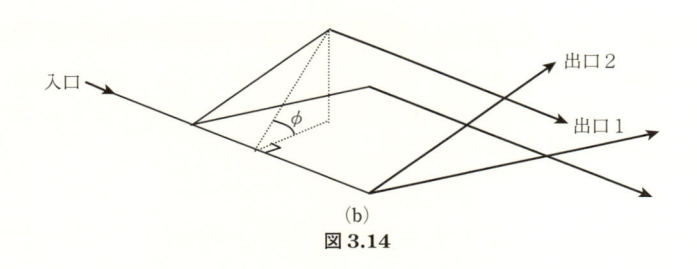

図 3.14

波長比：幾何学的な長さ（距離）を波長で割った量を波長比とよぶことにし，N_{opt} と表す。もし，波長 λ が経路によって変わるとき，N_{opt} は経路に沿った波の数によって与えられる。

問3　干渉計が角度 ϕ だけ回転したとき，2つの経路の波長比の差 ΔN_{opt} を求めよ。答は，a，θ，ϕ に加え，中性子の質量 M，入射中性子の波長 λ_0，重力加速度の大きさ g およびプランク定数 h を用いて表せ。

問4　体積パラメータ

$$V = \frac{h^2}{gM^2}$$

を導入し，ΔN_{opt} を A, V, λ_0, ϕ だけを用いて表せ．

また，$M = 1.675 \times 10^{-27}$ kg, $g = 9.800$ m/s^2, $h = 6.626 \times 10^{-34}$ Js とするとき，V の値を求めよ．

問5 回転角が $\phi = -90°$ から $\phi = 90°$ まで変化するとき，出口 1 から出る中性子線の強→弱→強の変化の回数を求めよ．

実験データ：実際の実験における干渉計では，$a = 3.600$ cm, $\theta = 22.10°$ であり，強弱の回数は 19.00 回であった．

問6 この実験での λ_0 の大きさはいくらか．

問7 ひし形の経路の面積が異なる同種の干渉計に $\lambda_0 = 0.2000$ nm の中性子線を入射させるとき，強弱の変化の回数が 30.00 回であったという．このときのひし形の面積 A の値を求めよ．

(IPhO シンガポール大会理論問題)

◁ 解 答 ▷

問1 ひし形の各辺の長さは $L = \dfrac{a}{\cos\theta}$ であり，相対する平行な辺の間の距離は，$D = \dfrac{a}{\cos\theta}\sin 2\theta = 2a\sin\theta$ である．よって，ひし形の面積は，

$$A = LD = \underline{2a^2\tan\theta}$$

問2 角 ϕ だけ傾けたとき，入口からの出口 1 の高さ H は，

$$H = D\sin\phi = \underline{2a\sin\theta\sin\phi}$$

問3 入口と出口につながった長さ L の 2 辺のみが重要である．入口への入射中性子のド・ブロイ波長を λ_0，出口 1 からの出射中性子のド・ブロイ波長を λ_1 とすると，波長比の差は，

$$\Delta N_{\text{opt}} = \frac{L}{\lambda_0} - \frac{L}{\lambda_1} = \frac{a}{\lambda_0 \cos\theta}\left(1 - \frac{\lambda_0}{\lambda_1}\right)$$

ド・ブロイの関係式より，入射中性子と出射中性子の運動量は，それぞれ $\dfrac{h}{\lambda_0}$, $\dfrac{h}{\lambda_1}$ であるから，力学的エネルギー保存則より，

$$\frac{1}{2M}\left(\frac{h}{\lambda_0}\right)^2 = \frac{1}{2M}\left(\frac{h}{\lambda_1}\right)^2 + MgH$$

$$\therefore \frac{\lambda_0}{\lambda_1} = \sqrt{1 - 2\frac{gM^2}{h^2}\lambda_0^2 H}$$

ここで，波長の変化は十分小さいと考えられる。よって，$\frac{gM^2}{h^2}\lambda_0^2 H \ll 1$ より，

$$\frac{\lambda_0}{\lambda_1} = 1 - \frac{gM^2}{h^2}\lambda_0^2 H$$

となり，波長比の差は，

$$\Delta N_{\mathrm{opt}} = \frac{a}{\lambda_0 \cos\theta}\frac{gM^2}{h^2}\lambda_0^2 H = \underline{2\frac{gM^2}{h^2}a^2\lambda_0 \tan\theta \sin\phi}$$

問4 ΔN_{opt} を $V = \frac{h^2}{gM^2}$ と $A = 2a^2\tan\theta$ を用いて表すと，

$$\Delta N_{\mathrm{opt}} = \frac{\lambda_0 A}{V}\sin\phi$$

となり，V を数値で表すと，

$$V = \underline{1.597 \times 10^{-14}\,\mathrm{m}^3}$$

問5 2つの経路の波長比の差が整数（$\Delta N_{\mathrm{opt}} = 0, \pm 1, \pm 2, \cdots$）のとき，干渉により出口1における強度は極大になり，波長比の差が半整数（$\Delta N_{\mathrm{opt}} = \pm\frac{1}{2}, \pm\frac{3}{2}, \pm\frac{5}{2}, \cdots$）のとき，出口1における強度は極小になる。$\phi$ が $\phi = -90°$ から $\phi = 90°$ まで変わると，波長比の差は，$\Delta N_{\mathrm{opt}}\big|_{\phi=-90°}^{\phi=90°} = \frac{2\lambda_0 A}{V}$ となるから，求める強→弱→強の回数は，

$$\Delta N = \frac{2\lambda_0 A}{V}$$

問6 実験データより，$A = 10.53\,\mathrm{cm}^2$ となることを用いて，

$$\lambda_0 = \frac{V}{2A}\Delta N = \underline{1.441 \times 10^{-10}\,\mathrm{m}}$$

問7 $A = \frac{V}{2\lambda_0}\Delta N = \underline{1.198 \times 10^{-3}\,\mathrm{m}^2}$

問題3 連星を見極める

2つの恒星がそれらの共通の重心のまわりを回る場合，それらを連星という。われわれの銀河系の星のうちほぼ半分が連星である。しかし，地球から見るとこれらの連星の性質を調べることは簡単ではない。なぜなら，連星を形成する2つの星の間の距離は地球からの距離と比べて非常に小さく，望遠鏡で2つの星を見分けることができないからである。したがって，それが果たして連星であるかどうかを見極めるためには，光度測定あるいは分光測定によって特定の星の光の強度の変動あるいはスペクトルの変動を観測しなければならない。

2つの星が運動する平面上に，ほぼ，われわれがいるとすると，われわれの観測地点（地球）から見て，連星のうちの一方の星は他方の星の前を互いにある時間ごとに横切るので，連星系全体の光の強さは時間とともに変化する。このような連星は食連星（食変光星）とよばれる。

I 連星の光度測定

食連星である2つの星が一定の角速度 ω でそれらの共通の重心のまわりを円軌道で運動していて，われわれは，正確に連星系の運動する平面上にいるものとする。また，それぞれ星の表面温度（絶対温度）は T_1 と T_2 $(T_1>T_2)$ であり，半径はそれぞれ R_1 と R_2 $(R_1>R_2)$ であるとする。地球上で測定された連星系からの光の強さが時間の関数として図3.15にプロットされている。図3.15で示されている2種類の極小値は，それぞれ，連星系からの光の最大光度 I_0 ($I_0=4.8\times10^{-9}$ W/m²) の90%と63%である。図3.15における縦軸は比率 I/I_0 を示し，横軸は「日」単位である。

問1 重心のまわりの円運動の周期(s)を求めよ。また，その角速度(rad/s)はいくらか。有効数字2桁で答えよ。

星からの放射は，星の半径と等しい半径をもつ平らな円板からの均一な黒体放射であると近似できる。したがって，A をその円板の面積，T を星の表面温度とすると，星から受け取る単位面積，単位時間あたりのエネルギーは，AT^4 に比例する。

図3.15

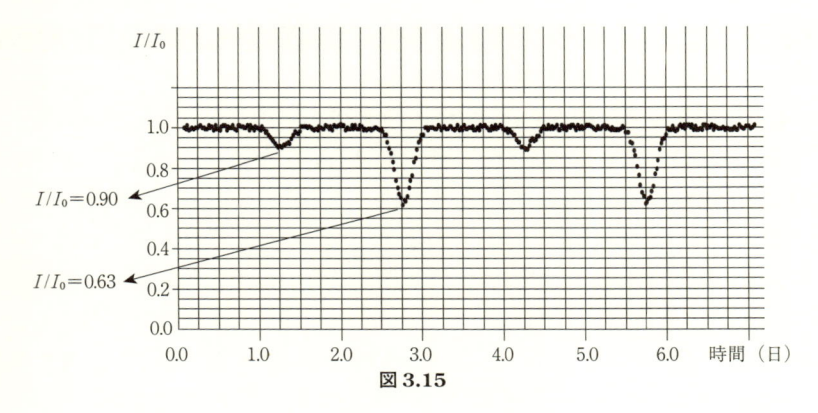

グラフ: 縦軸 I/I_0、横軸 時間(日)。$I/I_0=0.90$ および $I/I_0=0.63$ の落ち込みが示されている。

問2 図3.15を用いて，温度の比 T_1/T_2 と半径の比 R_1/R_2 を，有効数字2桁で求めよ。

II 連星の分光測定

　ここでは，連星系の分光データを用いて連星の天文学的な性質を計算しよう。原子は固有の特徴的な波長の光を放射・吸収する。観測される星のスペクトルには，星の大気中の原子による吸収線がある。ナトリウムのスペクトルには，波長 5895.9 Å（10 Å = 1 nm）の特徴的な黄色の線スペクトル（D_1 線）がある。I で考えた連星系で，この波長のナトリウム原子の吸収線を調べた。連星から得られる光のスペクトルは，星が地球に対して運動していることによるドップラー効果の影響を受ける。連星の各星は異なる速さで動いているので，吸収線の波長はそれぞれの星でドップラー効果により異なる量だけ変化する。星の速さは光速に比べて十分に遅いので，ドップラー効果による波長の変化を観測するには，精度の高い波長測定が必要である。この問題で考える連星の重心の速さは，それぞれの星の軌道速度（円運動している速さ）に比べて十分小さい。それゆえ，すべてのドップラー効果による波長の変化は星の軌道速度に起因する。表1は連星系を構成している星の，地球で観測した D_1 線の吸収スペクトルの時間変化である。

表1

日	0.3	0.6	0.9	1.2	1.5	1.8	2.1	2.4
λ_1 (Å)	5897.5	5897.7	5897.2	5896.2	5895.1	5894.3	5894.1	5894.6
λ_2 (Å)	5893.1	5892.8	5893.7	5896.2	5897.3	5898.7	5899.0	5898.1

日	2.7	3.0	3.3	3.6	3.9	4.2	4.5	4.8
λ_1 (Å)	5895.6	5896.7	5897.3	5897.7	5897.2	5896.2	5895.0	5894.3
λ_2 (Å)	5896.4	5894.5	5893.1	5892.8	5893.7	5896.2	5897.4	5898.7

問3 v_1 と v_2 は，それぞれの星の軌道速度の大きさとする。表1を用いて，v_1 と v_2 を有効数字2桁で求めよ。真空中の光速度を $c=3.0\times10^8$ m/s とする。ただし，相対論的効果は無視せよ。

問4 これらの星の質量比 (m_1/m_2) を有効数字2桁で求めよ。

問5 r_1 と r_2 はこれらの星の共通の重心からのそれぞれの距離である。r_1 と r_2 を有効数字2桁で求めよ。

問6 r は2つの星の間の距離である。r を有効数字2桁で求めよ。

問7 2つの星の間にはたらく力は万有引力だけである。それぞれの星の質量を有効数字1桁で求めよ。

ただし万有引力定数は，$G=6.7\times10^{-11}$ m³/kg·s² である。

(IPhO イラン大会理論問題改)

解答

問1 周期は $T=3.0$ 日 $=\underline{2.6\times10^5\text{ s}}$ である。

角速度は $T=\dfrac{2\pi}{\omega}$ より $\underline{\omega=2.4\times10^{-5}\text{ rad/s}}$ である。

問2 図3.15の極小値を読みとって，$I_1/I_0=\alpha=0.90$，$I_2/I_0=\beta=0.63$

ここで，k を比例定数として，

$I_0=k(\pi R_1^2 T_1^4+\pi R_2^2 T_2^4)$, $I_1=k\pi R_1^2 T_1^4$, $I_2=k\{\pi(R_1^2-R_2^2)T_1^4+\pi R_2^2 T_2^4\}$

と書けるから，

$$\frac{I_0}{I_1}=1+\left(\frac{R_2}{R_1}\right)^2\left(\frac{T_2}{T_1}\right)^4=\frac{1}{\alpha}$$

$$\frac{I_2}{I_1}=1-\left(\frac{R_2}{R_1}\right)^2\left(1-\left(\frac{T_2}{T_1}\right)^4\right)=\frac{\beta}{\alpha}$$

この結果から,

$$\frac{R_1}{R_2}=\sqrt{\frac{\alpha}{1-\beta}} \Rightarrow \frac{R_1}{R_2}=\underline{1.6}, \quad \frac{T_1}{T_2}=\sqrt[4]{\frac{1-\beta}{1-\alpha}} \Rightarrow \frac{T_1}{T_2}=\underline{1.4}$$

問3 ドップラー効果の式より,

$$\frac{\Delta\lambda}{\lambda_0}\approx\frac{v}{c} \tag{3.33}$$

最大および最小の波長は,

$$\lambda_{1,\max}=5897.7\text{ Å}, \quad \lambda_{1,\min}=5894.1\text{ Å}$$
$$\lambda_{2,\max}=5899.0\text{ Å}, \quad \lambda_{2,\min}=5892.8\text{ Å}$$

最大および最小の波長差は,

$$\Delta\lambda_1=3.6\text{ Å}, \quad \Delta\lambda_2=6.2\text{ Å}$$

波長差は, (3.33)式の2倍となり, $\Delta\lambda=2\dfrac{v}{c}\lambda_0$ で与えられるから,

$$v_1=c\frac{\Delta\lambda_1}{2\lambda_0}=1.96\times10^4\fallingdotseq\underline{9.2\times10^4}\text{ m/s}$$

$$v_2=c\frac{\Delta\lambda_2}{2\lambda_0}=1.58\times10^5\fallingdotseq\underline{1.6\times10^5}\text{ m/s}$$

問4 題意より, 重心の速度は無視できるので, 運動量保存則より,

$$\frac{m_1}{m_2}=\frac{v_2}{v_1}=\underline{1.7}$$

問5 $r_i=\dfrac{v_i}{\omega}$ ($i=1,2$) であるから,

$$r_1=\underline{3.8\times10^9\text{ m}}, \quad r_2=\underline{6.7\times10^9\text{ m}}$$

問6 2つの星の間の距離は,

$$r=r_1+r_2=\underline{1.1\times10^{10}\text{ m}}$$

問7 円運動の運動方程式より,

$$G\frac{m_1m_2}{r^2}=m_1\frac{v_1^2}{r_1}=m_2\frac{v_2^2}{r_2}$$

ゆえに,

$$\begin{cases}m_1=\dfrac{r^2v_2^2}{Gr_2}\\ m_2=\dfrac{r^2v_1^2}{Gr_1}\end{cases} \Rightarrow \begin{cases}m_1=\underline{7\times10^{30}}\text{ kg}\\ m_2=\underline{4\times10^{30}}\text{ kg}\end{cases}$$

●合宿型コンテスト

　第2チャレンジは理論と実験の試験を実施するだけではなく，全国から集まる物理好きの高校生たちのために，物理漬けの3泊4日を体験してもらう合宿型コンテストである。初日は開催地が企画する歓迎アトラクションなどの物理のお祭りに沸き，2日目は理論試験（5時間）と好評を博しているフィジックス・ライブがある。3日目は実験試験（5時間）や研究施設見学，そして4日目の表彰式で幕を閉じる。物理漬けの4日間を作り出せるのも，研究者，開催県，開催大学など関係者みなさんの物理教育に対する熱い想いの賜物だ。

実験のひとこま

●フィジックス・ライブ

　フィジックス・ライブは，15ほどの実験屋台と講義屋台が軒を連ねる第2チャレンジの目玉イベントと言える。今までの演目として「ブラックホールが一宮高校を横切ると…」，「レーウェンフック顕微鏡」，「2重振り子とニュートリノ振動」，「シャボン玉と極小局面」，「超音波ラジオと音のスペクトル解析」，「超伝導体の完全反磁性効果と超流動体の噴水効果」，「低温・相転移」，「ブラウン運動の観測実演」，「スターリングエンジンを作ってみよう」，「電波で探る宇宙」等があり，各分野の研究者が工夫を凝らしたブースで学生を惹きつける。物理チャレンジでしか体験することのできないユニークなライブは必見だ。

フィジックス・ライブのひとこま

4章 電磁気学

scitengamortcele

——定理を学ぶ方法は三つ，心，頭，指だ （J.C.Maxwell）

――――基本コース――――

4.1 直流回路

(1) 電流と電気抵抗

電流の単位の定義とオームの法則

電流間にはたらく力は発展コースの4.5節で述べられるが，電流の単位は2本の直線電流の間にはたらく力を用いて次のように定義される（図4.1）。

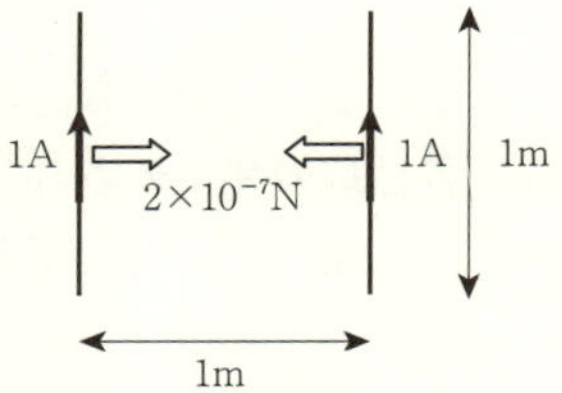

「同じ強さの電流を1m隔てて平行に流したとき，電流間にはたらく力が1mあたり2×10^{-7}Nになる場合，その電流の強さを1A（アンペア）とする」

図 4.1

1Aの電流が1sに運ぶ電気量を1C（クーロン），1Cの電荷を運ぶのに要する仕事が1J（ジュール）となる電位差（これを電圧ともいう）を1V（ボルト）という。また，ある物体に1Vの電圧をかけたとき1Aの電流が流れたとすると，その物体の電気抵抗を1Ω（オーム）という。したがって，ある物体に電圧V〔V〕をかけたときI〔A〕の電流が流れたとすると，その物体の電気抵抗は，$R=\dfrac{V}{I}$〔Ω〕で与えられるから，関係式

$$V = RI \tag{4.1}$$

は電気抵抗Rの定義式ということができる。物体の電気抵抗Rがかける電圧Vや電流Iに依らないとき，物体は**オームの法則**を満たすといい，その抵抗を**線形抵抗**あるいは**オーム抵抗**という。物体によっては，抵抗Rが電圧Vや電流Iによって変化するものがある。そのような抵抗を**非線形抵抗**あるいは非オ

ーム抵抗という。

電気抵抗率

電気抵抗 R〔Ω〕は，物体の長さ l〔m〕に比例し，物体の断面積 S〔m²〕に反比例する。そこで，

$$R = \rho \frac{l}{S} \tag{4.2}$$

とおき，この比例定数 ρ〔Ω·m〕を**電気抵抗率**という。電気抵抗率は，物体の種類とその温度によって定まる定数である。

(2) 直列接続と並列接続

抵抗値 $R_1, R_2, \cdots, R_n$ の n 個の抵抗体を**直列**につないだときの合成抵抗 R は，

$$R = R_1 + R_2 + \cdots + R_n \tag{4.3}$$

と表される。このとき，抵抗はその点における**電流の流れにくさ**を表し，**全抵抗は各抵抗の和**で表される。

また，**並列**につないだときの合成抵抗 R は，

$$\frac{1}{R} = \frac{1}{R_1} + \frac{1}{R_2} + \cdots + \frac{1}{R_n} \tag{4.4}$$

と表される。このとき，抵抗 R の逆数 $\frac{1}{R}$ はその点における**電流の流れやすさ**を表し，**コンダクタンス**とよばれる。コンダクタンスの単位は S（ジーメンス）である。**全コンダクタンスは各コンダクタンスの和**で表される。

【例題】 抵抗値 R_1, R_2 の2つの抵抗体を直列につないだときと並列につないだときの合成抵抗を，それぞれ抵抗の定義にしたがって求めよ。

［解］ 図 4.2 のように，2つの抵抗体を直列につないだとき，抵抗値 R_1, R_2 にかかる電圧をそれぞれ V_1, V_2，流れる電流を I とすると，抵抗の定義式(4.1)より，

$$V_1 = R_1 I, \quad V_2 = R_2 I$$

と書ける。また，全体にかかる電圧は $V = V_1 + V_2$ であるから，(4.1)式より合成抵抗 R_s は，

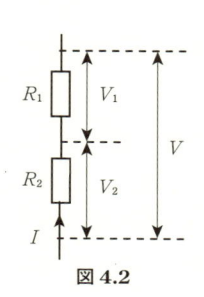

図 4.2

$$R_s = \frac{V}{I} = \frac{V_1+V_2}{I} = \underline{R_1+R_2}$$

となる。

図 4.3 のように並列につないだとき，かかる電圧を V とすると，各抵抗を流れる電流 I_1, I_2 は，$I_1 = \frac{V}{R_1}$, $I_2 = \frac{V}{R_2}$ と書ける。また，合成抵抗を R_p, 全電流を $I = I_1 + I_2$ とすると，$I = \frac{V}{R_p}$ より，

$$\frac{V}{R_p} = \frac{V}{R_1} + \frac{V}{R_2} \Rightarrow \frac{1}{R_p} = \frac{1}{R_1} + \frac{1}{R_2}$$
$$\Rightarrow R_p = \underline{\frac{R_1 R_2}{R_1+R_2}}$$

図 4.3

を得る。

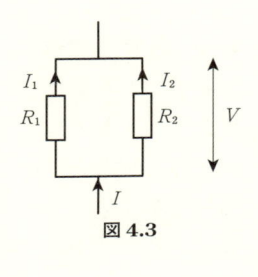

(3) キルヒホッフの法則

キルヒホッフの第 1 法則

回路中の交点において，

$$\text{流入電流の和} = \text{流出電流の和} \tag{4.5}$$

が成り立つ。これを**キルヒホッフの第 1 法則**という。この法則は電荷が保存されることを表している。

キルヒホッフの第 2 法則

回路中の任意の閉回路において，

$$\text{起電力の和} = \text{電圧降下の和} \tag{4.6}$$

が成り立つ。これを**キルヒホッフの第 2 法則**という。これは，電位 0 の基準点を適当に定めれば，回路中の各点の電位すなわち単位電荷のもつ位置エネルギーが決まることを表している。

4.2 磁場と電磁誘導

ここでは，磁場と電磁誘導について，その基本を式に頼ることなく説明する。より詳しくは，発展コースの「4.5 電流と磁場」を参照して欲しい。

(1) 磁場

磁石をおくと，その周囲に磁気力がはたらく空間ができる。この空間を**磁場**（あるいは**磁界**）という。磁場の向きは小磁石のN極の向く向きである。また，電流を流すと電流の向きに進む右ねじの回る向きに磁場ができる（図4.4）。図4.5のようなコイルに右向きに電流を流すと，コイル内には右向きの磁場ができる。図4.4，4.5のように磁場に沿って引いた曲線を**磁力線**という。磁力線は磁石のN極から出てS極に入る以外，途中で交わったり消えたりしない（図4.6）。

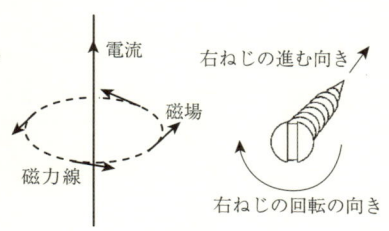

図4.4

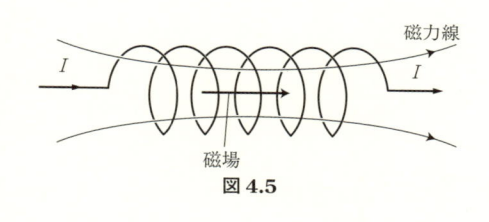

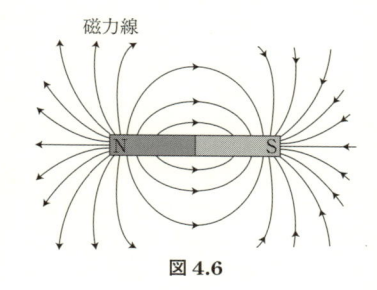

図4.5

図4.6

(2) 電流は磁場から力を受ける

磁場中で電流が流れると，電流には磁場から力がはたらく。図4.7のように，左手の中指の向きに電流を，人差し指の向きに磁場をとると，電流には親指の向きに力がはたらく。これを**フレミングの左手の法則**という。モーターは，コイルに流れる電流に磁場からはたらく力を利用して，コイルが回転し続けるようにしたものである。

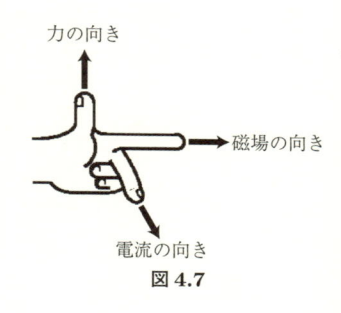

図4.7

(3) 電磁誘導

図4.8のように，コイルに棒磁石を近づけたり遠ざけたりすると，コイルに

起電力が発生して起電力の向きに電流が流れる。このときの起電力を**誘導起電力**，電流を**誘導電流**といい，このような現象を**電磁誘導**という。電磁誘導は，コイルを貫く磁力線の数が変化するときに起こる。誘導起電力は，コイルを貫く磁力線の数（あるいは，発展コースの4.5節で述べる**磁束**）が変化すると，

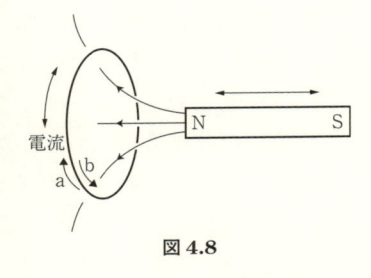

図 4.8

その変化を妨げる向きに生じる。また，コイルを貫く磁力線の数の時間的変化率が大きいほど，誘導起電力は大きい。

【例題】 図4.8のように棒磁石のN極を右からコイルに近づけるとき，コイルに流れる電流の向きはaの向きかbの向きか。また，N極をコイルの右方向へ遠ざけるとき，電流の向きはaの向きかbの向きか。

[解] 棒磁石のN極をコイルに近づけると，コイルを左向きに貫く磁力線の数が増加するから，コイル内に右向きの磁力線をつくるように<u>bの向き</u>に誘導電流が流れる。また，N極を右方向へ遠ざけると，左向きの磁力線が減少するから，コイル内に左向きの磁力線をつくるように<u>aの向き</u>に誘導電流が流れる。

基本問題

問題1 電池2個の回路

起電力3Vの乾電池2個（E_1とE_2），および抵抗値6Ωの抵抗2個（R_1とR_2）を使って図4.9に示す回路を作った。

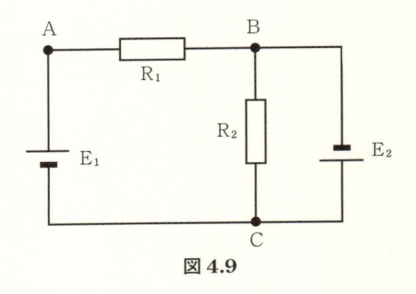

図 4.9

この回路について，次の文章中の空欄 (ア)～(キ) に適当な数値を入れよ．乾電池の内部抵抗はないものとする．

C 点の電位は B 点の電位より (ア) V 高い．また，A 点は C 点より (イ) V だけ電位が高い．したがって，A 点は B 点より (ウ) V だけ電位が高い．すると，R_2 を流れる電流は (エ) A であり，R_1 を流れる電流は (オ) A となる．結局，E_2 を流れる電流は (カ) A となり，E_1 を流れる電流は (キ) A となることがわかる．

(第1チャレンジ理論問題)

解答

(ア) 3　(イ) 3　(ウ) 6　(エ) 0.5　(オ) 1　(カ) 1.5　(キ) 1

解説

図 4.10 のように，抵抗 R_1 に A → B の向きに流れる電流を I_1，抵抗 R_2 に C → B の向きに流れる電流を I_2，点 A, B, C の電位をそれぞれ V_A, V_B, V_C とする．

(ア) C 点の電位は B 点の電位より
$V_C - V_B = E_2 = \underline{3}$ V だけ高い．

(イ) A 点は C 点より $V_A - V_C = E_1 = \underline{3}$ V だけ電位が高い．

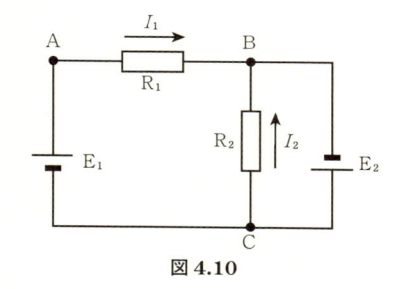

図 4.10

(ウ) A 点は B 点より $V_A - V_B = E_1 + E_2 = \underline{6}$ V だけ電位が高い．

(エ) R_2 を流れる電流は，

$$I_2 = \frac{V_C - V_B}{R_2} = \underline{0.5} \text{ A}$$

(オ) R_1 を流れる電流は，

$$I_1 = \frac{V_A - V_B}{R_1} = \underline{1} \text{ A}$$

(カ) E_2 を流れる電流は，$I_1 + I_2 = \underline{1.5}$ A となる．

(キ) E_1 を流れる電流は，$I_1 = \underline{1}$ A となる．

(参考)

閉回路 $E_1 \to A \to B \to C \to E_1$ と $E_2 \to C \to B \to E_2$ にキルヒホッフの第2法則の式を立てるとそれぞれ，
$$E_1 = R_1 I_1 - R_2 I_2, \quad E_2 = R_2 I_2$$
となるから，$E_1 = E_2 = 3\,\mathrm{V}$，$R_1 = R_2 = 6\,\Omega$ を代入して，
$$3 = 6I_1 - 6I_2, \quad 3 = 6I_2$$
となる。これらより，
$$I_1 = 1\,[\mathrm{A}], \quad I_2 = 0.5\,[\mathrm{A}]$$
を得る。

問題2 正四面体の回路

図4.11のように，等しい抵抗値 r の6本の抵抗線を接続し，正四面体をつくる。点Oと点Mの間に電圧 V をかけると，点Oから電流 I が流れ込み，点Mから電流 I が流れ出した。以下の問いに答えよ。ただし，抵抗線の抵抗値はその長さに比例し，接続部の抵抗はすべて無視できる。また，点Mは抵抗線BCの中点である。

問1 OM間に電圧 V がかけられているとき，OB間を流れる電流を i とおくと，i は I を用いてどのように表されるか。また，OC，OA，AB，AC，BM，CMの各区間に流れる電流は，I を用いてどのように表されるか。

問2 OM間の合成抵抗 R を求めよ。

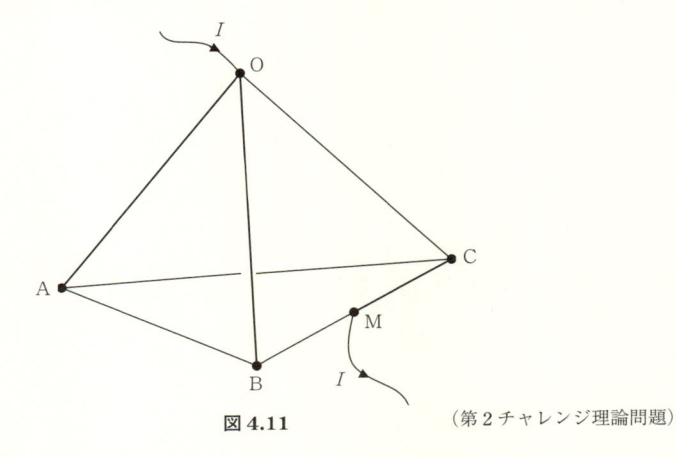

図4.11 (第2チャレンジ理論問題)

┃ 解　答

問1 対称性から，図 4.12 のように各電流をおくことができる．キルヒホッフの第 2 法則により，

$$ri = r\left(\frac{I}{2} - i\right) + r(I - 2i) = r\left(\frac{3}{2}I - 3i\right)$$

$$\therefore\ i = \frac{3}{8}I$$

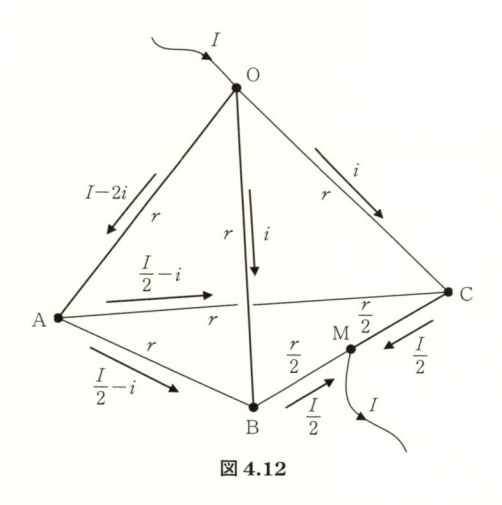

図 4.12

となる．したがって，OC, OA, AB, AC, BM, CM の各区間に流れる電流は，それぞれ，

OC : $i = \underline{\dfrac{3}{8}I}$　　　　OA : $I - 2i = \underline{\dfrac{1}{4}I}$

AB : $\dfrac{I}{2} - i = \underline{\dfrac{1}{8}I}$　　AC : $\dfrac{I}{2} - i = \underline{\dfrac{1}{8}I}$

BM : $\underline{\dfrac{I}{2}}$　　　　　　CM : $\underline{\dfrac{I}{2}}$

問2 上記の電流が流れているとき，OM 間の電圧が V なので，

$$V = \frac{r}{2} \cdot \frac{I}{2} + ri = \frac{rI}{4} + r \cdot \frac{3}{8}I = \frac{5}{8}rI$$

$$\therefore R = \frac{V}{I} = \frac{\frac{5}{8}rI}{I} = \underline{\frac{5}{8}r}$$

(別解)

　回路の対称性から，点Bと点Cの電位は等しい。このことから，図4.11の回路を図4.13の等価回路に書き直すことができる。そのとき，直列接続と並列接続の合成抵抗の計算より，次のように，OM間の合成抵抗Rを求めることができる。

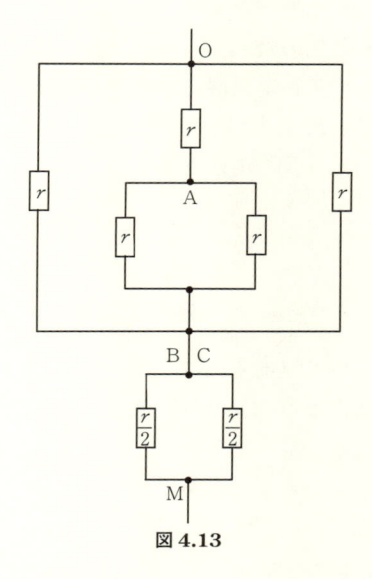

図4.13

　点Aと点BCの間の抵抗は，$\frac{r}{2}$であるから，点Oと点BC間の合成抵抗R_1は，

$$\frac{1}{R_1} = \frac{1}{r} + \frac{1}{r+\frac{r}{2}} + \frac{1}{r} \quad \therefore R_1 = \frac{3}{8}r$$

点BCと点M間の合成抵抗は，$R_2 = \frac{r}{4}$であるから，

$$R = R_1 + R_2 = \underline{\frac{5}{8}r}$$

問題3 手回し発電機

図 4.14 は手回し発電機である。手回し発電機は，ハンドルを回すと発電することができ，図のクリップ端子の先に豆電球をつなぐと点灯する。

この手回し発電機のクリップ端子に電池を接続すると，手回し発電機のハンドルがひとりでに回り始めた。また，手回し発電機を2台用意して，それぞれのクリップ端子どうしを接続し，一方の手回し発電機のハンドルを回すと他方の手回し発電機のハンドルが回り始めた。

問1 上記のことから，手回し発電機と似た性質をもつものはどれか。もっとも適当なものを，次の①〜④の中から1つ選べ。

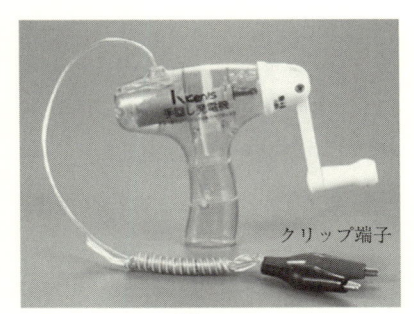

図 4.14

① 乾電池
② コンデンサー
③ モーター
④ コイル

この手回し発電機のクリップ端子にコンデンサーをつないでハンドルを回すと，発電してできた電気がコンデンサーに蓄えられる。ハンドルをしばらく回してコンデンサーに電気を十分に蓄えた後，ハンドルから手を離した。

問2 このハンドルはその後どうなるか。もっとも適当なものを，次の①〜④の中から1つ選べ。

① 回していた方向に回り続ける
② 回していた方向とは逆方向に回る
③ 直ちに止まる
④ 回していたのと，同じ方向の回転と逆方向の回転を交互に繰り返す

問3 図 4.15 のように，手回し発電機と豆電球を直列につなぎ，さらに乾電池をつないだ。スイッチを入れると，手回し発電機のハンドルが回転し，豆電球が点灯した。ここで，回転している手回し発電機のハンドルを手で止めると，豆電球が明るくなった。豆電球が明るくなった理由として正しいものを，下の①〜⑤の中から1つ選べ。

図4.15

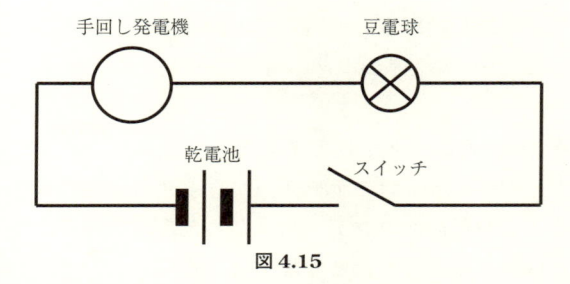

① 手回し発電機が回らなくなったので，その分のエネルギーが豆電球に使われるようになったため。
② 手で止めた手回し発電機を，それでも回そうとするために大きな電流が供給されるようになったため。
③ 手回し発電機を回す際に発生していた摩擦熱のエネルギーが豆電球に使われるようになったため。
④ 手回し発電機を止めることで，手回し発電機内の電気抵抗が小さくなり，大きな電流が流れるようになったため。
⑤ 手回し発電機を止めることで，手回し発電機内で発生していた逆向きの起電力がなくなり，大きな電流が流れるようになったため。

(第1チャレンジ理論問題)

◁ 解 答 ▷

問1 ③ 問2 ① 問3 ⑤

◁ 解 説 ▷

問1 手回し発電機の内部にはモーターがある。モーターはその内部に永久磁石が固定されていて，その永久磁石の内側をコイルが回転するように作られている。モーターに外力を加えてこのコイルを回転させると，コイル内の磁力線の数が変化するため，コイルには誘導起電力が生じる。また，このモーターに電流を流すと，モーター内部のコイルが磁場を作り，この磁場と永久磁石の磁場とが力を及ぼしあってモーターが回転する。手回し発電機2台を接続して，一方の手回し発電機を回して発電すると，その誘導電流が他方の手回し発電機内部のモーターに流れ，モーターの回転軸に歯車でつながって

いるハンドルが回転を始める。手回し発電機はモーターの端子にクリップ端子をつなぎ，モーターの回転軸にハンドルを接続したモーターそのものであるといえる。

問2 手回し発電機のハンドルを回して発電し，コンデンサーに充電後，ハンドルを回すのをやめると，コンデンサーから手回し発電機のモーターに電流が流れ始める。そのため，コンデンサーに蓄えられた電荷が放電し終わるまで，ハンドルは回り続ける。たとえば，コイル内の磁力線の数が増加中にハンドルを回すのをやめると，コイル内の磁力線の数の増加を打ち消す向きにコイルに発生していた誘導起電力と同じ大きさの電圧がコンデンサーからコイルに加わり，誘導電流と逆向きにコイルに電流が流れ始める。この電流により，永久磁石内のコイルに連続して回転する力がはたらく。コンデンサーからの放電が完了すると，コイルの回転は止まる。なお，手回し発電機内のモーターは直流電流用で，直流電流で回転するように作られている。このため，ハンドルを回して発生する誘導起電力はブラシにより整流され，直流電流が流れる。

問3 手回し発電機のハンドルを手で止めると，手回し発電機のモーター部分で発生していた電流を止める向きの誘導起電力がなくなり，回路全体を流れる電流が増加する。このとき，乾電池がする仕事は増加し，電球および手回し発電機で発生するジュール熱も増加する。

———発展コース———

電磁気学では「場」の概念が重要である。電気と磁気の現象はかつては互いに独立な現象として考えられてきたが，1820年にエルステッドが電流の磁気作用を発見したときから，それらは互いに密接に関係していることがわかった。以後，電磁気現象の理解は深まり，ついにはアインシュタインの相対性理論により，統一的に捉えることができるようになった。

4.3 電荷と電場

電気を帯びた粒子を**電荷**といい，特にその力学的な運動などを問題とする場合にはその粒子を**荷電粒子**という。静止した電荷に（重力以外の）力がはたら

くような空間を**電場**（あるいは**電界**）という。電場を特徴づける物理量が**電場ベクトル**とよばれるもので，それを以下では E と太文字で表す。電場ベクトルは，空間のある点においた電荷にはたらく力をその電気量で割ったものと定義され，各点での電場の強さと向きを示す。この定義により，電場ベクトルが E の点におかれた電気量が q の電荷には，

$$F = qE \tag{4.7}$$

の力がはたらくことがわかる。なお，以下では簡単のために，電場ベクトルを電場とよぶ。

(1) ガウスの法則

簡単な例として，大きさが無視できる電荷（これを**点電荷**という）が作る電場について考える。真空中に点電荷 Q があるとき，そこから距離 r だけ離れた点Pにおいた点電荷 q にはたらく力の大きさは，

$$F = \frac{qQ}{4\pi\varepsilon_0 r^2} \tag{4.8}$$

となり，その向きは，$qQ>0$ のとき，点電荷 Q から q に向かう向きである（図 4.16 (a)）。これを**クーロンの法則**という。また，ε_0 は真空の**誘電率**とよばれる定数で，イプシロン・ゼロと読む。

電荷 Q が点Pにつくる電場の大きさは，(4.8) 式の両辺を q で割って，

$$E = \frac{Q}{4\pi\varepsilon_0 r^2} \tag{4.9}$$

と表される。その向きは，$Q>0$ のとき，点電荷 Q からPに向かう向きである（図 4.16 (b)）。

空間内の電場のようすを表すためには，**電気力線**を考えるのが便利である。電気力線はその線上の各点での接線の向きがその点の電場ベクトル E の向きを表し，電気力線に垂直な面を横切る単位面積あたりの電気力線の本数が電場の大きさ E と等しくなるようにひかれる。電気力線は正電荷から生じて負電荷で消えることをのぞき，空間で生じたり，消えたりすることはない。また，電気力線は

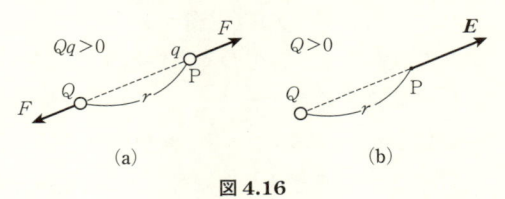

図 4.16

互いに交わることもない。以下は例題と解答で説明を進めていこう。

【例題】 正電荷 Q から出た電気力線は電荷 Q を中心とする半径 r の球面をつらぬいて球の内側から外側に出ていく。球面上の電場の大きさと，半径 r の球面の表面積は $4\pi r^2$ であることを用いて，正電荷 Q から出る電気力線の総数は Q/ε_0 であることを示せ。

[解] 半径 r の球面上で電場の強さは $\dfrac{Q}{4\pi\varepsilon_0 r^2}$ であるから，球面上を横切る電気力線の数は単位面積あたり $\dfrac{Q}{4\pi\varepsilon_0 r^2}$ である。一方，球面の表面積は $4\pi r^2$ であるから，電気力線の総数は，

$$4\pi r^2 \times \frac{Q}{4\pi\varepsilon_0 r^2} = \frac{Q}{\varepsilon_0} \tag{4.10}$$

となる。

上の結果は**ガウスの法則**とよばれる。ここでは中心に点電荷をおいて球面を考えた場合の関係であるが，点電荷は中心から外れていてもよいし，また，球面でなくても一般の曲面でもよい。その場合，電場ベクトルとそれをつらぬく曲面の垂直方向との余弦成分を用いればよい。すなわち，電場ベクトル $\boldsymbol{E}$ がつらぬく微小曲面 ΔS に垂直な方向をもったベクトルを微小曲面ベクトル $\Delta \boldsymbol{S}$ とすると，この曲面をつらぬく電気力線の数は $\boldsymbol{E} \cdot \Delta \boldsymbol{S}$ で，これを曲面全体に和をとれば曲面を球面とした場合と等しくなる（図 4.17）。これより，

$$\sum_{\Delta S} \boldsymbol{E} \cdot \Delta \boldsymbol{S} \to \int_S \boldsymbol{E} \cdot d\boldsymbol{S} = \frac{Q}{\varepsilon_0} \tag{4.11}$$

と書ける。(4.11)式で，左辺の積分は，**面積分**とよばれている積分であるが，ここでは，曲面全体の和をとるというシンボリックな意味で理解しておけば十分である。これはさらに多くの点電荷が分布している場合にも，個々の点電荷とそれのつくる電場を重ね合わせることによって拡張することができる。すなわち，電気量 Q の電荷から出る電気力線の総数は Q/ε_0 に等しい（Q が負のときは $|Q|/\varepsilon_0$ 本の電気力線が電荷に入る）ということができる。ここで Q は点電荷であっても，ある領域に電荷がひろ

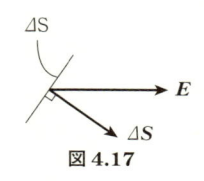

図 4.17

がって分布していてもよい。

【例題】 直線上に単位長さあたり λ（ラムダと読む）の電気量の電荷が一様に分布している。直線が無限に長いとすると，電場 E の方向は直線に垂直で，直線を軸として軸のまわりに対称になる。図 4.18 に示すように直線を中心として半径 r，長さ L の円柱状の領域を考える。

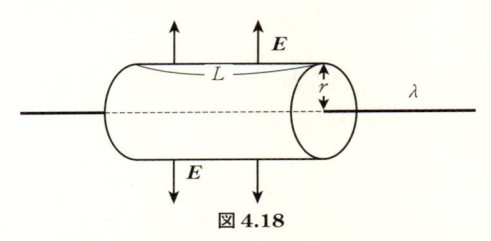

図 4.18

(1) 円柱の側面を横切る電気力線の総数はいくらになるか。円柱の表面における電場の大きさ E を用いて表せ。また，円柱の中に含まれる電荷はいくらか。λ を用いて表せ。
(2) ガウスの法則「電気量 Q の電荷からでる電気力線の総数は Q/ε_0 に等しい」を用いて，直線から距離 r の位置での電場の大きさ E を求めよ。

[解] (1) 円柱の側面における電場の強さ E は対称性によって一定である。したがって，側面を横切る電気力線の数は単位面積あたり E であり，総数 N は側面の面積 $2\pi rL$ を乗じて，

$$N = 2\pi rLE$$

　一方，軸の長さ L の円柱に含まれる電荷の量は $\underline{\lambda L}$ である。
(2) 円柱の側面の位置での電場の強さは，ガウスの法則を用いて $2\pi rLE = \lambda L/\varepsilon_0$ となる。したがって，

$$E = \frac{\lambda}{2\pi\varepsilon_0 r}$$

【例題】 前問を平面に拡張しよう。図 4.19 のように，単位面積あたり σ（シグマ：Σ の小文字）の電気量の電荷が平面上に一様に分布しているとする。平面が無限に広いと電場 E の方向は平面に垂直で平面の上下に対称になる。平面から距離 r の位置での電場の大きさ E を求めよ。

[解] 平面内に例えば単位面積の円の領域をとり，上下に任意の高さの円柱を考

図 4.19

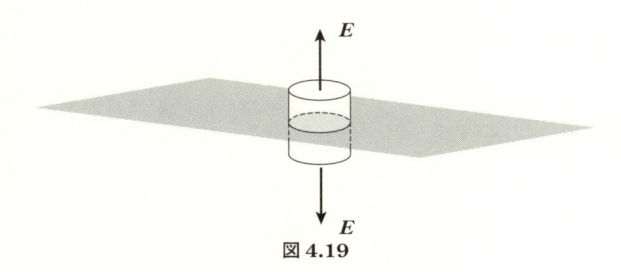

えると, 電場は上面と下面に垂直でその側面に平行となる. つまり, 側面の影響はないので, 電場の強さはガウスの法則を用いて $2E = \sigma/\varepsilon_0$ となる. したがって, 電場の大きさは,

$$E = \frac{\sigma}{2\varepsilon_0} \tag{4.12}$$

である. これは, 距離 r によらず一定である.

(2) コンデンサーと電場のエネルギー

電荷を蓄える装置を**コンデンサー**という. また, コンデンサーで電荷を蓄えている金属板を**極板**という.

【例題】 図 4.20 のように十分広い面積 S をもった極板間隔 D の平行平板コンデンサーに電気量 $\pm Q$ の電荷が蓄えられている.
(1) 極板間の電場の強さを求めよ.
(2) コンデンサーに蓄えられる静電エネルギー U を, ε_0, E, D, S を用いて表せ.
(3) この静電エネルギー U は, 極板間の電場のエネルギーと考えられる. 電場の強さ E の単位体積あたりのエネルギーを求めよ.

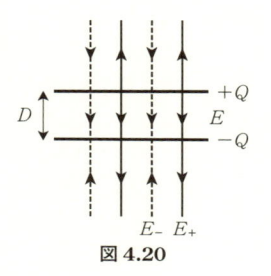

図 4.20

[解] (1) 平行平板の単位面積あたりの電荷を $\sigma = \dfrac{Q}{S}$ とする. $\pm Q$ の電荷のつくる電場をそれぞれ E_+ (図 4.20 に実線で描かれている), E_- (破線で描かれている) とすると, (4.12)式より, $E_+ = E_- = \dfrac{\sigma}{2\varepsilon_0}$ であるから, コンデンサーの外側の電場は E_+ と E_- が逆向きで打ち消しあい 0 となる. 平行

平板に挟まれた領域では，E_+ と E_- は同じ向きで加え合わされ，コンデンサー内部の電場 E は，

$$E = E_+ + E_- = \frac{Q}{\varepsilon_0 S} \tag{4.13}$$

となる。

(2) コンデンサーに電荷 q が蓄えられているとき，コンデンサー内の電場は $E = q/\varepsilon_0 S$ である。電荷を q から $q+dq$ に増やすには，微小電荷 dq を電場からはたらく力 Edq に逆らって，外力を加えて平板間距離 D だけ動かす必要がある。そのとき，外力の仕事 $EDdq$ だけコンデンサーにエネルギーが蓄えられる。したがって，電荷 0 の状態から電荷 Q を蓄えた状態まで変化させる間にコンデンサーに蓄えられる静電エネルギーは，

$$U = \int_0^Q EDdq = \frac{D}{\varepsilon_0 S} \int_0^Q qdq = \frac{D}{\varepsilon_0 S} \frac{Q^2}{2}$$

となる。ここで，$Q = \varepsilon_0 SE$ であるから，

$$U = SD \cdot \frac{1}{2}\varepsilon_0 E^2 \tag{4.14}$$

を得る。

(3) コンデンサーの体積は DS であるから電場のエネルギー $\mathcal{E}$ は，

$$\mathcal{E} = \frac{1}{2}\varepsilon_0 E^2 \tag{4.15}$$

となる。

これまでは極板間の空間は真空として考えてきた。しかし，空間が物質で満たされているときは事情が異なる。特にその物体が絶縁体の場合には電荷が移動できないので，ガウスの法則がそのまま適用でき，そのときは真空の誘電率 ε_0 の代わりに物体の誘電率 ε を用いる必要がある。通常 $\varepsilon > \varepsilon_0$ である。

なお，電圧（電位差）V をかけられたコンデンサーに電荷 Q が蓄えられるとき，

$$C = \frac{Q}{V} \tag{4.16}$$

をコンデンサーの**電気容量**という。間隔 D の極板間に一様な強さ E の電場ができているとき，極板間の電位差は $V = ED$ で与えられる。したがって，平行平板コンデンサーの電気容量は $Q = \varepsilon_0 SE$ より，

$$C = \frac{\varepsilon_0 S}{D} \tag{4.17}$$

となる．また，静電エネルギーは，

$$U = \frac{1}{2}CV^2 = \frac{Q^2}{2C} = \frac{1}{2}QV \tag{4.18}$$

と表される．

4.4 電流と磁場
(1) 直線電流による磁場

運動する荷電粒子に（重力および電場からの力以外の）力がはたらくような空間を**磁場**という．磁場を特徴づける量として磁束密度 $\boldsymbol{B}$ というベクトルがある．電気力線と同様に，磁場のようすを表すものに磁力線のほか磁束線がある．磁束線上の各点での接線の向きがその点での磁場の向きを表すことは，磁力線と同じである．また，磁束線はそれに垂直な単位面積の平面を通過する磁束線の数がそこでの磁束密度になるように描かれる．

無限に長い直線上の導線に強さ I の電流を流すと，電流から距離 r だけ離れた場所にできる磁場の磁束密度の大きさは，

$$B = \mu_0 \frac{I}{2\pi r} \tag{4.19}$$

となる．ここで，磁場の向きは電流の向きに進む右ねじの回転の向きである．μ_0 はミュー・ゼロと読み，真空の透磁率とよばれる．空間が物体で満たされているときはそれに応じた μ を用いる．

μ_0 と (4.8) 式に出てきた ε_0，および真空中の光の速さ c の間には，

$$c^2 = \frac{1}{\varepsilon_0 \mu_0} \tag{4.20}$$

という関係がある（発展問題の問題 1 の IV 参照）．

(2) アンペールの法則

直線電流 I と垂直に交わる平面上の半径 r の円周上の磁束密度の大きさ B を考える．円の中心は I が平面をつらぬく位置である．(4.19) 式は，

$$B \cdot 2\pi r = \mu_0 I \tag{4.21}$$

と書けるから，この式は円周上の B に円周の長さをかけた量が $\mu_0 I$ に等しいことを示している．そこで，(4.21) 式を次のように一般化しよう．

4.4 電流と磁場

直線電流 I のつくる磁場を, I と垂直に交わる平面上の閉曲線上で考えてみる. 図 4.21(a) のように, 閉曲線を長さ Δl の小さな部分に分割する. ただし, 直線電流のつくる磁束密度の方向と Δl の方向とは, 一般に一致しない. いま, 磁束密度 $\boldsymbol{B}$ の Δl 方向の成分 $B_{/\!/}$ と Δl との積をとり, それを閉曲線の一周について加え合わせた和をとると, それは電流の大きさに比例する一定値 $\mu_0 I$ に等しい.

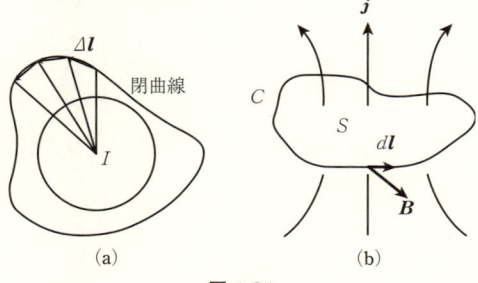

さらにこの結果は必ずしも平面上にない任意の閉曲線についても成立する. また, 一本の直線電流ではなく, 直線とは限らない多数の電流が分布している場合にも成立する. これはアンペールの法則として知られている（図 4.21(b)）.

アンペールの法則は,「閉曲線 C についてそれを小さな Δl に分けたとき, 磁束密度の Δl の方向の成分と Δl との積 $B_{/\!/} \Delta l$ を閉曲線上の一周について加え合わせたものは閉曲線が囲む面をつらぬく電流の μ_0 倍に等しい」という形に表すことができる.

$$\oint_C B_{/\!/} dl = \mu_0 I \tag{4.22}$$

【例題】 図 4.22 のように, 無限に大きい平面内で単位幅あたり $\boldsymbol{j}$ ($|\boldsymbol{j}|=j$) の電流が一様に流れている平面が無限に大きいとすると, 磁場 $\boldsymbol{B}$ は一様で, その方向は平面に平行で電流に垂直である. 図に示したような閉曲線を考える. 閉曲線

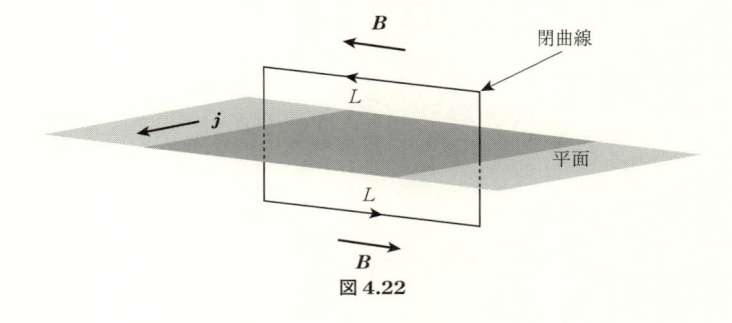

は長方形であり，閉曲線の囲む面は電流に垂直である．閉曲線の上下の長さは L である．アンペールの法則(4.22)を用いて平面の上下における磁場の大きさ B を求めよ．

[解] 磁場の閉曲線方向成分の総和は，$2BL$，また横切る電流は jL であるから，(4.22)式より，

$$2BL = \mu_0 jL \quad \therefore \quad B = \underline{\mu_0 j/2}$$

を得る．

【例題】 図4.23のような無限に長い空心のソレノイド・コイルを流れる電流 I のつくる磁束密度の大きさ B の磁場は，n をコイルの単位長さあたりの巻き数とすると，

$$B = \mu_0 nI \quad (コイルの内部) \tag{4.23}$$
$$B = 0 \quad (コイルの外部) \tag{4.24}$$

で与えられることを，図4.24を参考にアンペールの法則を用いて説明せよ．図4.24はコイルの中心を通る断面図であり，⊙は紙面裏→表の向きにコイルを流れる電流 I を表し，⊗は紙面表→裏の向きに流れる電流 I を表す．

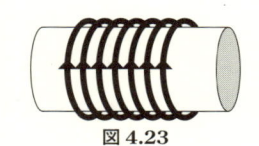

図 4.23

ただし，ソレノイド・コイルは無限に長いので，磁束密度はコイルの内側でも外側でもコイルの中心軸に平行であり，その強さはコイル面からの距離で決まるとし，コイルから無限に遠く離れた点では $B=0$ であるとする．

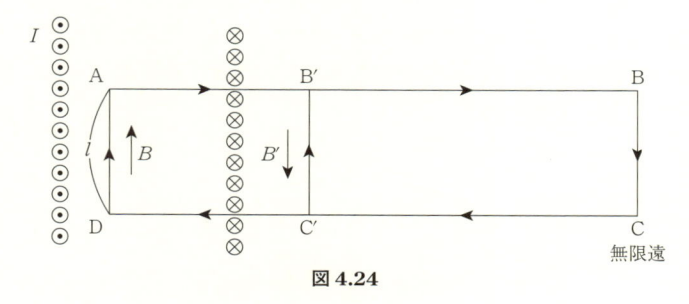

図 4.24

[解] 図4.24のように，コイルの中心軸を含む断面を考えて，$BC = DA = l$ で辺 AB，CD が十分に長い長方形の閉回路 A→B→C→D→A にアンペールの法則を適用する．

辺 AB と辺 CD はコイル面すなわち磁束密度に垂直であるから，磁束密度の AB 方向，CD 方向の成分は 0 であり，

$$\int_{A \to B} Bdl = \int_{C \to D} Bdl = 0$$

である。また，辺 BC はコイルから十分遠方であるから，題意よりそこでは $B=0$ である。辺 DA はコイルの中心軸に平行であるから，辺上の磁束密度 B は一定で，

$$\oint Bdl = \int_{D \to A} Bdl = Bl$$

となる。

一方，長さ l のソレノイド・コイルの巻数は nl であるから，閉回路 A→B→C→D→A を紙面表→裏の向きに貫く電流は，$nl \cdot I$ と書ける。こうしてアンペールの法則(4.21)より，

$$Bl = \mu_0 nlI \quad \Rightarrow \quad B = \mu_0 nI$$

を得る。この結果は，辺 DA がソレノイド・コイルの中心軸に平行でコイル内にあれば，その位置に依らないから，コイル内のどこでも磁束密度は(4.23)式で与えられることがわかる。

次に，ソレノイド・コイルの外部の磁場を考える。それには，長方形の閉回路 B′→B→C→C′→B′ を考えればよい。辺 C′B′ はコイルの中心軸に平行であるから，辺上の磁束密度 B' は一定で，

$$\int_{C' \to B'} Bdl = -B'l$$

となる。また，閉回路 B′→B→C→C′→B′ を貫く電流は 0 であるから，閉回路にアンペールの法則(4.22)を用いると，

$$-B'l = 0 \quad \Rightarrow \quad B' = 0$$

を得る。いま，辺 C′B′ の位置はコイルの中心軸に平行であれば，コイルからの距離は任意にとれることから，(4.24)式を得る。

(3) ローレンツ力

磁束密度 ***B*** の向きと大きさが一様な磁場の中を磁場の向きに垂直に速さ v で動く電気量 q の点電荷があると，この電荷は磁場から大きさ

$$F = qvB \quad (4.25)$$

の力を受ける。$q>0$ の場合，図 4.25 のように，左手の親指，人差し指，中指を直角に開き，中

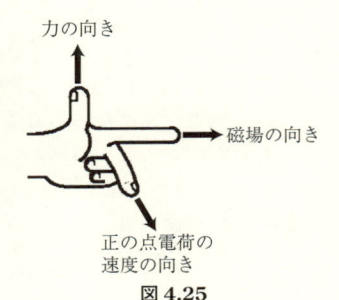

図 4.25

指を電荷 q の速度の向き，人差し指を磁場の向きに合わせたとき，この力の向きは親指の向きである．磁場中の電荷にはたらくこの力と電場中ではたらく (4.7) 式の力を合わせて**ローレンツ力**とよぶ．

電流の強さは，単位時間あたりに通過する電気量で与えられるので，導線の単位長さに $\lambda > 0$ の量の電荷が分布し，電荷が同じ速さ v で運動すると，

$$I = \lambda v \tag{4.26}$$

の強さの電流が流れる．

したがって，磁場中におかれた導線に電流を流すと，そこを流れる電荷にローレンツ力がはたらき，その結果，導線は力を受ける．導線が磁場に垂直に置かれているとき，導線が受ける力の向きを求めるときは，図 4.25 の正電荷の速度の向きを図 4.7 の導線中を流れる電流の向きと置き換えればよい．

【例題】 図 4.26 のように，長さ a の直線導線に，強さ I の電流が流れている．この導線が大きさが B の磁束密度に対して垂直に置かれているとき，この導線にはたらく力の大きさが，

$$F = BaI \tag{4.27}$$

となることを示せ．

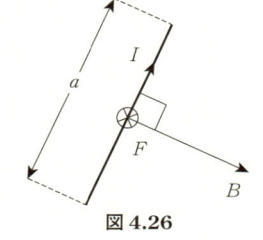

図 4.26

【解】 (4.26) 式より，長さ a の導線中の電荷量は $\lambda a = aI/v$ となり，(4.25) 式より，長さ a の導線が磁場から受けるローレンツ力の大きさは，

$$F = (aI/v) \times v \times B = BaI \tag{4.28}$$

となる．

【例題】 図 4.27 のように，強さ I の直線電流から距離 r 離れたところを正の電気量 q の点電荷が直線電流に平行で電流と同じ向きに速さ v で動いている．I がつくる磁場からこの点電荷にはたらく力はいくらか．また，その向きはどちらか．

【解】 点電荷の場所での磁束密度の大きさは，

$$B = \frac{\mu_0 I}{2\pi r} \tag{4.29}$$

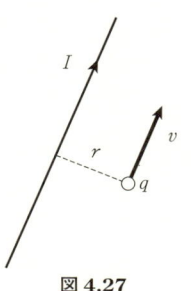

図 4.27

であり，これによる電荷 q にはたらくローレンツ力の大きさ f は，

$$f = qvB = \mu_0 \frac{qvI}{2\pi r} \quad (4.30)$$

となる。また，その力の向きは「導線に垂直な方向で導線の方を向く向き」となる。

前例題より，2本の直線電流間にはたらく力を与える式を得ることができる。図4.28のように，直線導線2に強さ $I_2 = I$ の電流が流れ，導線2から距離 r だけ離れて置かれている直線導線1に，線密度 λ で分布した正電荷が電流 I_2 と同じ向きに動いているとする。このとき，導線1に流れる電流 $I_1 = \lambda v$ は電流 I_2 と同じ向きに流れる。そこで(4.30)式で $q \to \lambda$ と置き換えると，電流 I_1 にはたらく力は，電流 I_2 に向かう向きで，その大きさは，単位長さあたり，

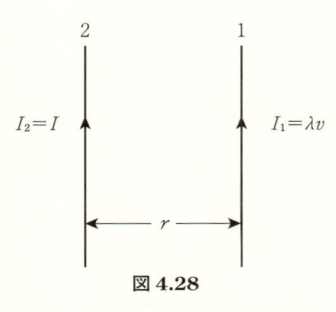

$$f = \mu_0 \frac{I_1 I_2}{2\pi r} \quad (4.31)$$

図4.28

で与えられることがわかる。また，電流 I_1 と I_2 が同じ向きのとき引力，逆向きのとき斥力である。

(4.31)式は，4.1節で述べた電流の単位の定義に使われる。すなわち，(4.31)式で $I_1 = I_2 = I$ とおき，$\mu_0 = 4\pi \times 10^{-7}$ N/A^2 を用いて $r = 1$ m，$f = 2 \times 10^{-7}$ N のとき，電流の単位を $I = 1$ A と定義する。

(4) 電磁誘導と自己誘導
電磁誘導の法則

基本コースの4.2節で述べたように，コイルに磁石を近づけたり遠ざけたりするとコイルを貫く磁束が変化するため，コイルに**誘導起電力**が生じ，**誘導電流**が流れる。この現象は電磁誘導とよばれ，磁石を固定してコイルを磁石に近づけたり遠ざけたりしても誘導電流が流れる。この現象は一般的に次のように表すことができる。

図4.29のように，1巻きコイルを貫く磁束を Φ，磁束の正の向きに進む右ねじの回る向きを正の向きとする起電力を V とすると，

$$V = -\frac{d\Phi}{dt} \tag{4.32}$$

と表される。これをファラデーの**電磁誘導の法則**という。いま，コイルを静止させ，磁石を動かすとすると，コイル内の自由電子は静止しているから，磁場からローレンツ力ははたらかない。それにもかかわらず誘導起電力が生じるためには，電子に電場から力が作用すると考えざるを得ない。したがってこの場合，コイルに沿って起電力の向きに電場（これを**誘導電場**という）が生じていることになる。この電場はコイルがなくても閉曲線を貫く磁束が変化すると，その閉曲線に沿って生じると考えられる。この閉曲線を小さくして1点に収縮させていくとする。このとき，閉曲線を貫く磁束を閉曲線で囲まれた面積で割った量は，その点での磁束密度に一致する。このような極限操作により，電磁誘導の法則は，図 4.30 のように，「点 P での磁場すなわち磁束密度 B が時間的に変化すると，その点のまわりに一周する電場 E が生じる」ことを意味する。

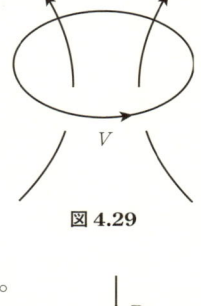

図 4.29

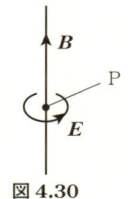

図 4.30

ローレンツ力と誘導起電力

電磁誘導の法則と類似の現象に，磁場中を運動する導線に生じる誘導起電力がある。この起電力は次のように，運動する電荷にはたらくローレンツ力によって説明することができる。

図 4.31 のように，座標系 S から見て，導線 CD が磁束密度 B の磁場中を磁場に垂直に，導線と垂直方向へ速さ v で運動しているとする。このとき，導線中を自由に動くことのできる電荷 $q(>0)$ があると仮定してみよう[1]。この正電荷は導線とともに速

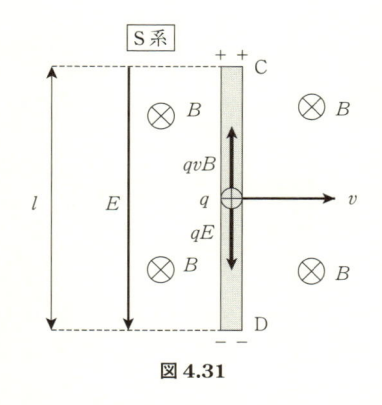

図 4.31

---
[1] 実際には，導線中を自由に動くことができるのは負電荷 $-e$ ($e>0$) をもつ電子であるが，力の向きが面倒になるので，ここでは，自由に動くことのできる正電荷を仮定する。

さ v で磁場に垂直方向へ運動しているから，導線に沿って $D \to C$ の向きに大きさ qvB のローレンツ力がはたらく．その結果，端 C に正電荷が集まり，端 D は逆に負に帯電する．こうして，$C \to D$ の向きに電場（静電場）ができる．ある程度時間がたつと，導線中の正電荷には磁場からはたらくローレンツ力と電場からはたらく力がつり合い，電荷は動かなくなる．このときの電場の強さ E は，力のつり合いより，

$$qvB = qE \Rightarrow E = vB \tag{4.33}$$

となる．導線の長さを l とすると，端 C は端 D より，

$$V = El = vBl \tag{4.34}$$

だけ電位が高くなる．こうして，導線にはこれだけの電位差を起こさせる誘導起電力が生じることがわかる．**この起電力は磁場からはたらくローレンツ力によるものであり，導線が単位時間に掃く面積は vl であるから，その大きさ $V = vBl$ は導線が単位時間に切る磁束に等しい．**

ただしこの場合も，導線とともに運動している座標系 S′ で見ると，正電荷は静止しており，磁場からローレンツ力ははたらかない（図 4.32）．それにもかかわらず，正電荷に $D \to C$ の向きに力がはたらくことから，座標系 S′ では，$D \to C$ の向きに電場（誘導電場）が生じているはずである．この電場の強さ E' は，ローレンツ力と同じ強さの力を正電荷に与えることから，

$$qE' = qvB \Rightarrow E' = vB$$

であることがわかる．このとき生じる誘導電場の強さ E' は，(4.33)式で与えられた静電場 E と同じ大きさであるが，向きが逆であることに注意しよう．

図 4.33 のような一辺 l の正方形コイル PQRS の運動を考える．直線 AB の左側には，紙面裏から表の向きに強さ B の一様な磁束密度の磁場がかかっている．直線 AB の右側に磁場はかけられ

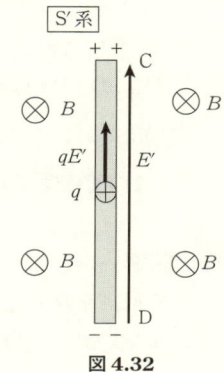

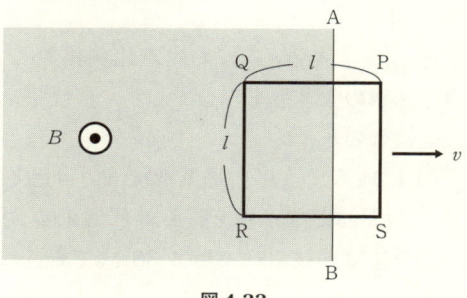

図 4.32

図 4.33

ていない．いま，長方形コイルが一定の速さ v で矢印の向きに移動しているとき，導線 QR 内の電荷 q は Q → R の向きに大きさ $f = qvB$ のローレンツ力を受けることにより，コイルに P → Q → R → S → P の向きの誘導起電力が生じる．

【例題】 図 4.33 において，時刻 $t=0$ に長方形コイルの辺 PS が直線 AB 上にあったとし，時刻 t ($0<t<l/v$) でコイルを貫く磁束を $\Phi(t)$ とする．磁場の向きに進む右ねじの回る向きすなわち P → Q → R → S → P の向きに，コイルに生じる誘導起電力が，

$$V = -\frac{d\Phi}{dt} \tag{4.35}$$

で与えられることを示せ．

[解] 時刻 t ($0<t<l/v$) において，導線 QR は単位時間あたり vBl の磁束を切るから，コイルを貫く磁束は単位時間あたり $-\frac{d\Phi}{dt} = vBl$ だけ減少する．このとき，導線 QR には Q → R の向きに大きさ $V = vBl$ の誘導起電力が生じる．また，導線 PQ, RS は磁束を切らないから誘導起電力は生じない．よって，コイル PQRSP にはこの向きに誘導起電力 $V = -\frac{d\Phi}{dt} = vBl$ が生じる．

この関係はコイルが正方形である必要はなく，任意のコイルで成り立つ．

自己誘導

コイルに流れる電流 I が時間とともに変化するときには，その変化を打ち消すような起電力（自己誘導起電力）

$$-L\frac{dI}{dt} \tag{4.36}$$

が生じる．(4.36)式における比例係数 L はコイルの自己誘導の大きさを表しており，自己インダクタンスとよばれる．

図 4.34 のように，電気抵抗 R，自己インダクタンス L の閉じたコイルを貫く外部磁束 Φ が時間変化する場合には，(4.32)式と(4.36)式で表される誘導起電力が生じるので，

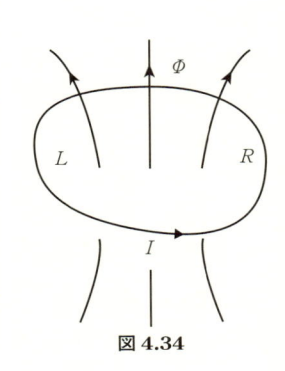

図 4.34

$$-\frac{d\Phi}{dt} - L\frac{dI}{dt} = RI \qquad (4.37)$$

の関係を満たす時間に依存した電流 I が流れることになる。(4.37)式を**回路方程式**ともいう。ここで，電流は符号をもっており，正の場合には磁場（磁束 Φ）の向きに進むような右ねじがまわる向きに流れ，負の場合にはその逆向きに流れる。

発展問題

問題1 電磁波の発生

光や電波やX線などは，いずれも電磁波とよばれ，真空中を光速（$c = 3.0 \times 10^8$ m/s）で伝わる電場と磁場の波である。電磁波の存在は，19世紀半頃マクスウェルによって理論的に予言された。そのマクスウェルの理論について考えてみよう。

空間の点Pにおいて，電磁波の進行方向に x 軸をとると，電場 E と磁束密度の大きさ B の磁場（以後，B を単に磁場とよぶ）はつねにそれぞれ x 軸に直交する。yz 平面に平行で点Pを通る平面上では，E, B は一定であり，ともに位置 x と時刻 t により決まる。ここでは，図4.35のように，E を y 軸方向，B を z 軸方向にとるものとする。

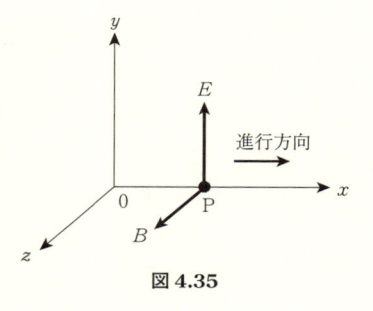

図 4.35

I 微小領域での電磁誘導の法則

xy 平面内の点Pにおいて，図4.36のような微小な幅 Δx, 高さ h の長方形 abcd を考えて，位置 x における電場を E, 位置 $x + \Delta x$ における電場を $E + \Delta E$ とする。長方形 abcd を垂直に貫く磁場 B は一様であるとし，その磁場 B が微小時間 Δt の間に ΔB だけ変化したとする。

問1 abcd を1巻きの長方形コイルと考え，そこに電磁誘導の法則を適用することにより，関係式

$$\frac{\Delta E}{\Delta x} = -\frac{\Delta B}{\Delta t} \tag{4.38}$$

を導け。

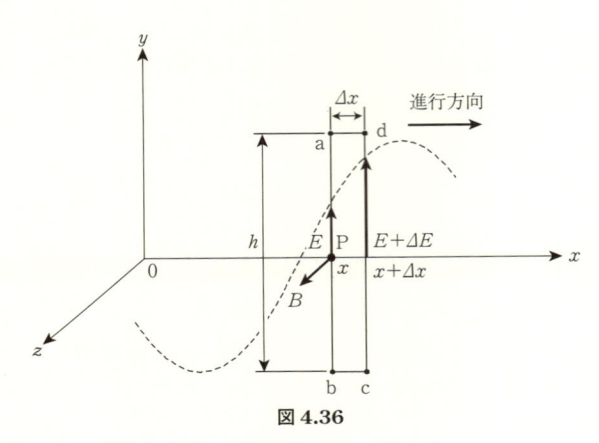

図 4.36

II マクスウェル-アンペールの法則

次の文章中の空欄（問 2，問 3）に適当な文字式を入れよ。

導線の途中に面積 S の平行平板コンデンサーがあり，そこに電流 i が流れ込む場合を考える（図 4.37）。コンデンサーの極板間には電流は流れないが，その周囲には導線の部分と同じ磁場 B が生じているとする。そうすると，極板間には電流 i と同等のはたらきをする何かがあると考えられる。極板の面積は十分大きく，極板間隔は十分せまいとし，極板間には，一様な電場が極板に垂直にできるとする。

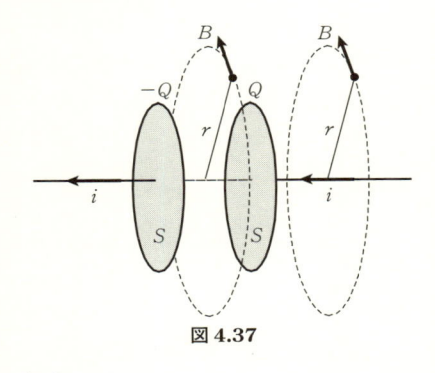

図 4.37

このとき，真空の誘電率を ε_0，それぞれの極板の電荷を Q，$-Q$ とすれば，極板の面積が S であるから，コンデンサーの極板間に生じる電場 E は 問2 で与えられる。電流 i は単位時間あたり極板に流れ込む電気量であるので，電場の時間変化 $\dfrac{\Delta E}{\Delta t}$ を用いて，

$$i = \boxed{\text{問 3}} \tag{4.39}$$

と表される。

極板間に電流は流れないが，時間的に変化する電場は存在している。(4.39)式の i を i_D とおけば電場が時間変化すると，それは電流 i_D が流れたときと同等の磁場をつくると考えることができる。マクスウェルはこのように考えてこれを**変位電流**とよんだ。アンペールの法則において，電流 i を変位電流 i_D で置き換えると，

$$\oint B dl = \mu_0 i_D = \mu_0 \times \boxed{\text{問 3}} \tag{4.40}$$

の関係式が得られる。ここで，μ_0 は真空の透磁率である。(4.40)式は電場が変化すると磁場が生じることを示している。これを**マクスウェル-アンペールの法則**という。

III 微小領域でのマクスウェル-アンペールの法則

位置 x における磁場を B，位置 $x + \Delta x$ における磁場を $B + \Delta B$ とする。図 4.38 のように，zx 平面内で点 P から微小な幅 Δx，奥行き h の長方形 pqrs を考える。長方形 pqrs を垂直に貫く電場 E は一様であるとし，E が微小時間 Δt の間に ΔE だけ変化したとする。

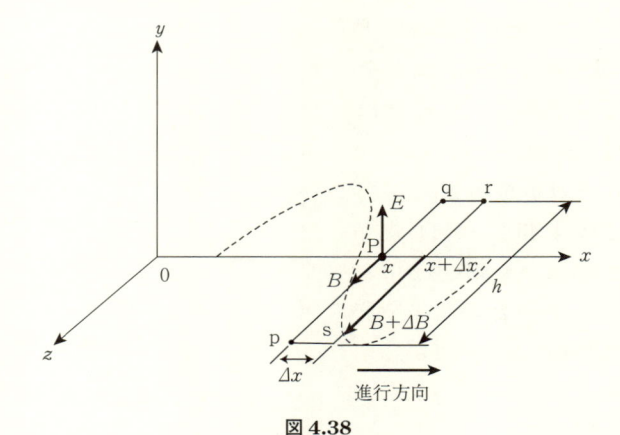

図 4.38

問 4 マクスウェル-アンペールの法則を適用し，

$$\frac{\Delta B}{\Delta x} = -\varepsilon_0 \mu_0 \frac{\Delta E}{\Delta t} \tag{4.41}$$

の関係が成り立つことを示せ。

ここで E と B はともに x と t の関数であるから，(4.38), (4.41)式は x での偏微分（t を一定としたときの x での微分）$\dfrac{\partial E}{\partial x}$, $\dfrac{\partial B}{\partial x}$, および t での偏微分（x を一定とした t での微分）$\dfrac{\partial E}{\partial t}$, $\dfrac{\partial B}{\partial t}$ を用いると，それぞれ，

$$\frac{\partial E}{\partial x} = -\frac{\partial B}{\partial t}, \quad \frac{\partial B}{\partial x} = -\varepsilon_0 \mu_0 \frac{\partial E}{\partial t} \tag{4.42}$$

と書ける。

Ⅳ　電磁場の伝わる速さ

真空中の電磁波の伝わる速さ c を求めてみよう。

図 4.39 に描かれているように，電場 E と磁場 B は x と t の関数として次式で与えられるとする。

$$E = E_0 \sin 2\pi \left(\frac{x}{\lambda} - \frac{t}{T} \right) \tag{4.43}$$

$$B = B_0 \sin 2\pi \left(\frac{x}{\lambda} - \frac{t}{T} \right) \tag{4.44}$$

ここで，λ, T はそれぞれ E, B の波長と周期であり，E_0, B_0 はそれぞれ E と B の振幅で，E と B は互いに同位相で振動している。

問 5 点 P における電場 E と磁場 B がそれぞれ (4.43), (4.44) 式で与えられるとき，(4.42) 式を用いて，電場 E と磁場 B の関係を求めよ。また，電磁波の速さが，

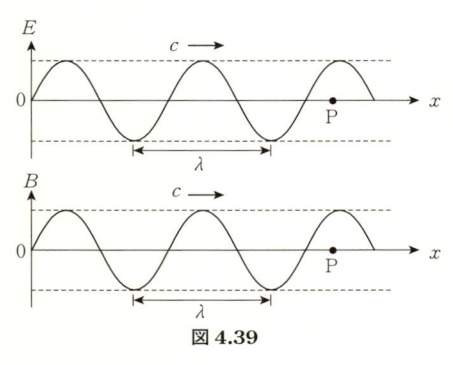

図 4.39

$$c = \frac{1}{\sqrt{\varepsilon_0 \mu_0}} \tag{4.45}$$

で与えられることを導け。

(4.45)式に ε_0 と μ_0 の値を代入すると $c \fallingdotseq 3.0 \times 10^8$ m/s となり，観測され

ている光速に一致することから光は電磁波の一種であると考えられる．

(第2チャレンジ理論問題改)

> 解　答

問1　電磁誘導の法則によれば，磁束 Φ が時間 Δt の間に $\Delta\Phi$ だけ変化したとすると，コイル1巻きあたりに生じる誘導起電力 V は，(4.32)式より，

$$V = -\frac{\Delta\Phi}{\Delta t} \tag{4.46}$$

で与えられる．コイルを貫く磁束はコイル面の面積が $S = h\Delta x$ であるから，$\Phi = Bh\Delta x$ となり，

$$\frac{\Delta\Phi}{\Delta t} = h\Delta x \frac{\Delta B}{\Delta t} \tag{4.47}$$

が得られる．

単位電荷を1巻きの長方形コイルに沿って c→d→a→b→c の向きに1周させたときに，電場のする仕事は，生じた誘導起電力 V に等しい．

c→d の仕事は $W_{c \to d} = (E+\Delta E)h$，d→a の仕事は $W_{d \to a} = 0$，a→b の仕事は $W_{a \to b} = -Eh$，b→c の仕事は $W_{b \to c} = 0$ となる．したがって，

$$\begin{aligned} V &= W_{c \to d} + W_{d \to a} + W_{a \to b} + W_{b \to c} \\ &= (E+\Delta E)h - Eh = h\Delta E \end{aligned} \tag{4.48}$$

となる．(4.46)～(4.48)式より(4.38)式を得る．

問2　コンデンサー極板の単位面積あたりの電荷は $\dfrac{Q}{S}$ であるので，極板間に生じる電場 E は，

$$E = \frac{Q}{\varepsilon_0 S} \tag{4.49}$$

となる．

問3　(4.49)式より，$\Delta E = \dfrac{\Delta Q}{\varepsilon_0 S}$ と書ける．一方，電流は単位時間あたりに導線の断面を通過する電気量であるから，

$$i = \frac{\Delta Q}{\Delta t} = \varepsilon_0 S \frac{\Delta E}{\Delta t}$$

となる．

問 4 長方形 pqrs にマクスウェル-アンペールの法則を適用する。(4.40)式の左辺は，q → p → s → r → q と一周するとき，

$$\oint B dl = Bh - (B + \Delta B)h = -h\Delta B$$

となる。長方形 pqrs の面積は $S = h\Delta x$ であるから，(4.40)式は，

$$-h\Delta B = \mu_0 \varepsilon_0 h \Delta x \frac{\Delta E}{\Delta t}$$

となり(4.41)式を得る。

問 5 電場および磁場の波（電磁波）の速さ c は，位相が一定の点の速度すなわち位相速度である。よって，(4.43), (4.44)式において，$\frac{x}{\lambda} - \frac{t}{T} = \text{const.}$ とおき，両辺を t で微分することによって，電磁波の速さ c は，

$$\frac{1}{\lambda}\frac{dx}{dt} - \frac{1}{T} = 0 \Rightarrow c = \frac{dx}{dt} = \frac{\lambda}{T} \tag{4.50}$$

と求められる。(4.50)式は，波の基本式として知られているものである。

(4.43), (4.44)式より，

$$\frac{\partial E}{\partial x} = \frac{2\pi}{\lambda}E_0\cos 2\pi\left(\frac{x}{\lambda} - \frac{t}{T}\right), \quad \frac{\partial B}{\partial t} = -\frac{2\pi}{T}B_0\cos 2\pi\left(\frac{x}{\lambda} - \frac{t}{T}\right)$$

となるから，これらを(4.42)の第 1 式へ代入して，(4.50)式を用いると，

$$E_0 = \frac{\lambda}{T}B_0 = cB_0$$

となる。これを(4.43)式へ代入して，電場と磁場の関係式

$$E = cB \tag{4.51}$$

を得る。

再び (4.43), (4.44)式を(4.42)の第 2 式へ代入し，(4.44)式を用いると，上と同様にして，

$$B = \frac{\lambda}{T}\varepsilon_0\mu_0 E = c\varepsilon_0\mu_0 E \tag{4.52}$$

を得る。(4.51), (4.52)式より B を消去すると，

$$E = c^2\varepsilon_0\mu_0 E$$

となり(4.45)式を得る。

問題 2 自動車のエアバッグ制御システム

この問題では乗用車が衝突する際，エアバッグが作動するように設計された加速度計の簡単なモデルを考える。加速度がある限界値を超えると，回路のある点での電圧がしきい値を超えるため，結果として，エアバッグが作動するような電気機械的なシステムをつくりたい。ここでは，重力を無視する。

I 平行板コンデンサー

図 4.40 に示された平行極板からなるコンデンサーを考える。コンデンサーの極板面積は A であり，極板間隔は d である。極板間隔は，極板の大きさに比べて十分小さい。一方の極板は，弾性定数 k のばねを介して壁とつながれ，もう一方の極板は固定されている。極板に電荷がないとき，極板間の距離は d であり，ばねは自然長である。極板間の空気の誘電率は，真空の誘電率 ε_0 に等しいとする。極板間隔が d のときのコンデンサーの容量は $C_0 = \dfrac{\varepsilon_0 A}{d}$ である。いま，極板に電荷 $+Q$ と $-Q$ が与えられて，系は力のつり合いを保っている。

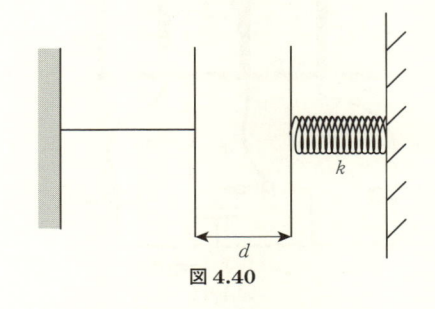

図 4.40

問 1 極板間にはたらく電気力の大きさ F_E を求めよ。
問 2 極板に電荷がないときに比べ，ばねの付いた極板の変位 x を求めよ。
問 3 コンデンサーの極板間の電位差 V を，Q，A，d，k，ε_0 を用いて表せ。
問 4 この状態でのコンデンサーの電気容量を C として，C/C_0 を，Q，A，d，k，ε_0 を用いて表せ。
問 5 この系に蓄えられた全エネルギー U を，Q，A，d，k，ε_0 を用いて表せ。

図 4.41 では，質量 M の物体は質量の無視できる導電性極板と接続し，さら

に自然長が等しく，かつ等しい弾性定数 k をもつ 2 つのばねに接続されている．この導電性極板は，他に固定された 2 枚の導電性極板間を固定された極板と平行を保ちながら左右に動くことができる．これら 3 つの極板は同じ極板面積 A をもち，3 つの極板は 2 つのコンデンサーを構成している．図 4.41 に示すように，固定された 2 つの極板には電位 V と $-V$ が与えられ，真ん中の極板はスイッチ α または β につなぐことができる．可動極板につながった導線は極板の動きを妨げることはない．装置全体が加速されていないとき，可動極板はそれぞれの固定極板からともに距離 d の位置にあり，固定極板と可動極板との距離は極板の大きさに対して十分小さい．はじめ可動極板の全電荷は 0 であり，その厚さは無視できる．

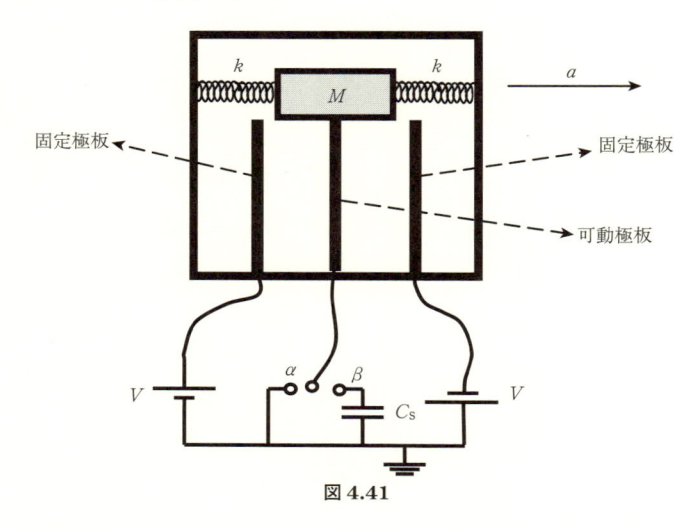

図 4.41

この可動極板がつくるコンデンサーを含む装置は乗用車とともに加速され，その加速度 a は一定であるとする．また，この一定の加速度 a で加速される間，ばねは振動せず，このコンデンサーを含む装置はつり合いの状態にあるものとする．すなわち，この装置の各部分は相対的に静止し，乗用車に対しても静止している．加速により，可動極板は 2 枚の固定極板の中心の位置から x だけ変位している．

II 可動極板が接地されている場合

スイッチが α の位置に入っている場合，すなわち，可動極板が接地されている場合を考えよう。

問6 左右のコンデンサーに蓄えられる電荷 Q_1, Q_2 を x の関数として求めよ。

問7 可動極板にはたらく静電気力の合力 F_E を x の関数として求めよ。

問8 $d \gg x$ とみなし，x^2 の項が d^2 の項に比べて無視できるとする。F_E を x の1次の項までで表せ。

問9 可動極板にはたらくすべての力（静電気力とばねの復元力の和）を $-k_e x$ と書いたとき，k_e を求めよ。

問10 一定の加速度 a を x の関数として表せ。

III 可動極板がコンデンサーを通じて接地されている場合

次に，スイッチが β の位置に入っている場合を考える。すなわち可動極板が電気容量 C_S のコンデンサー（はじめに充電していない）を通じて接地されているとする。

可動極板の中央からの変位を x として以下の問に答えよ。

問11 コンデンサー C_S の極板間電位差 V_S を x の関数として求めよ。

問12 $d \gg x$ とみなし，x^2 の項が d^2 の項に比べて無視できるとする。V_S を x の1次の項までで表せ。

IV エアバッグの作動

この問題で出てくる変数を調整して，エアバッグが通常のブレーキの状態では作動せずに，衝突のときには速く開いて運転者の頭部が前窓やハンドルに衝突することがないようにしたい。IIでみたように，2つのばねと電荷によって可動板にはたらく力は，有効ばね定数 k_e である1つのばねによる力のように置き換えることができる。コンデンサー全体のシステムは，質量 M の物体とばね定数 k_e のばねが，一定の重力加速度 a の影響のもとにある場合と似ている。ただし，この場合の a は重力加速度ではなく，乗用車の加速度である。

ここでは，「質量 M の物体とばねとが一定の加速度のもとでつり合いの状態にある，すなわち，乗用車に対して物体とばねが静止している」という仮定は

もはや成り立たないことに注意せよ。

摩擦力を無視し，問 14 を除いて，下記の問の数値計算には，次の数値データを用いよ。

$$d = 1.0 \text{ cm}, \quad A = 2.5 \times 10^{-2} \text{ m}^2, \quad k = 4.2 \times 10^3 \text{ N/m},$$
$$\varepsilon_0 = 8.85 \times 10^{-12} \text{ C}^2/\text{Nm}^2, \quad V = 12 \text{ V}, \quad M = 0.15 \text{ kg}$$

問 13 問 8 で求めた電気力とばねの力の大きさの比を求め，ばねの力に対して電気力が無視できることを示せ。

スイッチが β に接続されている場合について電気力を計算してはいないが，その場合も電気力は小さく無視できるということを全く同じように示すことができる。

問 14 もし乗用車が一定速度で走行しているときに，一定加速度 a で急停車した場合，可動極板の最大変位はどれだけになるか。

スイッチが β に接続されているとする。また，コンデンサーにかかる電圧が $V_S = 0.15$ V に達したときにエアバッグが作動するように系全体がデザインされているとする。乗用車の加速度が重力加速度 $g = 9.8$ m/s^2 に達しないような通常の状況でエアバックが作動しないようにしたい。

問 15 そのためには，C_S はいくらであればよいか。

エアバッグが速く作動することによって運転者の頭部が前窓やハンドルにぶつからないようにしたい。乗用車の衝突の結果，乗用車は g と等しい減速をするが，運転者の頭部は一定速度で動き続けるとする。

問 16 通常の乗用車での運転者の頭部とハンドルの間の距離を見積もり，運転者の頭部がハンドルにぶつかるまでの時間 t_1 を求めよ。

問 17 エアバッグが作動するまでの時間 t_2 を求めよ。t_1 と比較することによって，エアバッグの作動は間に合うか。

（IPhO イラン大会理論問題）

解 答

問1 極板間の電場の強さはガウスの法則より，電荷 Q，面積 A の極板上の電荷密度 $\dfrac{Q}{A}$ を用いて，

$$E = \frac{Q}{\varepsilon_0 A}$$

平行極板間の電場は各極板のつくる電場の和であり，1つの極板上の電荷は他の極板のつくる強さ $\dfrac{1}{2}E$ の電場から電気力を受ける。それゆえ，

$$F_E = \frac{1}{2}EQ = \frac{Q^2}{2\varepsilon_0 A} \tag{4.53}$$

問2 変位 x におけるばねの弾性力は，

$$F_m = -kx$$

電気力と弾性力のつり合い $F_m + F_E = 0$ より，

$$\frac{Q^2}{2\varepsilon_0 A} - kx = 0 \quad \therefore \quad x = \frac{Q^2}{2\varepsilon_0 A k} \tag{4.54}$$

問3 極板間の電位差 V は，電場 E を用いて，

$$V = E(d-x)$$

(4.53), (4.54)式を代入して，

$$V = \frac{Qd}{\varepsilon_0 A}\left(1 - \frac{Q^2}{2\varepsilon_0 A k d}\right) \tag{4.55}$$

問4 コンデンサーの電気容量 C は $C = \dfrac{Q}{V}$ であるから，(4.55)式を用いて，

$$\frac{C}{C_0} = \left(1 - \frac{Q^2}{2\varepsilon_0 A k d}\right)^{-1}$$

問5 ばねに蓄えられた弾性エネルギーは，

$$U_m = \frac{1}{2}kx^2$$

コンデンサーに蓄えられた静電エネルギーは，

$$U_E = \frac{Q^2}{2C}$$

ゆえに，蓄えられた全エネルギーは，

$$U = U_\mathrm{m} + U_E = \frac{Q^2 d}{2\varepsilon_0 A}\left(1 - \frac{Q^2}{4\varepsilon_0 A k d}\right)$$

問 6 可動極板の変位 x は左向きを正とする。位置 x で各コンデンサーに蓄えられる電気量は，

$$Q_1 = C_1 V = \underline{\frac{\varepsilon_0 A V}{d-x}}, \quad Q_2 = C_2 V = \underline{\frac{\varepsilon_0 A V}{d+x}}$$

問 7 (4.53)式より，各極板間に作用する静電気力は，

$$F_1 = \frac{Q_1^2}{2\varepsilon_0 A}, \quad F_2 = \frac{Q_2^2}{2\varepsilon_0 A}$$

これら 2 力は，可動極板に逆向きに作用するから，

$$F_E = F_1 - F_2 \quad \therefore \quad F_E = \underline{\frac{\varepsilon_0 A V^2}{2}\left(\frac{1}{(d-x)^2} - \frac{1}{(d+x)^2}\right)}$$

問 8 $\dfrac{1}{(d-x)^2} = \dfrac{1}{d^2}\left(1-\dfrac{x}{d}\right)^{-2} \approx \dfrac{1}{d^2}\left(1+\dfrac{2x}{d}\right), \quad \dfrac{1}{(d+x)^2} \approx \dfrac{1}{d^2}\left(1-\dfrac{2x}{d}\right)$ と近似して，

$$F_E = \underline{\frac{2\varepsilon_0 A V^2}{d^3} x}$$

問 9 同じばね定数 k をもつ 2 つのばねによる弾性力は，

$$F_\mathrm{m} = -2kx$$

ばねの弾性力と電気力が逆向きになることに注意して，

$$F = F_\mathrm{m} + F_E$$

$$\therefore \quad F = -2\left(k - \frac{\varepsilon_0 A V^2}{d^3}\right)x \qquad (4.56)$$

これより，

$$k_\mathrm{e} = \underline{2\left(k - \frac{\varepsilon_0 A V^2}{d^3}\right)}$$

問 10 可動板の運動方程式は $F = Ma$ であり，合力 F に (4.56)式を代入して，

$$a = \underline{-\frac{2}{M}\left(k - \frac{\varepsilon_0 A V^2}{d^3}\right)x}$$

問11 図4.42のように電荷分布をとると，2つの閉回路に対するキルヒホッフの法則，および，回路の全電荷が0であることより，

$$\begin{cases} \dfrac{Q_S}{C_S}+V-\dfrac{Q_2}{C_2}=0 \\ -\dfrac{Q_S}{C_S}+V-\dfrac{Q_1}{C_1}=0 \\ Q_2-Q_1+Q_S=0 \end{cases}$$

上の3式より Q_1, Q_2 を消去し，$V_S=\dfrac{Q_S}{C_S}$ であることに注意して，

$$V_S=V\dfrac{C_1-C_2}{C_S+(C_1+C_2)}=V\dfrac{\dfrac{2\varepsilon_0 Ax}{d^2-x^2}}{C_S+\dfrac{2\varepsilon_0 Ad}{d^2-x^2}}$$

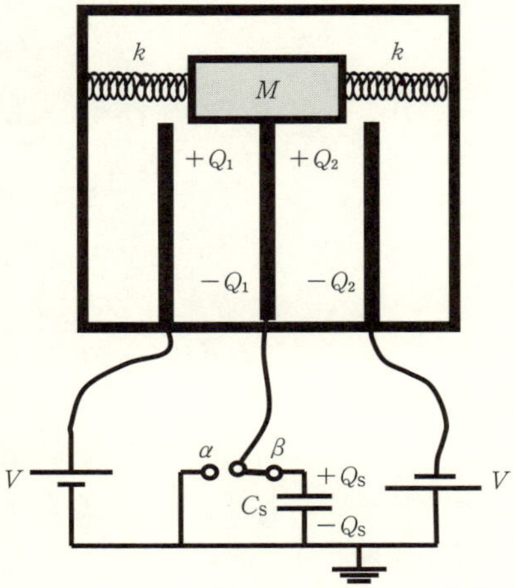

図4.42

問12 x^2 の項を無視して，

$$V_S=V\dfrac{2\varepsilon_0 Ax}{d^2 C_S+2\varepsilon_0 Ad} \tag{4.57}$$

問13 電気力と弾性力の大きさの比は，

$$\dfrac{F_E}{F_m}=\dfrac{\varepsilon_0 AV^2}{kd^3}=\underline{7.6\times 10^{-9}}$$

この結果から，弾性力に比べて，電気力が無視できることがわかる。

問14 慣性力 Ma が作用したとき，単振動する可動極板の振動中心の位置 x_0 は，力のつり合いの位置より，

$$Ma-2kx_0=0 \qquad \therefore\ x_0=\dfrac{Ma}{2k}$$

最大変位は，

$$x_{\max}=2x_0=\underline{\dfrac{Ma}{k}}$$

問15 加速度 a が，重力加速度 g に等しいとき，可動極板の変位は，

$$x_{\max} = \frac{Mg}{k}$$

これを，(4.57)式の x へ代入して，

$$V_S = V \frac{2\varepsilon_0 A M g}{(d^2 C_S + 2\varepsilon_0 A d)k}$$

このとき，$V_S = 0.15\,\mathrm{V}$ となればよいから，

$$C_S = \frac{2\varepsilon_0 A}{d}\left(\frac{VMg}{V_S dk} - 1\right) = \underline{8.0 \times 10^{-11}\,\mathrm{F}}$$

問 16 運転者の頭とハンドルの距離 l を，

$$l = 0.4\,\mathrm{m} \sim 1\,\mathrm{m}$$

と見積もる。大きな加速度がかかり始める瞬間，運転者の乗用車に対する相対初速度は 0 であるから，

$$l = \frac{1}{2}g t_1^2 \qquad \therefore\ t_1 = \sqrt{\frac{2l}{g}}$$

これより，

$$t_1 = \underline{0.3 \sim 0.5\,\mathrm{s}}$$

問 17 求める時間 t_2 は単振動の周期の半分であるから，

$$t_2 = \frac{T}{2} = \pi\sqrt{\frac{M}{2k}} = \underline{0.013\,\mathrm{s}}$$

$t_1 > t_2$ だから，エアーバッグが作動するのに<u>間に合う</u>。

●物理オリンピック OB の声 その②

　8月の物理チャレンジを終え，物理オリンピックの代表候補者に選ばれると10月から3月までの半年間，物理オリンピックに向けた研修に参加することになる。"物理漬け"と言っても過言ではないプログラムの中で，私が物理において議論が大切だと実感したのは春合宿に参加した時だった。そこでは，候補者があらかじめ解いてきた問題を他の候補者やスタッフの先生方の前で自ら解説するという理論セミナーというものがある。セミナーでは発表や聞き手との議論を通して自分の見落しや誤解に気付いたり新たな疑問が生まれたりすることもある。また合宿中は候補者同士の議論が夜遅くまで白熱することも多い。このような物理オリンピックへの挑戦の過程で経験したことはその時だけに留まらず時間をかけてゆっくりと消化され自己の成長につながっていると感じている。

5章 熱力学
Thermodynamics

——理論研究の主目的の一つは，対象が最も単純に見えるような観点をみつけることだ　(W. Gibbs)

――――基本コース――――

5.1 熱と温度

2種類の物体を接触させて十分に時間がたち，熱的につり合って変化しなくなった状態を**熱平衡状態**という。このとき，2つの物体の**温度**は等しいという。また，熱平衡状態で定まった値をもつ物理量を**状態量**という。気体の温度，圧力，体積などは状態量である。

(1) 経験的温度

日常的に用いられる温度は，1気圧の下で氷と水が熱平衡状態になり共存する温度を0℃，水と水蒸気が共存する温度を100℃として定義される。またその間を100等分してその温度差を1℃と定義する。100等分する際，標準になるものとして理想気体が用いられる。このようにして決める温度を**経験的温度**という。

(2) 1モルとアボガドロ数

0.012 kgの質量数12の炭素^{12}Cに含まれる原子数と同数の粒子からなる物質量を**1モル**と定義する。1モルの物質に含まれる原子や分子などの数は**アボガドロ数**とよばれ，

$$N_A = 6.02 \times 10^{23} \tag{5.1}$$

で与えられる。

(3) 理想気体の状態方程式

分子間の距離が大きく，分子どうしの衝突以外，分子間にはたらく力を無視

することができる気体を**理想気体**という。1気圧程度の空気などは密度が小さく希薄なので理想気体とみなすことができる。理想気体では温度が一定のとき，その圧力 p と体積 V の積は一定に保たれる。これを**ボイルの法則**という。ボイルの法則は実験的に定められた法則である。積 pV は気体の物質のモル数 n に比例する。そこで，1モルの気体で pV に比例する量として**絶対温度** T を定義し，その比例定数を**気体定数**とよび R で表す。そうすると，関係式

$$pV = nRT \tag{5.2}$$

が成り立つ。(5.2)式を**理想気体の状態方程式**という。絶対温度の単位は K で表して，単位の温度差は 1 K = 1 ℃ とする。理想気体を用いると，実験的に 0 ℃ を 273.15 K と定めることができる。このようにして決められる経験的温度としての絶対温度は，熱力学から厳密に定義される**熱力学的温度**と実質的な差異がないことが知られている。

(4) 熱量と熱容量

静止している物体でも，内部では原子や分子は不規則な運動をしており，温度が上昇すると，その運動は激しくなる。この運動を**熱運動**という。物体の温度変化は熱運動のエネルギーの移動によると考えられ，この熱運動のエネルギーを**熱量**という。熱量はエネルギーであるから仕事の単位 J（ジュール）で測られる。水 1 g を 1 ℃ 上昇させる熱量を 1 cal（カロリー）といい，1 cal = 4.2 J である。

物体の温度を 1 K 上昇させる熱量を**熱容量**といい，物体 1 kg を 1 K 上昇させる熱量を**比熱**という。したがって，比熱 c，質量 m の物体を温度 t だけ上昇させるのに必要な熱量 Q は，

$$Q = mct \tag{5.3}$$

と表される。

基本問題

問題1 熱の性質

次の問 1～問 7 の文の記述が，正しい場合は○，誤っている場合は×を記せ。

問1 断熱容器の中に入れた20℃の水に，その水と同じ質量の80℃の銅球を浸すと，熱平衡に達したときの水温は50℃になる。

問2 乾湿球湿度計の湿球の指示温度が乾球のそれより低いのは湿球の表面で水が蒸発しているからである。

問3 自転車のタイヤに空気を入れるとき，空気入れの筒が熱くなるのは主として断熱圧縮のためであって摩擦のためではない。

問4 容器に入れた一定量の理想気体を体積一定のまま加熱すると，加えられた熱はすべて内部エネルギーの増加分になる。

問5 一定量の気体の温度を1℃上昇させるのに必要な熱量は，体積一定で行うより，圧力一定で行う方が少なくてすむ。

問6 気体の絶対温度は，それを構成する分子の速さの平均値に比例する。

問7 体積一定の容器に入れた一定量の理想気体の圧力は，気体分子の平均運動エネルギーに比例する。

(第1チャレンジ理論問題)

解 答

問1 ×　問2 ○　問3 ○　問4 ○　問5 ×
問6 ×　問7 ○

解 説

問1 物質が熱を吸収すると，温度が上昇する。吸収する熱エネルギー Q と温度上昇 ΔT の間には，$Q = C\Delta T$ の関係があり，C は熱容量とよばれる。湯を沸かすとき，はじめの水の量が多いとなかなか沸かないことは経験的にも明らかなように，物質の量が多ければ熱容量は大きい。単位質量あたりの熱容量を比熱とよぶが，比熱は物質によって異なる。銅の比熱は水の半分以下なので，50℃より低い温度で熱平衡に達する。

問2 乾湿球湿度計というのは，同型の2個の温度計を並べ，一方の球部を湿った布で包んだものである。湿度が低いと水がよく蒸発し，湿球指示値の下がる程度が大きくなるので，湿度を知ることができる。水に限らず，液体が気体に変わるとき熱を奪う。これを気化熱という。

問3 熱伝導のない状態で気体を圧縮すると温度が上昇する。これは，圧縮のためにした仕事が，気体の内部エネルギーの増加になるからである。逆に断

熱膨張の際には温度が下がる。

問4 吸収熱量を Q，外部にする仕事を W とすれば，内部エネルギーの増加 ΔU は，熱力学第 1 法則より，$\Delta U = Q - W$ となる。気体の体積を一定に保つと，外部に仕事をしないので，ΔU と Q は等しい。

問5 内部エネルギーは温度だけで決まるので，どんな状態変化でも 1 ℃ の温度上昇のための内部エネルギー増加は等しい。圧力を一定に保ったときは，体積が増加するので，外部に仕事をする。熱力学第 1 法則より，$Q = \Delta U + W$ となり，同じ内部エネルギー増加，すなわち同じ温度上昇のために必要な熱量は多くなる。

問6 気体の状態の物質は分子同士が結合からはずれて，高速で飛び回っている。その運動エネルギーの平均値は絶対温度に比例する。速さ v の分子の運動エネルギーは $\frac{1}{2}mv^2$ で表されるので，「速さに比例する」のではなく，「速さの 2 乗に比例する」。

問7 理想気体においては圧力 p，体積 V，絶対温度 T の間にはモル数を n，気体定数を R として，$pV = nRT$ の関係がある。体積 V を一定に保つと，圧力 p と絶対温度 T は比例する。問 6 より，p は分子の運動エネルギーに比例することになる。

問題2 位置エネルギーを熱に変える

1 kg の銅粒の入った袋を高さ 1.5 m から初速 0 で堅い床に落下させる。この袋は床に衝突してもまったく跳ね返ることはない。この衝突によって，力学的エネルギーの 70 % が袋の中の銅粒に熱量として与えられるとする。この銅粒の温度を 5 K 上げるためにはこの袋をおよそ何回落下させなければならないか。もっとも適当なものを，次の①～④から 1 つ選べ。

ただし，重力加速度の大きさを 9.8 m/s^2，銅の比熱を 0.38 J/gK とする。また，銅は熱をよく伝えるので銅粒に与えられた熱は短時間のうちに袋の中の銅粒全体に伝わるものとする。

① 約 90 回 ② 約 130 回 ③ 約 190 回 ④ 約 1,800 回

(第 1 チャレンジ理論問題)

> 解　答

③

> 解　説

質量 m，高さ h の物体のもつ位置エネルギーは mgh である。この位置エネルギーは，落下により運動エネルギーに変わり，衝突によって原子が振動するエネルギーに変化する。これが熱エネルギーである。

求める回数を n 回とすると，与えられるエネルギーは，$E = n \times mgh \times 0.70$ であり，温度上昇に必要な熱量は，$Q = 0.38 \times 1000 \times 5$ である。

$E = Q$ より，$n = 185 \fallingdotseq \underline{190 \text{ 回}}$

問題3 理想気体の状態変化

理想気体の状態を A→B→C→D→A と変化させた。この変化に対応する気体の圧力 p と体積 V との関係は図 5.1 のグラフで表される。この変化に対応する気体の体積 V と温度 T との関係を表すグラフはどれか。もっとも適当なものを，図 5.2 の①～⑤の中から1つ選べ。

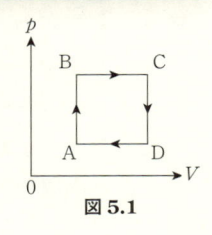

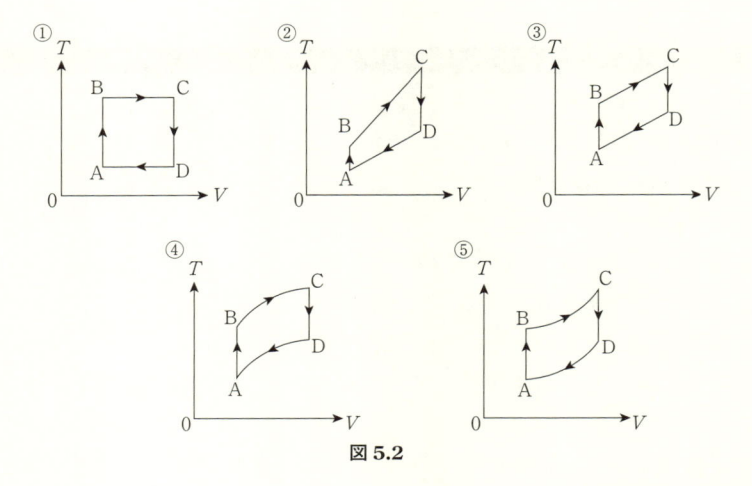

図 5.1

図 5.2

（第1チャレンジ理論問題）

<解答>

②

<解説>

理想気体の状態方程式 $pV=nRT$ は，n，R が定数なので，気体の状態を決める量 p，V，T の関係式と見ることができる。3つのうち2つが決まってしまえば，残りの1つの量も状態方程式から求めることができる。つまり，3つのうち2つが決まれば気体の状態が決まる，ということである。そのことを考えると，図5.1の p–V グラフ上の1点が気体の状態を表し，グラフ上の移動が，気体の状態変化を表すことがわかる。

A→Bでは，体積一定の過程なので，圧力 p と絶対温度 T は比例する。p が増大しているということは，V 一定で T が上昇していることになる。

B→Cでは圧力一定の過程なので，体積 V は絶対温度 T に比例する。

C→DではA→Bと逆で，V 一定で T が下降している。

D→AではB→Cと同様に体積 V は絶対温度 T に比例して減少し，出発点に戻ることになる。

②では，直線BCと直線ADが原点を通り，V と T は比例しているが，③では，直線BCと直線ADが原点を通らず，V と T は比例していない。

問題4 水をお茶より熱くする

図5.3のように，断熱性のよい容器A，Bと熱伝導性の高い容器C，Dがある。容器A，Bにはそれぞれ，80℃のお茶（ただし，比熱は水と等しいとする）1ℓと，20℃の水1ℓが入っている。容器A，Bは容器C，Dをその中に入れられる大きさで，中の液体がこぼれることはない。

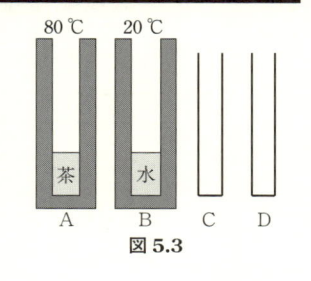

これらの容器は，次のような使い方ができる。

(1) 容器Bに入っている水をすべて容器Cに移し，容器Cを容器Aの中に入れる。

(2) 熱伝導によって，しばらくすると容器Aのお茶と容器Cの水の温度は等しくなる。このとき，

(移動する熱量) = (物質の量) × (比熱) × (温度変化)

とすると，
 (容器 A の中のお茶が放出した熱量) = (容器 C の中の水が吸収した熱量)
という関係が成り立つと考えられる。ただし，ここでは容器の温度変化のために吸収する熱量は考えないものとし，周囲の環境への熱の放出もないものとする。

容器 A～D を利用した熱伝導の過程だけを用いて，お茶と水を混ぜることなく，最終的な水全体の温度を最終的なお茶全体の温度より高くすることはできるだろうか。できるとすればその方法を，できないとすればその理由を述べよ。
(第1チャレンジ理論問題)

解答

できる。一例として，以下の手順で行えばよい。
① 容器 B の水を容器 C, D に半分ずつ分ける。
② 容器 C を容器 A の中に入れると，60℃になるので，水を容器 B に戻す。
③ 容器 D を容器 A の中に入れると，約 47℃になるので，水を容器 B に戻す。
④ 容器 B の水は約 53℃になり，容器 A のお茶は約 47℃になっている。

条件として示した，容器による熱の吸収や周囲への熱放出はないとした容器 A～D を用いた熱伝導だけで，上記のようなことが可能である。始めに分割するのがお茶でもよい。また，2等分でなくてもよい。

――――発展コース――――

5.2 気体分子運動論

気体の性質をミクロな視点で，気体分子の運動として理解しようというのが**気体分子運動論**である。気体分子の大きさを無視することができ，気体分子どうしの衝突以外に力ははたらかないとする理想気体を考える。気体分子どうしの衝突および分子と壁との衝突は完全弾性衝突で，壁から分子に摩擦もはたらかないとする。

(1) 気体による圧力

図 5.4 のような一辺 L の立方体容器の中に，絶対温度（以後，簡単に温度という）T の n モルの理想気体が入れられている。気体分子 1 個の質量は m であり，n モルの気体分子の個数を N とする。立方体の面 S に垂直に x 軸をとり，x 軸に垂直に y 軸，z 軸をとる。ある瞬間の 1 つの気体分子の速度を $\boldsymbol{v}=(v_x, v_y, v_z)$ とし，$v_x>0$ とする。この分子が面 S に弾性衝突した後の速度の x 成分は $-v_x$ となるから，この衝突で気体分子が面 S に与える力積の大きさは，

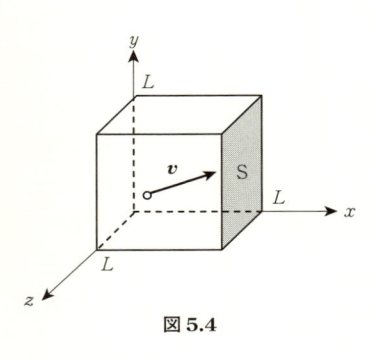

$$|m(-v_x)-mv_x|=2mv_x$$

となる。この分子が他の分子に衝突しないとすると，この分子は単位時間の間に x 軸方向に距離 v_x だけ進むから，この間にこの分子が面 S に衝突する回数は $v_x/2L$ である。気体分子が単位時間あたりに面 S に与える力積は，面 S が気体分子から受ける平均の力と考えられる。そうすると，面 S が上の気体分子から受ける平均の力の大きさ $\overline{f}$ は，

$$\overline{f}=\overline{2mv_x \cdot \frac{v_x}{2L}}=\frac{m\overline{v_x^2}}{L}$$

となる。ここで，$\overline{f}$，$\overline{v_x^2}$ などは全分子に関する平均値を表している。いま，この容器中には N 個の気体分子があるから，面 S が気体分子全体から受ける平均の力の大きさ $\overline{F}$ は，

$$\overline{F}=N\cdot\overline{f}=\frac{Nm\overline{v_x^2}}{L} \tag{5.4}$$

と書ける。

ここで，気体分子の速さの 2 乗平均 $\overline{v^2}$ は速度成分 (v_x, v_y, v_z) の 2 乗平均を用いて，

$$\overline{v^2}=\overline{v_x^2}+\overline{v_y^2}+\overline{v_z^2}$$

となる。一方，気体分子は乱雑な運動をしているから，x，y，z 軸のどの方向にも同じように運動していると考えられる。そうすると，

5.2 気体分子運動論

$$\overline{v_x^2}=\overline{v_y^2}=\overline{v_z^2}=\frac{1}{3}\overline{v^2} \tag{5.5}$$

が成り立つはずである．面Sが気体から受ける圧力pは(5.4), (5.5)式を用いて，

$$p=\frac{\overline{F}}{L^2}=\frac{Nm\overline{v^2}}{3L^3}=\frac{Nm\overline{v^2}}{3V} \tag{5.6}$$

と表される．ここで，$V=L^3$ は，立方体容器の体積であり，理想気体の体積である．

【例題】 温度 T の理想気体に対する状態方程式(5.2)を用いて，気体分子1個の平均運動エネルギーを求めよ．その際，気体定数 R とアボガドロ数 N_A の比として定義される**ボルツマン定数** $k_B \equiv R/N_A$ を用いよ．

[解] 立方体容器内の圧力を与える(5.6)式を理想気体の状態方程式(5.2)に代入すると，

$$\frac{1}{3}Nm\overline{v^2}=nRT$$

となる．ここで，n モルの気体の全分子数が $N=nN_A$ と表されること，および，ボルツマン定数を用いて，温度 T の気体分子1個の平均運動エネルギーは，

$$\frac{1}{2}m\overline{v^2}=\frac{3}{2}\frac{nR}{N}T=\underline{\frac{3}{2}k_B T} \tag{5.7}$$

と表されることがわかる．

【例題】 温度 $T=300\,\text{K}$ の空気分子の平均の速さ（2乗平均平方根速度 $\sqrt{\overline{v^2}}$）を求めよ．ただし，空気はほとんど酸素と窒素からなるが，近似的に1種類の気体分子からなるとし，その気体1モルの質量を30gとする．また気体定数を $R=8.3\,\text{J/K}$ とする．

[解] (5.7)式より，

$$\sqrt{\overline{v^2}}=\sqrt{\frac{3k_B T}{m}}=\sqrt{\frac{3RT}{N_A m}}=\sqrt{\frac{3\times 8.3\times 300}{30\times 10^{-3}}}=\underline{5.0\times 10^2\,\text{m/s}}$$

(2) 内部エネルギー

物体が全体としてもつ運動エネルギーや位置エネルギーを除いて，物体内部

の分子論的な変位や運動に関係したエネルギーを，その物体の**内部エネルギー**という。

1個の原子からなる単原子分子の理想気体の内部エネルギーには，分子の重心運動による並進運動エネルギーだけが含まれる。複数の原子からなる理想気体の分子には，並進運動エネルギーだけではなく，分子の重心のまわりの回転運動エネルギーや振動エネルギーが含まれる。

温度 T で n モルの単原子分子理想気体の内部エネルギー U は，(5.7)式より，全分子数 $N=nN_A$ を用いて，

$$U = \frac{3}{2}Nk_BT = \frac{3}{2}nRT \tag{5.8}$$

と表される。

5.3 熱力学第1法則

熱力学で最も重要な法則は，熱量をエネルギーと考えたときのエネルギー保存則を表す熱力学第1法則である。

(1) 準静的過程

系が熱平衡を保ちながら十分にゆっくり変化する過程を**準静的過程**という。準静的過程ではいつでも熱平衡が保たれているので，気体の圧力 p，体積 V，温度 T が決まり，気体の状態変化は，図5.5のような p-V 状態図で表される。準静的過程で変化した系は，準静的過程で元に戻すことができる。このように元に戻すことのできる性質を**可逆**という。準静的過程は**可逆過程**である。

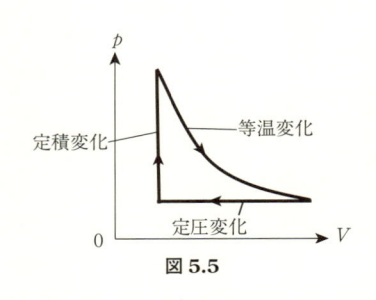

図5.5

(2) 熱力学第1法則

図5.6のように，例えばシリンダー内の気体に微小な熱量 $d'Q$ が加えられ，外部から仕事 $d'W$ がなされ，気体の内部エネルギーが dU だけ増加し

図5.6

たとすると，エネルギー保存則は，
$$dU = d'Q + d'W \tag{5.9}$$
と表される。ここで，$d'Q$ と $d'W$ にダッシュを付けたのは，これらの量は内部エネルギーなどの状態量とは異なり，自由に大きさを変化させることができる量であることを示すためである。(5.9)式で表される法則を**熱力学第1法則**という。

図5.7のように，断面積 S のシリンダー内の気体の圧力を p とする。ピストンの移動距離を dx とすると気体の体積変化は $dV = Sdx$ となるから，気体のされる仕事は，
$$d'W = -pSdx = -pdV$$
と書ける。これより，気体の体積が V_1 から V_2 まで変化する間に気体のされる仕事は，
$$W = -\int_{V_1}^{V_2} pdV \tag{5.10}$$
と表される。

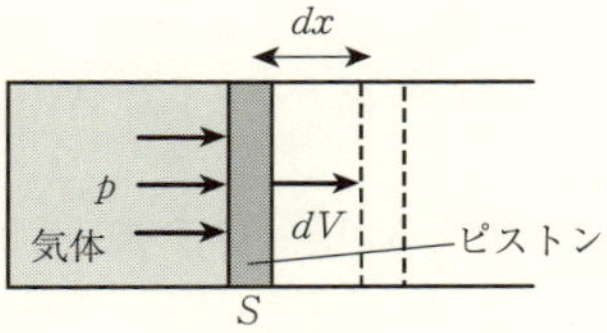

図5.7

気体分子間力の無視できる理想気体では，分子間距離はその内部エネルギーに影響を与えない。したがって，理想気体について次のことが成り立つ。

　　　　理想気体の内部エネルギー U は，温度 T のみで決まる

つまり，温度変化 ΔT が同じならば，その間に気体の体積がどのように変化しても内部エネルギーの変化は同じである。

【例題】　気体の体積を一定に保って，1モルの気体の温度を1K上昇させるのに必要な熱量 C_v を**定積モル比熱**，圧力を一定に保って温度を1K上昇させるのに必要な熱量 C_p を**定圧モル比熱**という。n モルの理想気体の定積変化，定圧変化を考えることにより，次の2つの関係式を導け。
$$dU = nC_v dT \tag{5.11}$$
$$C_p - C_v = R \tag{5.12}$$
(5.12)式は，**マイヤーの関係式**とよばれる。

[解]　まず，n モルの理想気体の体積を一定に保って熱量 $d'Q$ を加え，温度を dT だけ上昇させるとき，定積モル比熱の定義により，

$$d'Q = nC_v dT$$

の関係式が成り立つ。ここで，気体の体積は一定であるから，気体のされる仕事は0である。よって，熱力学第1法則(5.9)より，

$$dU = d'Q = nC_v dT$$

となり，(5.11)式が導かれる。ここで，内部エネルギーは温度 T だけで決まるから，**(5.11)式は定積変化に限らず，温度変化があれば，どのような変化でも成り立つ関係式である**ことに注意しよう。

次に，n モルの理想気体の圧力を一定に保って熱量 $d'Q$ を加え，温度を dT だけ上昇させる。気体の圧力を p，体積変化を dV とすると，熱力学第1法則は，

$$dU = d'Q - pdV \tag{5.13}$$

となるが，$d'Q$ を加える前後での状態方程式より，

$$\begin{cases} pV = nRT \\ p(V+dV) = nR(T+dT) \end{cases} \Rightarrow pdV = nRdT$$

が成り立つので，(5.13)式は，

$$dU = d'Q - nRdT \tag{5.14}$$

と書ける。一方，定圧モル比熱の定義より，

$$d'Q = nC_p dT \tag{5.15}$$

であり，定圧変化でも(5.11)式は成り立つから，(5.11)式，(5.15)式を(5.14)式に代入して(5.12)式を得る。

【例題】 微小な断熱変化を考察することにより，理想気体の準静的断熱過程で圧力 p，体積 V，温度 T の間に成り立つ関係式

$$pV^\gamma = \text{一定}, \quad TV^{\gamma-1} = \text{一定} \tag{5.16}$$

を導け。ここで，$\gamma = C_p/C_v$ は**比熱比**，(5.16)式は**ポアソンの関係式**とよばれる。

[解] n モルの理想気体が圧力 p，体積 V，温度 T の状態から，$p+dp$，$V+dV$，$T+dT$ の状態に断熱的に変化したとする。この変化の前後における理想気体の状態方程式は，

$$\begin{cases} pV = nRT \\ (p+dp)(V+dV) = nR(T+dT) \end{cases}$$

となり，これらの辺々の差をとり，微小量の2乗 $dp \cdot dV$ を落とすと，

$$pdV + Vdp = nRdT \tag{5.17}$$

となる。一方，断熱変化では $d'Q = 0$ であり，dU は(5.11)式で書けることから，熱力学第1法則は，

$$nC_v dT = -pdV \tag{5.18}$$

と表される．

(5.17)式，(5.18)式より ndT を消去すると，
$$\frac{C_v+R}{C_v}\frac{dV}{V}+\frac{dp}{p}=0 \;\Rightarrow\; \gamma\frac{dV}{V}+\frac{dp}{p}=0$$
となる．ここで，マイヤーの式(5.12)および γ の定義 $\gamma=C_p/C_v$ を用いた．この式の両辺を積分して積分定数を C とすると，
$$\log pV^\gamma = C$$
となり，(5.16)式の第1式を得る．この式と状態方程式 $pV=nRT$ から p を消去すれば，(5.16)式の第2式を得る．

発展問題

問題1 レーザー光を吸収する気体

図5.8のように，圧力 p_0 の実験室内で，内径（直径）が $2r$ で鉛直軸をもつシリンダーの中に，熱平衡状態にある n モルの分子性気体が入れられている．シリンダーのガラス製ピストン（質量 m）は自由に移動することができる．気体は漏れることなく，ピストンとシリンダーの壁の間には，ピストンに振動を起こさない程度の摩擦はあるが，それによるエネルギー損失は無視できる．気体は理想気体とみなすことができ，はじめ気体の温度は室温 T_0 に等しい．ピストンを含むシリンダーの壁の熱伝導と熱容量は非常に小さく，気体と外部の熱のやりとりは無視できる．

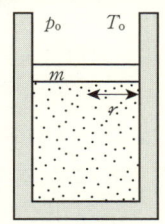

図5.8

ピストンを通して，一定の強度で波長 λ のレーザー光をシリンダー内に照射する．このレーザー光は空気とガラスを容易に透過するが，容器内の気体に完全に吸収される．レーザー光を吸収すると，気体分子は励起状態になり，すぐに赤外線を放射して基底状態に戻る．この赤外線は他の分子に吸収されたり，ピストンを含むシリンダーの壁で反射したりする．それゆえ，レーザーから放出されたエネルギーは短時間のうちに熱運動に変換され十分長い時間気体内にとどまる．

時間 Δt の間レーザー光を照射した後に，レーザーのスイッチをオフにする．そしてピストンの変位 Δs を測定する．重力加速度の大きさを g，気体定数を

R, 定積モル比熱を C_v とし, 下記のデータと, さらに必要ならば物理定数表の値を用いて, 指示にしたがって文字式あるいは数値で答えよ.

問1 レーザー光を照射した後の気体の温度（文字式と数値）と圧力（文字式と数値）を計算せよ.

問2 レーザー光を吸収する間の気体のする仕事（文字式と数値）を計算せよ.

問3 レーザー光を照射している間に気体が吸収するエネルギー（文字式と数値）を計算せよ.

問4 レーザーによって放射され, 気体によって吸収された単位時間あたりのエネルギー（文字式と数値）, および, 単位時間あたりこの過程で吸収される光子数（数値）を計算せよ. ただし, 波長 λ の光子1個のエネルギーは, プランク定数を h, 真空中の光速を c として, $\dfrac{hc}{\lambda}$ で与えられる.

問5 光エネルギーの, ガラス板の力学的位置エネルギーへの変換効率（文字式と数値）を計算せよ.

図 5.9 のように, シリンダー軸をゆっくりと $90°$ だけ回転させ, シリンダーを水平面上に置いた. ここでも, 気体とシリンダーの間の熱のやりとりは無視できる. 圧力 p, 体積 V の気体が準静的断熱変化をするとき, ポアソンの関係式 $pV^\gamma = $ 一定 が成り立つ. ここで, γ は定圧モル比熱と定積モル比熱の比であり, 比熱比とよばれる.

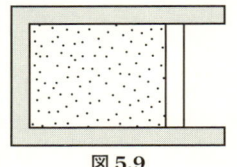

図 5.9

問6 このような回転をさせると, 気体の圧力と温度は変化するか. もし変化するならば, 回転後の圧力（文字式）と温度（数値）を求めよ. 変化しないのであればその理由を説明せよ.

データ
室内の圧力：$p_0 = 101$ kPa　　　室温：$T_0 = 20.0$ ℃
シリンダーの内径（内面の直径）：$2r = 100$ mm　　　ピストンの質量：$m = 800$ g
シリンダー内気体のモル数：$n = 0.100$ mol　　　照射時間：$\Delta t = 10.0$ s
レーザー光の波長：$\lambda = 514$ nm

気体の定積モル比熱：$C_v = 20.8$ J/mol·K
照射後のピストンの変位：$\Delta s = 30.0$ mm

物理定数と一般的なデータ
真空中の光速：$c = 3.00 \times 10^8$ m/s　　　気体定数：$R = 8.31$ J/mol·K
プランク定数：$h = 6.63 \times 10^{-34}$ J·s　　摂氏零度（0℃）：$T_K = 273$ K
地表面での標準重力加速度：$g = 9.81$ m/s^2

（IPhO イタリア大会理論問題）

解 答

問1 平衡状態でのシリンダー内の気体の圧力 p は，室内の気圧とピストンの重さによる圧力の和であるから，
$$p = p_0 + \frac{mg}{\pi r^2}$$
この圧力はレーザー光の照射前後で変わらない（定圧変化）。

はじめ気体の温度は室温 T_0 に等しい。理想気体の状態方程式より，はじめの気体の体積は $V_1 = \dfrac{nRT_0}{p}$ であり，ピストンのシリンダー底面からの高さは，
$$h_1 = \frac{V_1}{\pi r^2} = \frac{nRT_0}{p_0 \pi r^2 + mg}$$

照射後，ピストンの高さは $h_2 = h_1 + \Delta s$ となるから，シャルルの法則より，照射後の気体の温度は，
$$T_2 = T_0 \left(1 + \frac{\Delta s}{h_1}\right) = \underline{T_0 + \frac{\Delta s(p_0 \pi r^2 + mg)}{nR}}$$

数値を代入して，
$$p = \underline{1.02 \times 10^5 \text{ Pa}}, \quad T_2 = \underline{322 \text{ K}} = \underline{49 \text{ ℃}}$$

問2 定圧変化であるから，気体のする仕事は，
$$W = p \cdot \pi r^2 \Delta s = \underline{(p_0 \pi r^2 + mg)\Delta s = 24.0 \text{ J}}$$

問3 定圧モル比熱 $C_p = C_v + R$ を用いて，気体がレーザー光から吸収するエネルギーは，

$$Q = nC_p(T_2 - T_0) = n(C_v + R)\frac{\Delta s(p_0 \pi r^2 + mg)}{nR}$$

$$= \Delta s(p_0 \pi r^2 + mg)\left(1 + \frac{C_v}{R}\right) = \underline{84.2 \text{ J}}$$

問4 気体が単位時間あたり吸収するエネルギーは,

$$q = \frac{Q}{\Delta t} = (p_0 \pi r^2 + mg)\left(1 + \frac{C_v}{R}\right)\frac{\Delta s}{\Delta t} = \underline{8.42 \text{ W}}$$

光子のエネルギーは $\frac{hc}{\lambda}$ であるから単位時間あたりに吸収する光子数 N は,

$$N = \frac{q}{hc/\lambda} = \underline{2.18 \times 10^{19} \text{ 1/s}}$$

問5 変換効率 η は,

$$\eta = \frac{mg\Delta s}{Q} = \frac{1}{\left(1 + \frac{p_0 \pi r^2}{mg}\right)\left(1 + \frac{C_v}{R}\right)} = \underline{2.80 \times 10^{-3}} \approx \underline{0.3 \text{ \%}}$$

問6 気体の<u>圧力と温度はともに変化する</u>。

シリンダーをゆっくりと回転させて軸が水平になるとき, 圧力 p, 体積 V, 絶対温度 T の内部の気体は準静的断熱変化をする。このとき, $pV^\gamma =$ 一定 とボイル-シャルルの法則 $\frac{pV}{T} =$ 一定より,

$$p^{1-\gamma}T^\gamma = \text{一定}$$

の関係式が成り立つ。回転後のシリンダー内の気体の圧力は, 室内の気圧 $\underline{p_0}$ になるから, 回転後の気体の温度 T_3 は,

$$T_3 = T_2\left(\frac{p_0}{p}\right)^{\frac{\gamma-1}{\gamma}}$$

で与えられる。ここで, $\gamma = \frac{C_p}{C_v} = 1 + \frac{R}{C_v} = 1.40$ より,

$$T_3 = \underline{321 \text{ K}} = \underline{48 \text{ ℃}}$$

問題2 ブラウン運動

熱的現象としては, 平衡状態にかかわることと, 非平衡状態にかかわることとがある。平衡状態とは一様で変わらない状態である。気体に関する状態方程

発展問題

式がその典型例で，気体の圧力，体積，温度の間には一定の関係がある。また，混合物においては混ざり方は温度や圧力に依存し，おおよそ高温では2種類の物質はよく混ざり，低温になると分離する。特殊な溶液の場合に，逆のことも起こる。

　はじめに一様でない物質が次第に一様な平衡状態に近づいていく様子は，非平衡現象として日常目にするところである。高温物体を低温の環境の中で冷却する場合は，ニュートンの冷却の法則が知られており，温度差に比例して熱が移動する。混合物においては，高濃度のところから低濃度のところに物質が流出する。これを**拡散**とよぶ。このとき流出する量は，濃度差に比例すると考えられている。物質の拡散の背後には，物質が溶媒分子との衝突によってゆらいでいるということがある。この**ゆらぎ**について深い洞察をしたのがアインシュタインであった。また，最終的に到達する平衡状態というものも本当にすべてが静止した状態ではなく，互いに拮抗するゆらぎがバランスをとった状態である，ということも重要である。ここでは，アインシュタインが考察した溶液中の媒質の運動，すなわちブラウン運動について考えよう。

　水よりも密度が大きく水に溶けない粉末がある。この粉末を水に入れると，粉末は下降していくが，最終的に全部が底に溜まるのではなく，上部は薄く，下部は濃いという濃度分布となる。これはⅠで見るように，微粒子にはたらく力のつり合いで決まっている。さらに，アインシュタインは「このような微粒子の最終的な濃度分布は，重力によって下降する微粒子の流れの大きさと，濃度の濃い方から薄い方に拡散する流れの大きさが等しくなることによって決まる」と考えた。

　このように，同じ現象を力のつり合いと見る静的な見方と，2つの流れの大きさが等しくなるという動的な見方を組み合わせることによって，一見静かに見える現象の背後に分子の複雑な運動があることをアインシュタインは見抜き，1つの関係式を提案した。

　以下のⅠ～Ⅲでは，重力を考慮して，Ⅲで定義する水中の微粒子の拡散のはたらきを示す係数，すなわち拡散係数を求める。

　重力加速度の大きさを g とする。

I 微粒子の濃度と浸透圧

水中に薄く拡がっている微粒子は，理想気体の気体分子のように振る舞うことが知られている。気体定数を R とすると，1モルの理想気体について，圧力 p，体積 V，絶対温度 T との間に状態方程式 $pV=RT$ が成り立つが，同様に水の中の微粒子のみがもたらす圧力（これは**浸透圧**とよばれる）を p，体積 V 中の微粒子の数を N，アボガドロ数を N_A とすると，モル数は $\dfrac{N}{N_A}$ になるので，状態方程式 $pV=\dfrac{N}{N_A}RT$ が成り立つ。ここで，T は水温（絶対温度）である。

問1 単位体積中の微粒子の数（これは微粒子の濃度である）を $n=\dfrac{N}{V}$，ボルツマン定数を $k=\dfrac{R}{N_A}$ として，上記の微粒子について，p を k, n, T を用いて表せ。

微粒子の濃度と浸透圧は高さによって変化する。そこで，高さ h での濃度は n，浸透圧は p，$h+\Delta h$ での濃度は $n+\Delta n$，浸透圧は $p+\Delta p$ と表されるものとする。また，水温は高さによらず一定値 T であるとする。

問2 問1で得られた式から，高さ h と $h+\Delta h$ での浸透圧の圧力差 Δp を濃度差 Δn を用いて表せ。

さて，図5.10のように，この水中に，断面積 A，微小な高さ Δh （下底の高さ h，上底の高さ $h+\Delta h$）の直方体を考え，直方体内の微粒子（質量 m）にかかる力のつり合いを考える。

この直方体内の微粒子の集団には，重力，上方からの浸透圧による力，下方からの浸透圧による力の3力がはたらいていると考えられる。ここでは，微粒子の密度が十分大きいので，浮力は無視できる。

Δh は微小な高さであるから，この直方体内に

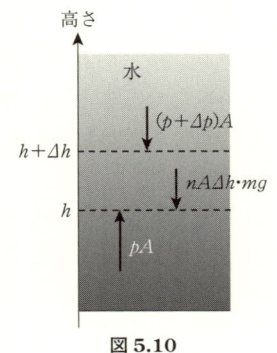

図5.10

ある微粒子の濃度 n は一定であると考えられ，直方体内の微粒子数は $nA\Delta h$ となる。こうしてこれらの微粒子にはたらく重力は $nA\Delta h \cdot mg$ と表される。直方体の上方から直方体内の微粒子にかかる浸透圧による力は $(p+\Delta p)A$ であり，下方から受ける浸透圧による力は pA である。

問3 直方体内の微粒子にはたらく力のつり合いより Δp を Δh を用いて表せ。

問4 問2と問3の結果を用いて，濃度勾配 $\dfrac{\Delta n}{\Delta h}$ を $g,\ k,\ m,\ n,\ T$ を用いて表せ。

こうした静的な見方では，実際に存在する微粒子の運動を議論できないが，II，IIIにおいて，それを測定する仕組みを考える。

II 微粒子の移動度

まず，鉛直に置かれた十分長い容器に水を入れてその中に微粒子を入れる。十分長いので底に溜まる効果は無視できる。このとき，水中で質量 m の微粒子が重力によって下降し，水からの抵抗力を受ける。抵抗力 F は速さ u に比例するというストークスの法則が知られていて，下降する速さ u に対して，$F=Cau$ となる。ここで，C は水の粘性で決まる定数であり，a は微粒子の半径である。このとき，微粒子に初速度を与えてもその速度は急速に一定値になる。一定値になったときの速さ u と重力 mg の間には $u=Bmg$ の関係がある。B を**移動度**とよぶことにする。

問5 移動度 B を a と C を用いて表せ。

これより，重力と粘性抵抗によって生じる微粒子の一定速度の下降の流れの量（水平な単位面積を単位時間に通過する微粒子の数）は $J=nu=nBmg$ と表される。

III 拡散係数とアインシュタインの関係式

さて，一般的に微粒子の濃度が位置 x によって異なる場合について考えよう。

位置 x における濃度を n，$x+\Delta x$ における濃度を $n+\Delta n$ とすると，濃度勾

配は $\frac{\Delta n}{\Delta x}$ で表される。図 5.11 のように，位置 x での拡散の流れの量 $J(x)$（面 x の左側の領域から右側の領域へ，単位時間に単位面積を通過する微粒子の数）は，この濃度勾配に比例し，濃度が大きいところから小さいところに向かって流れるので，

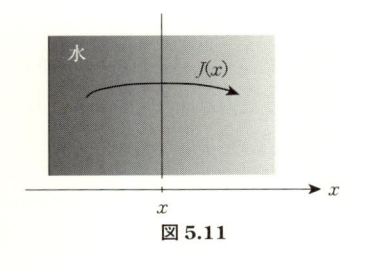

$$J(x) = -D\frac{\Delta n}{\Delta x} \tag{5.19}$$

図 5.11

と表される。この D を**拡散係数**とよぶ。

IIで説明した下降の流れの大きさと，下方から上方へ向かう拡散の流れの大きさとが等しくなり，Iで求めた濃度勾配が生じていると考えられる。

問 6 D と B の関係を，k, T を用いて表せ。

これを**アインシュタインの関係式**という。

問 7 20 ℃（絶対温度 293 K）の水中における半径 $1.0\,\mu\mathrm{m} = 1.0 \times 10^{-6}$ m の微粒子の拡散係数 D〔m²/s〕を，有効数字 2 桁で求めよ。

ただし，ボルツマン定数は，$k = 1.38 \times 10^{-23}$ J/K，水の粘性で決まる比例定数は，$C = 2.00 \times 10^{-2}$ Pa·s（20 ℃）である。

ここで求めた拡散係数は，微粒子に重力がはたらくかどうかによらない。

IV 水分子と衝突する微粒子

次に，微粒子の濃度分布に重力の効果が現れないように水平な容器に水を入れて，その中で微粒子が拡散する様子を観察する。その際，微粒子にはたらく重力は無視する。水平方向に x 軸をとる（図 5.12）。

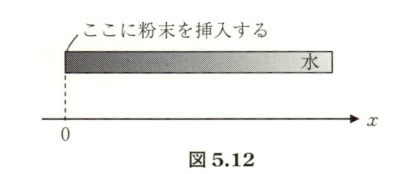

図 5.12

IIIで述べたように拡散の流れがなぜ濃度の勾配に比例するのかについて，もう少し考察しよう。実際には，微粒子は水分子と衝突をしていて運動の方向を変えている。微粒子の速さの平均値を $\bar{v}$ とする。時間 t_m だけたつと向きが不規則になってしまうと考えられる。$l = \bar{v} t_m$ は**平均自由行程**とよばれるもので，この距離の間はまっすぐ進むこと

ができる。

　位置 x における断面の単位面積あたり，単位時間に左の領域から右へ飛び込む微粒子の数は，速さ $\bar{v}$ と位置 $x-l/2$ での濃度 $n(x-l/2)$ の積に比例すると考えられる（図5.13）。

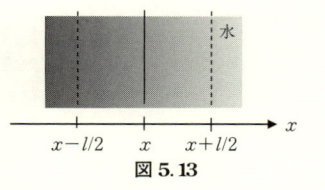

　さらに，微粒子の速度はいろいろな向きを向いているが，単純化して，x，y，z のそれぞれの正負方向に均等に運動していると仮定すると，全体の 1/6 が x 軸正方向に進んで断面を通過すると考えることができる。すると，単位面積あたり，単位時間に左の領域から右へ飛び込む微粒子の数は，$\dfrac{1}{6}\bar{v}n(x-l/2)$ と表される。同様に，右の領域から左へ飛び込む微粒子の数は，$\dfrac{1}{6}\bar{v}n(x+l/2)$ と表される。

　すると，位置 x での微粒子の流れの量 $J(x)$ は，左から右へ移動する微粒子の数と，右から左へ移動する微粒子の数の差と考えることができる。

問8 l が十分に小さいとき，

$$n(x-l/2)=n(x)-\frac{l}{2}\frac{\varDelta n}{\varDelta x},\quad n(x+l/2)=n(x)+\frac{l}{2}\frac{\varDelta n}{\varDelta x}$$

と表されることを用いて，拡散係数 D を l，$\bar{v}$ で表せ。

V　微粒子の広がり

　実際に1個の微粒子がどんな運動をするのか考えてみよう。時間 t の間に，微粒子は $N=\dfrac{t}{t_\mathrm{m}}$ 回，向きを変える。微粒子がその向きを i 回目に変えてから，$(i+1)$ 回目に変えるまでの変位の x 方向成分を $\varDelta x_i$ とすると，$(N+1)$ 回目に衝突をするときの位置 x は，

$$x=\varDelta x_1+\varDelta x_2+\cdots+\varDelta x_N=\sum_{i=1}^{N}\varDelta x_i \tag{5.20}$$

と表される。

　各変位の方向が不規則であることから，それぞれの変位 $\varDelta x_i$ の平均値は $\overline{\varDelta x_i}=0$ である。すなわち，時間 t たったときの変位は，平均すると 0 になる。

そこで，拡散のようすを知るために，変位の平均でなく変位の2乗を平均したものを考えることにしよう。

(5.20)式から，変位の2乗を平均したものは，

$$\overline{x^2} = \sum_{i=1}^{N} \overline{(\Delta x_i)^2} + \sum_{\substack{i,j \\ i \neq j}} \overline{\Delta x_i \Delta x_j} \tag{5.21}$$

となる。ここで，各変位の方向が独立で不規則であることを考えると，$\overline{(\Delta x_1)^2} = \overline{(\Delta x_2)^2} = \cdots = \overline{(\Delta x_N)^2} \neq 0$ であり，$\overline{\Delta x_i \Delta x_j} = \overline{\Delta x_i} \cdot \overline{\Delta x_j} = 0 \ (i \neq j)$ となる。

問9 時間 t の間の微粒子の変位の回数が $N = \dfrac{t}{t_m}$ と書けることを用いて，時間 t だけたったときの微粒子の x 方向への2乗平均変位 $\sqrt{\overline{x^2}}$ を拡散係数 D と時間 t を用いて表せ。

ただし，毎回の変位 Δx は独立であり，微粒子の速度の x 成分を v_x とすると，$\Delta x = v_x t_m$ と表される。また，微粒子にはたらく重力を無視するので，その x, y, z 方向への運動は同等であり，速度の y 成分を v_y，z 成分を v_z とすると，$\overline{v_x^2} + \overline{v_y^2} + \overline{v_z^2} = \overline{v^2}$ より，$\overline{v_x^2} = \overline{v_y^2} = \overline{v_z^2} = \dfrac{1}{3}\overline{v^2}$ と表される。また，$\overline{v} \fallingdotseq \sqrt{\overline{v^2}}$ を用いよ。

問10 これまでの議論から，容器に入れた水中の微粒子は，放っておけば，やがて容器全体に広がると考えられる。

長さ 10 cm の容器の端に挿入された半径 $1.0 \ \mu m = 1.0 \times 10^{-6}$ m の微粒子の粉末が容器の大きさ程度に広がるのに要する時間 t を，有効数字2桁で求めよ。

またこの結果から，かき混ぜることなしに，粉末が広がるようすを観察することが現実的であるかどうか述べよ。ただし，水温は 20 ℃ とする。

(第2チャレンジ理論問題)

解 答

問1 微粒子の濃度 n とボルツマン定数 k を用いて，状態方程式は，

$$p = \dfrac{N}{V}\dfrac{R}{N_A}T = nkT \quad \therefore \ p = \underline{nkT}$$

発展問題　159

問2　高度 h と $h+\Delta h$ での状態方程式は，それぞれ，
$$p = kTn, \quad p + \Delta p = kT(n + \Delta n)$$
となるから，これらより，
$$\Delta p = \underline{kT\Delta n}$$

問3　微粒子にはたらく力のつり合いは，
$$(p + \Delta p)A + nmg \cdot A\Delta h = pA \quad \therefore \ \Delta p = \underline{-nmg \cdot \Delta h}$$

問4　問2，問3の結果を用いて，
$$\frac{\Delta n}{\Delta h} = \underline{-\frac{nmg}{kT}}$$

問5　微粒子が一定速度で下降するとき，微粒子にはたらく重力と抵抗力がつり合うから，
$$mg = Cau = Ca \cdot Bmg \quad \therefore \ B = \underline{\frac{1}{Ca}} \tag{5.22}$$

問6　微粒子の濃度は容器の下方の方が濃いので，拡散の流れ $-D\dfrac{\Delta n}{\Delta h}$ は下方から上方へ向かう。上方への拡散の流れと一定速度の下降の流れ $J = nBmg$ が等しくなることより，問4の結果を用いて，
$$D\frac{nmg}{kT} = nBmg \quad \therefore \ \underline{D = kTB} \tag{5.23}$$

問7　(5.22), (5.23)式より，
$$D = \frac{1.38 \times 10^{-23} \times 293}{2.00 \times 10^{-2} \times 1.0 \times 10^{-6}} = \underline{2.0 \times 10^{-13}} \ \mathrm{m^2/s}$$

問8　位置 x における単位断面積あたり単位時間に，左の領域から右の領域へ移動する微粒子の数と右から左へ移動する微粒子の数の差である $J(x)$ は，
$$J(x) = \frac{1}{6}\bar{v}n(x - l/2) - \frac{1}{6}\bar{v}n(x + l/2)$$
$$= \frac{1}{6}\bar{v}\left\{\left(n(x) - \frac{l}{2} \cdot \frac{\Delta n}{\Delta x}\right) - \left(n(x) + \frac{l}{2} \cdot \frac{\Delta n}{\Delta x}\right)\right\}$$
$$= -\frac{1}{6}\bar{v}l\frac{\Delta n}{\Delta x}$$

これを(5.19)式と比較して，
$$D = \underline{\frac{1}{6}\bar{v}l}$$

問9 (5.21)式において，微粒子の変位は不規則であり，毎回変位は独立である。したがって，$\Delta x = v_x t_m$ と $\overline{v_x^2} = \overline{v_y^2} = \overline{v_z^2} = \frac{1}{3}\overline{v^2}$ より，

$$\overline{x^2} = N\overline{(\Delta x)^2} = N\overline{v_x^2}t_m^2 = \frac{1}{3}\frac{t}{t_m}\overline{v^2}t_m^2$$

また，$l = \bar{v}t_m \fallingdotseq \sqrt{\overline{v^2}}\,t_m$ および $6D = \bar{v}l \fallingdotseq \sqrt{\overline{v^2}}\,l$ を用いて，

$$\overline{x^2} = 2Dt \quad \therefore \sqrt{\overline{x^2}} = \underline{\sqrt{2Dt}}$$

(注) 例えば，$N=3$ のとき，(5.21)式は，

$$\overline{x^2} = \overline{(\Delta x_1 + \Delta x_2 + \Delta x_3)^2}$$
$$= \overline{(\Delta x_1)^2} + \overline{(\Delta x_2)^2} + \overline{(\Delta x_3)^2} + 2(\overline{\Delta x_1 \Delta x_2} + \overline{\Delta x_2 \Delta x_3} + \overline{\Delta x_3 \Delta x_1})$$

と表される。ここで，各変位の方向が独立で不規則であることから，

$$\overline{(\Delta x_1)^2} = \overline{(\Delta x_2)^2} = \overline{(\Delta x_3)^2} \neq 0$$

となるが，

$$\overline{\Delta x_1 \Delta x_2} = \overline{\Delta x_1} \cdot \overline{\Delta x_2} = 0$$
$$\overline{\Delta x_2 \Delta x_3} = \overline{\Delta x_2} \cdot \overline{\Delta x_3} = 0$$
$$\overline{\Delta x_3 \Delta x_1} = \overline{\Delta x_3} \cdot \overline{\Delta x_1} = 0$$

となる。

問10 問9の結果より，

$$t = \frac{\overline{x^2}}{2D}$$

ここで，微粒子の2乗平均変位 $\sqrt{\overline{x^2}}$ が 10 cm 程度になれば，微粒子は容器全体に広がると考えられる。そこで，$\sqrt{\overline{x^2}} = 10\text{ cm} = 0.10\text{ m}$，$D = 2.0 \times 10^{-13}\text{ m}^2/\text{s}$ として，

$$t = \frac{0.10^2}{2 \times 2.0 \times 10^{-13}} = \underline{2.5 \times 10^{10}\text{ s}} \fallingdotseq 790 \text{ 年}$$

この結果は，かき混ぜないかぎり粉末は容器全体にほとんど広がらないことを意味する。

問題3 界面で沸騰する2種類の液体

互いに溶解しない2つの液体A, Bについて考察しよう。

それらの飽和蒸気圧をそれぞれ p_A, p_B とすると，それらの比は，近似的に次式で表される。

$$\ln \frac{p_A}{p_0} = \frac{\alpha_A}{T} + \beta_A, \quad \ln \frac{p_B}{p_0} = \frac{\alpha_B}{T} + \beta_B \tag{5.24}$$

ここで，p_0 は標準大気圧，T は蒸気の絶対温度，α_A, α_B と β_A, β_B はそれぞれ，液体A, Bに固有の定数を表す。また，記号 ln は自然対数，すなわち，$e = 2.7182818\cdots$ を底とする対数を表す。

温度40℃および90℃における液体AとBについての比，p_A/p_0, p_B/p_0 の値は，表5.1で与えられる。0℃は273.15 Kとする。

表5.1

T [℃]	p_A/p_0	p_B/p_0
40	0.284	0.07278
90	1.476	0.6918

（これらの値の誤差は無視できる）

問1 圧力 p_0 における液体AおよびBの沸点を求めよ。

液体AおよびBを容器に注ぐと，図5.14のように層が形成された。液体Bの表面には，非揮発性の液体C（液体A, Bに対して互いに溶解しない）の薄い層で覆われており，液体Bの上面からの自然蒸発はCによって妨げられる。液体AおよびBの分子量の比（気相における）は，

$$\gamma = \mu_A / \mu_B = 8$$

である。

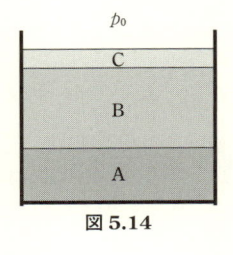

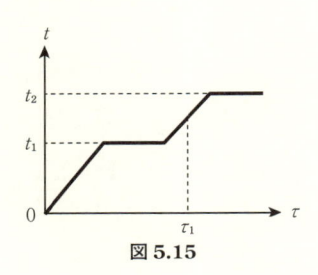

図5.14

図5.15

液体 A と B の質量は，はじめは等しく $m=100\,\mathrm{g}$ であった。容器における層の高さ，および，液体の密度は十分小さいので，すべての点における液体の圧力は標準気圧 p_0 に等しいとみなせる。容器内の液体系は，ゆっくりと一様に加熱される。液体の温度 t は，図 5.15 においておおよそ示されるように，時間 τ とともに変化したことが確かめられた。

問 2 グラフの水平部分と一致する温度 t_1, t_2, および，時間 τ_1 における液体 A と B の質量を求めよ。

　温度の数値は，℃ 単位で近似的に求め，液体の質量は $0.1\,\mathrm{g}$ まで求めよ。
　ただし，次のことを仮定せよ。
① 液体の蒸気は，「気体の混合物の圧力は，形成する気体の分圧の和に等しい」というドルトンの法則にしたがう。
② 飽和蒸気圧に一致するまでは，液体の蒸気は，完全気体（理想気体）とみなす。
　　　　　　　　　　　　　　　　　　　　　　　　　　（IPhO ルーマニア大会理論問題）

解 答

問 1 液体はその飽和蒸気圧が外気圧に等しくなったときに沸騰する。したがって，液体 A, B の沸点を見いだすには，$\dfrac{p_\mathrm{A}}{p_0}=1$, $\dfrac{p_\mathrm{B}}{p_0}=1$ となるようなそれぞれの絶対温度 T_bA, T_bB（または摂氏温度 t_bA, t_bB）を決めればよい。

　液体 A については，$\ln\dfrac{p_\mathrm{A}}{p_0}=0$ より，

$$T_\mathrm{bA}=-\frac{\alpha_\mathrm{A}}{\beta_\mathrm{A}}$$

(5.24)式および表 5.1 より，

$$\ln 0.284 = \frac{\alpha_\mathrm{A}}{40+273.15}+\beta_\mathrm{A}$$

$$\ln 1.476 = \frac{\alpha_\mathrm{A}}{90+273.15}+\beta_\mathrm{A}$$

これらの式の辺々を引き算して，

$$\ln 0.284 - \ln 1.476 = \alpha_\mathrm{A}\left(\frac{1}{40+273.15}-\frac{1}{90+273.15}\right)$$

$$\therefore \alpha_A = \frac{\ln \frac{0.284}{1.476}}{\frac{1}{40+273.15} - \frac{1}{90+273.15}} \approx -3748.49 \text{ K}$$

また，

$$\beta_A = \ln 0.284 - \frac{\alpha_A}{40+273.15} \approx 10.711$$

したがって，液体 A の沸点は，

$$T_{bA} = \frac{3748.49}{10.711} \approx \underline{349.97 \text{ K}}$$

摂氏温度での液体 A の沸点は，

$$t_{bA} = 349.97 - 273.15 = 76.82 \approx \underline{77 \text{ ℃}}$$

液体 B についても同様にして，

$$\alpha_B \approx -5121.64 \text{ K}, \quad \beta_B \approx 13.735$$
$$T_{bB} \approx \underline{372.89 \text{ K}}, \quad t_{bB} \approx 99.74 \text{ ℃} \approx \underline{100 \text{ ℃}}$$

問 2 液体 A, B は互いに熱的に接触しているので，温度は同時に同じように上昇する。

加熱のはじめ，グラフの左側の傾斜部分においては，蒸発は起こりえない。また，液体 C の層のため，液体の B の上面からの自然蒸発は不可能である。以下，系の内部からの蒸発を考察する。

液体 A 内部，または液体 B 内部，もしくはそれらの境界面上で形成された気泡について考察しよう。そのような気泡はゆらぎその他，ここで分析されないであろう多くの他の理由のために形成され得る。

気泡は内圧が外圧 p_0 に等しいとき（または p_0 よりわずかに大きいとき）のみ，系から脱出し得る。そうでなければ，気泡はつぶれてしまうであろう。

液体 A および液体 B 内部で生じた気泡の内圧は，それぞれ液体 A, B の飽和蒸気圧に等しい。しかし，液体 A と液体 B の境界面で生じた気泡の内圧は，液体 A, B に同時に接しているので，それぞれの液体の飽和蒸気圧の和に等しい。このような場合，気泡の内圧は液体 A, B のそれぞれの飽和蒸気圧（同じ温度における）よりも大きい。

したがって，系が加熱されるとき，圧力 p_0 にはじめに達するのは，液体の境界面で発生した気泡である。このように，温度 t_1 は両者が直接接触し

ている場所で起きる通常の沸騰と一致する。液体 A および B の飽和蒸気圧が p_0 より小さい（その和が p_0 に等しく，それぞれが 0 より大きい）ので，温度 t_1 は液体 A および B の沸点よりも確かに低い。

温度 t のいくつかの値から，液体 A および B の飽和蒸気圧の和の値を計算し，その値が p_0 に達する温度 t_1 を求める。(5.24)式より，

$$\frac{p_A}{p_0} = e^{\frac{\alpha_A}{T} + \beta_A}, \quad \frac{p_B}{p_0} = e^{\frac{\alpha_B}{T} + \beta_B} \tag{5.25}$$

$p_A + p_B$ が p_0 に等しいとすると，

$$\frac{p_A}{p_0} + \frac{p_B}{p_0} = 1$$

そこで，以下の関数を考える。ここで，$t_0 = 273.15$ K である。

$$y(t) = e^{\frac{\alpha_A}{t+t_0} + \beta_A} + e^{\frac{\alpha_B}{t+t_0} + \beta_B}$$

$y(t) = 1$ となるような温度 t_1 を決定しなければならない。関数 $y(t)$ を計算するとき，温度 t の間隔は適当に分割して，結果が 1 より大きいか小さいかを見ればよい。その結果，以下のようになる。

表 5.2

t	$y(t)$
40 ℃	< 1（表 5.1 より）
77 ℃	> 1（t_1 が t_{bA} より小さい）
59 ℃	0.748 < 1
70 ℃	1.112 > 1
66 ℃	0.966 < 1
67 ℃	1.001 > 1
66.5 ℃	0.983 < 1

したがって，$t_1 \approx \underline{67\ ℃}$ である。

では，液体 A，B の $t_1 \approx 67$ ℃ における飽和蒸気圧，すなわち，境界面で発生したそれぞれの気泡の A，B の飽和蒸気圧を計算しよう。

(5.25)式から，

$$p_A \approx 0.734 p_0, \quad p_B \approx 0.267 p_0$$
$$(p_A + p_B = 1.001 p_0 \approx p_0)$$

これらの圧力は温度のみに依存し，したがって，気泡が液体 B を通過する間一定である。この間，気泡の体積も $p_A + p_B = p_0$ の関係を崩すことなし

に変わることはない。このことから，液体 A と B のそれぞれの気泡における飽和蒸気の質量比が同じであることがわかる。液体 A，B がこの系に存在する限り，この結論は妥当であり続ける。液体の一方が完全に気化したのち，系の温度は再び上昇する（グラフの 2 つめの傾斜である）。しかしその後，系の質量は，温度の値が容器に残っている液体の沸騰が始まる温度 t_2 に達するまで一定を保つ。したがって，温度 t_2（グラフの高い方の水平部分の値）は容器に残っている液体の沸点に一致する。

温度 t_1 において系から出ていった液体 A，B の気泡の飽和蒸気の質量比 m_A/m_B は，これらの蒸気の密度の比 ρ_A/ρ_B に等しい。蒸気が理想気体と見なせるという仮定②にしたがえば，最終的な比は，飽和蒸気圧と分子量の積の比に等しい(注)。すなわち，

$$\frac{m_A}{m_B} = \frac{\rho_A}{\rho_B} = \frac{p_A \mu_A}{p_B \mu_B} = \frac{p_A}{p_B}\gamma$$

したがって，

$$\frac{m_A}{m_B} \approx 22.0$$

このことから，液体 A は液体 B の 22 倍速く蒸発することがわかる。温度 t_1 での"境界面沸騰"の間，液体 A が 100 g 気化するから，液体 B は 100 g/22≈4.5 g 蒸発すると言える。したがって，時刻 τ_1 において，容器には<u>液体 B が 95.5 g</u> 残っている（<u>液体 A の質量は 0 g</u>）。温度 t_2 は液体 B の沸点に等しい。すなわち，$t_2 = \underline{100\,℃}$ である。

(注) 質量 m の理想気体（1 モルの質量すなわち分子量は μ）の圧力が p，体積が V，絶対温度が T のとき，気体定数を R とすると，状態方程式は，

$$pV = \frac{m}{\mu}RT$$

と書ける。これより，気体の密度 ρ は，

$$\rho = \frac{m}{V} = \frac{p\mu}{RT}$$

となり，温度 T が等しいとき，

$$\rho \propto p\mu$$

となる。

●物理の故郷・岡山

2年に1度,物理チャレンジが岡山の閑谷学校で開かれる。なぜ岡山？実は岡山には近代物理学の父とよばれる仁科芳雄の故郷,里庄町がある。仁科は近代物理学の夜明け前にイギリスに渡り,当時量子論創成に熱心であったコペンハーゲンのニールス・ボーアに指導を受けた。そこで様々な人と交わりながら研究を進め,「クライン-仁科の散乱公式」などを導いた。広島・長崎に投下された新型爆弾が原爆であると,戦後真っ先に推測したのも彼であった。仁科は自分の研究ばかりでなく,朝永振一郎をはじめとする多くの物理学者も育てた。

また,江戸時代に岡山の池田藩には当時珍しい庶民のための学校,「閑谷学校」が作られ,今も国宝として保存されている。江戸の学び舎としての伝統を脈々と受け継いできた閑谷学校は,岡山の教育現場の象徴でもある。

仁科芳雄の胸像

6章 現代物理
Modern physics

――常識とは，人が18歳になるまでに集めた偏見のコレクションである　（A. Einstein）

基本問題

問題1　一般相対論の検証実験

　放射線の一種であるガンマ線は，原子核がエネルギーの高い状態から低い状態に移るときに放出される波長の短い電磁波（光）である。光は波であると同時に粒子の性質をもち，光子とよばれる。振動数 ν の光子のエネルギーは，プランク定数を h として，$h\nu$ で表される。また，その運動量は光速度を c として，$\dfrac{h\nu}{c}$ で表される。質量 m，速度 v で運動する物質粒子の運動量は mv であるが，光子は質量をもたないにもかかわらず，運動量をもつ粒子としてふるまうのである。

　図6.1(a)のように，原子核のエネルギー状態が高い E_H から低い E_L に移るときに放出される光子のエネルギーは，$h\nu_0 = E_H - E_L$ である。逆に，図6.1(b)のように，エネルギー状態が低い E_L にある原子核が E_H との差にちょうど等しいエネルギーの光子に出会うと，その光子を吸収して，E_H のエネルギー状態に上がることができる。これを**共鳴吸収**という。ところが，ある原子核が E_H から E_L に移るときに放出された光子が，エネルギー状態が E_L である近くにある他の原子核に到達しても，この共鳴吸収はなかなか起こらない。

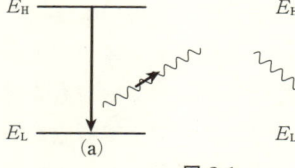

図6.1

問1　図6.2に示すように，質量 M の原子核がガンマ線を放出すると，運動量保存則より，原子核はガンマ線と逆向きの運動量を得て，はじき飛ばされることになる。はじめに静止していた放射性原子核から放出されたガンマ線

の振動数が ν だとすると，放出後の原子核の速さはいくらか。

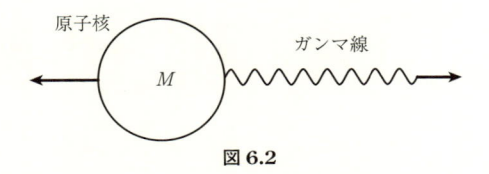

図6.2

問2 このとき，ガンマ線を放出した原子核の運動エネルギーはいくらか。

問3 この原子核のエネルギー状態が，E_H から E_L に移るときに放出される光子のエネルギー $h\nu$ は，$h\nu_0$ よりも問2のエネルギー分だけ減少し，振動数 ν は振動数 ν_0 よりわずかに小さくなる。

光子のエネルギーは原子核がはじき飛ばされないとしたときに比べて，およそ何分の1だけ減少していることになるか。$h\nu \fallingdotseq h\nu_0$ として計算してよい。ただし，原子核の質量 M と振動数 ν には $\dfrac{h\nu}{Mc^2} = \dfrac{1}{4 \times 10^6}$ の関係があるとする。

上で考えたわずかなエネルギーの減少でも共鳴吸収が起こりにくくなる。しかし，放射性原子核をもつ多数の原子が強く化学結合して結晶をつくっていれば，はじき飛ばされず，このようなエネルギー変化はないので，共鳴吸収が起こりやすい。この現象をメスバウアー効果という。

また，強く化学結合していても放射線源あるいは吸収体が運動していると，ドップラー効果によって共鳴吸収が妨げられることがある。ドップラー効果は，音源または観測者が運動するとき振動数が変わって聞こえる現象として知られている。この現象は光にも起きる。このため，ドップラー効果によって，共鳴吸収の起こる条件が変わる。

そこで，光のドップラー効果について考えてみる。

音の場合，振動数 ν_0 の音源が速度 v で近づくとき，音速を V とすると，その音は，

$$\nu = \frac{1}{1-(v/V)} \nu_0 \tag{6.1}$$

の振動数で観測される。また，観測者が速さ v で運動するときには音の相対速

度が変化するので，この場合にも観測される振動数は変化し，
$$\nu = \left(1 + \frac{v}{V}\right)\nu_0$$
となる。

　しかし光の場合，光速度不変の原理により，運動する観測者にとっても光速度は変わらない。したがって，光のドップラー効果は観測者と光源との相対速度だけで決まる。

　振動数 ν_0 の光源が速度 v で近づくとき，v が光速度 c に比べて十分小さければ，(6.1)式と同じ形の式
$$\nu = \frac{1}{1-(v/c)}\nu_0 \tag{6.2}$$
を用いて差し支えない。ただし，v が光速度に近づいてくると，特殊相対性理論による効果で，光源の時間の進み方が観測者の時間の進み方より遅くなり，$\sqrt{1-(v/c)^2}$ 倍になる。したがって，観測される振動数は，(6.2)式を $\sqrt{1-(v/c)^2}$ 倍して，
$$\nu = \frac{\sqrt{1-(v/c)^2}}{1-(v/c)}\nu_0 \tag{6.3}$$
となる。(6.3)式は変形して，
$$\nu = \sqrt{\frac{1+(v/c)}{1-(v/c)}}\nu_0 \tag{6.4}$$
と表すことができる。

　ガンマ線の振動数の変化は，重力による効果でも生じる。高いところから発した光子を地表で観測するとエネルギーが増加し，振動数が大きくなっている。光子は質量をもたないので，万有引力の法則では説明がつかない。これは，一般相対性理論で説明される。地表の方が高いところよりも時間の進み方が遅くなっているためである。この一般相対性理論の効果を計算してみよう。加速度運動する観測者は，加速度と逆向きに慣性力を感じる。自由落下すると，慣性力が重力を打ち消して，重力のない世界にいるのと同じことになるので，この観測者は一般相対論の効果を感じないことに注意して次の問いに答えよ。

問4 高さ H で発した振動数 ν_0 の光を地上で検出する過程を，自由落下している人が解釈することを考える。高さ H で $t=0$ の瞬間に発した光が地上に

到達するまでの時間は，$t=\dfrac{H}{c}$ である。一方，自由落下する人がその間に得た速さは重力加速度を g とすれば，$v=\dfrac{gH}{c}$ である。$t=0$ で静止していた光源から発射された光が地表に達した瞬間，自由落下する人には地表での観測者が $v=\dfrac{gH}{c}$ で「上昇」していると見える。そのために，重力による効果ではなく，ドップラー効果によって振動数が大きくなっていると解釈するだろう。

(6.4)式を用いて，元の振動数 ν_0 に対する振動数増加の割合 $\dfrac{\Delta\nu}{\nu_0}$ を求めよ。

ただし $1\gg\dfrac{v}{c}$ として，$1\gg x$ のとき，$\dfrac{1}{1-x}\fallingdotseq 1+x$ という近似を用いよ。

1960年，パウンドとレブカはこの振動数の変化を高低差 22 m による実験で測定した。放射線源を振動させて，ドップラー効果が重力による振動数変化を打ち消すようにして，メスバウアー効果による吸収を起こさせたのである。このことによって，一般相対性理論の正しさが立証された。

(第1チャレンジ理論問題)

解 答

問1 放出後の原子核の速さを v として，運動量保存則より，
$$Mv-\frac{h\nu}{c}=0 \quad \therefore\ v=\underline{\frac{h\nu}{Mc}}$$

問2 原子核の運動エネルギーは，
$$K=\frac{1}{2}Mv^2=\frac{1}{2}M\left(\frac{h\nu}{Mc}\right)^2=\underline{\frac{(h\nu)^2}{2Mc^2}}$$

問3 $E=h\nu_0$ に対する K の比を求めると，
$$\frac{K}{E}=\frac{(h\nu)^2/2Mc^2}{h\nu_0}\approx\frac{h\nu}{2Mc^2}=\frac{1}{2}\times\frac{1}{4\times 10^6}=\underline{\frac{1}{8\times 10^6}}$$

問4 (6.4)式より，
$$\nu=\sqrt{\frac{1+(v/c)}{1-(v/c)}}\,\nu_0\approx\sqrt{\left(1+\frac{v}{c}\right)^2}\,\nu_0=\left(1+\frac{v}{c}\right)\nu_0$$

したがって，求める割合は，

$$\frac{\Delta \nu}{\nu_0} = \frac{\nu - \nu_0}{\nu_0} = \frac{(v/c)\nu_0}{\nu_0} = \frac{v}{c} = \underline{\frac{gH}{c^2}}$$

発展問題

問題1 特殊相対論の思考実験

アインシュタインの特殊相対論によると，動いている汽車に乗っている人の時計と線路脇に立っている人の時計のように2つの時計の位置が相対的に変化する場合には，針の進み方が違うという。はじめに，その理論の基本的な関係式を導く。以下で地面に対して等速運動する台車の上で音や光を発生させるという実験について考察するが，そのときの時刻や座標は，地面に固定された時計と物差しで測ったものは t, x などのように表し，台車の上に固定された時計と物差しで測ったものは，t', x' のように「′」を付けて区別して表すことにする。

I 開かれた空間における音波

最初に，空気を媒体として伝わる音波について考える。なお，IとIIにおいては，光は瞬間的に伝わるものとする。

図6.3のように，2台の台車が堅くて細い棒で間隔を一定に保ったまま x 軸上を一定の速度 v で右に向かって走っている。2台の台車にはそれぞれスピーカーが取り付けてあり，その間隔を L とする。左のスピーカーが点Oを通過したとき，そこから音のパルスを発生させ，同時にそれを知らせるために左の電球を瞬間的に光らせる。その時刻を地面に固定された時計で $t=0$ とする。また，地面に固定された物差しの端はOにおき，そこを $x=0$ とする。右の台車上の人はこの音のパルスを聞くと，それを知らせるために右の電球を瞬間的に光らせ，同時に，右のスピーカーから音のパルスを発生させる。左の台車の人は右から来た音を聞いたとき，ふたたび左の電球を瞬間的に光らせる。ただし，台車が走ると周囲の空気が乱されるが，音が伝わる空間の空気の大部分は地面に対して静止しており，そのため，2つのスピーカーの間を音波は地面に対して一定の速さ V で進むものとする。また，IとIIの両方の問題で，$v<V$

とする．この様子を地上に立っている人が地面に固定された時計と物差しを使って観察し，記録したとする．

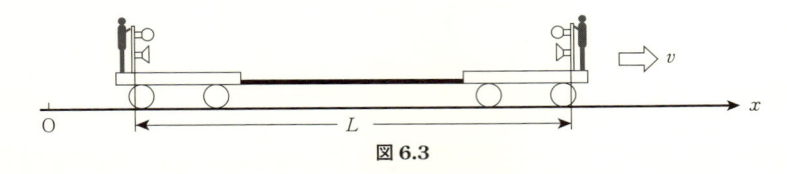

図 6.3

問 1 地上に立っている人が右の電球が光ったことを観察した時刻を t_1 とすると，

$$t_1 = \frac{L}{V-v}$$

となることを証明せよ．

問 2 この人が2回目に左の電球が光ったことを観察した時刻 t_2 を L, V, v を使って表せ．

II 閉じられた空間における音波

次に，図 6.4 のように，連結された2台の台車の上に密閉した長い箱を載せて，全体を一定の速さ v で右の方へ動かしながら同様の実験をした．箱に閉じ込められた空気は台車に対して静止しているので，音波は箱の中を台車に対して速さ V で伝わる．この実験の様子を台車の上の人が台車に固定された時計と物差しを使って観察したとする．ただし，左のスピーカーから音のパルスが出たとき台車に固定された時計は $t'=0$ を指し，台車に固定された物差しの $x'=0$ の目盛りは左のスピーカーの位置にあったとする．

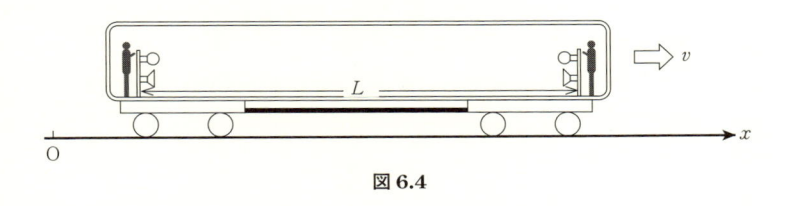

図 6.4

問 3 右の電球が光ったとき，台車の上の時計は t_1' を指していたとする．t_1' を L, V, v のすべてまたはその一部を使って表せ．

問4 2回目に左の電球が光ったとき，台車の上の時計の針は t_2' を指していたとする。$t_2' - t_1'$ を上と同様に表せ。

問5 左のスピーカーから音が出た時刻を地面の上に固定された時計の時刻で $t=0$ とする。また，このときのスピーカーの位置を地面に固定された物差しで $x=0$ とする。これらの時計と物差しで測った量を使って右の電球が光った時刻 t_1 を計算し，それが t_1' に等しいことを導け。

III 光波を使った思考実験1

問5の結果は，台車に固定された時計と地面に固定された時計はいつも同じ時刻を指していたことを意味する。ところが，アインシュタインは，厳密に言うとこれが正しくないということを音波の代わりに光波を使った思考実験によって示した。

図6.5のように，真空中を速さ v で右に動く台車の一方の端に電球を置き他方の端に鏡を置く。電球と鏡の間の距離は，地上に置いた物差しで測ったところ L であった。電球を短時間光らせると光のパルスが右に進み，鏡に反射されて左の端に戻ってくる。音の速さ V は静止した媒質に対する速さだから，地面に対する速さと台車に対する速さは異なる。それに対して，アインシュタインは，電球と鏡の間を行き来する光の速さは，地面に固定された時計と物差しを使って測っても台車に固定された時計と物差しを使って測っても，同じでなくてはならないと考えた。この速さを c とする。c の値は 3.0×10^8 m/s である。

以下では，電球が光ったときを $t = t' = 0$ とし，そのときの電球の位置を $x = x' = 0$ とする。

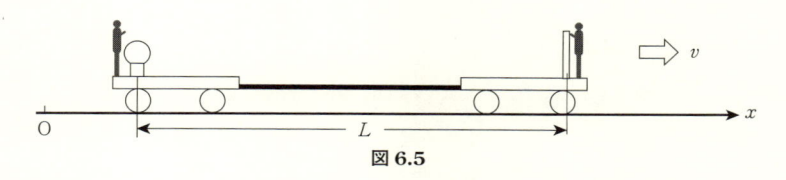

図6.5

問6 電球から出た光が右の鏡に着いたとき，地面に固定した時計は t_1 を指していた。t_1 を L, v, c を使って表せ。

問7 光が鏡で反射されて電球のところに戻ってきたとき,地面に固定した時計は t_2 を指していた。t_2 を L, v, c を使って表せ。

Ⅳ 光波を使った思考実験2

電球から出た光は一定の速さ c で台車の上を往復したのだから,$t'=0$ に電球から出た光が鏡に到着した時刻 t_1' と電球のところへ戻ってきたときの時刻 t_2' の間には,$t_2'=2t_1'$ の関係がなくてはならない。したがって,台車に固定した時計と地面に固定した時計の進み方が等しければ,$t_2=2t_1$ でなくてはならないが,上の計算結果によるとこれは成り立たない。これは2つの時計の進み方が等しくないことを意味する。そこでアインシュタインは,

$$t' = at + b(x-vt) \tag{6.5}$$

という関係があって,台車の上の時計の時刻 t' は,地上の時計の時刻 t とその位置 x に依存すると考えた。さらに,台車上の物差しで測った座標 x' に対しては,

$$x' = \alpha t + \beta(x-vt) \tag{6.6}$$

という関係があるだろうとも考えた。ここに出てきた a, b, α, β をこれから決めることにする。なお,これらの考え方を進めると,台車に固定された物差しで測った電球と鏡の間の距離はもはや L ではないので,$t_1'=L/c$ とはならないことに注意しておく。

まず,左の電球の位置はいつも $x=vt$ にあり,t の値によらず $x'=0$ であることを(6.6)式に使うと $\alpha=0$ が導かれる。

問8 次に,上と同じように $t=t'=0$ に電球を瞬間的に光らせる。台車の上で見ると光のパルスは時刻 t' に,

$$x' = ct' \tag{6.7}$$

に到達する。地上の上で見ると光のパルスは時刻 t に,

$$x = ct \tag{6.8}$$

に到達する。この2つの関係式を使って,(6.6)式の β を a, b, c, v で表せ。

問9 図6.5の実験で成り立つ $\dfrac{t_2'}{t_1'}=2$ と上の(6.5)式から,b を a, c, v を使って表せ。

問10 ここで，これまで考えてきた台車から見て速度（$-v$）で動く第2の台車を考えよう。それに固定された時計と物差しで測った時刻と座標を，t''，x''のように表すことにする。aとcとvとを使って，t''およびx''をt'およびx'で表せ。

問11 ところが，第2の台車は地面に対しては動いていないから，実は，$x=x''$，$t=t''$である。このことよりaをcおよびvのみを使って表せ。また，その結果から，
$$t' = \frac{t-(v/c^2)x}{\sqrt{1-(v/c)^2}}, \quad x' = \frac{x-vt}{\sqrt{1-(v/c)^2}} \tag{6.9}$$
が成り立つことを示せ。

V 電磁気力と相対論

いま，地面に対して速さvで動いている台車に固定された長さLの棒を考えてみよう。これは，台車に乗った人が測った棒の長さがLであることを示している。このとき，棒の左端の台車上での座標は$x'=0$，右端の座標は$x'=L$である。一方，地面に静止している人には，棒の長さL'はどのように見えるのであろうか。このL'は地面に固定された時計で，ある時刻tに対応するxの値の差に等しい。(6.9)の第2式より，
$$x = vt + x'\sqrt{1-(v/c)^2} \tag{6.10}$$
と書けるから，(6.10)式に$x=0$，$x'=0$および$x=L'$，$x'=L$を代入して差をとって，
$$L' = L\sqrt{1-(v/c)^2} \tag{6.11}$$
を得る。このことは，観測者に対して静止していたとき長さLであった棒が，長さ方向に一定の速さvで動くと，$k=\sqrt{1-(v/c)^2}$として，その長さはkLに縮んで見えることを示している。

このことを用いて電場と磁場の問題を考えてみよう。

地面に固定した座標系Sにおいて，電場$\boldsymbol{E}$（大きさE）と磁束密度$\boldsymbol{B}$（大きさB）の磁場中を，電荷qが$\boldsymbol{B}$に垂直に速度$\boldsymbol{v}$（速さv）で運動するとき，qには電場の向きに大きさqEの力，および，$\boldsymbol{v}$から$\boldsymbol{B}$の向きに右ねじを回すときねじの進む向きに大きさqvBのローレンツ力が作用する。これら2つの

力を総称して電磁気力とよぶ。

この現象を座標系Sに対して速度vで動く座標系S'で見ると，電荷qは静止しているから，qに磁場からローレンツ力は作用しない。しかし，座標系S'で電荷qに電磁気力が作用するとすれば，qの速度が0であっても作用する電場が生じていなければならない。この電場はどのようにして生じるのであろうか。「長さの縮み」を考慮して考えてみよう。

以下では，必要であれば，次の①，②を用いてよい。

① 十分長い直線導線に，強さIの電流を流すと，電流が流れる方向に進む右ねじの回る向きに磁場ができる。導線から距離rの点にできる磁束密度の大きさは，

$$B = \frac{\mu_0 I}{2\pi r}$$

と表される。ここで，μ_0は，真空の透磁率とよばれる定数である。

② 十分長い直線導線が単位長さあたりρ（>0）の電荷を帯びているとき，導線から距離rの点に，導線から離れる（$\rho<0$のとき近づく）向きにできる電場の大きさは，

$$E = \frac{\rho}{2\pi\varepsilon_0 r}$$

と表される。ここで，ε_0は，真空の誘電率とよばれる定数である。

x, y, z軸方向を図6.6のようにとり，導線にx軸負方向へ大きさIの電流を流した状態で，座標系Sで見ると（図6.6(a)），導線は電気的に中性であっ

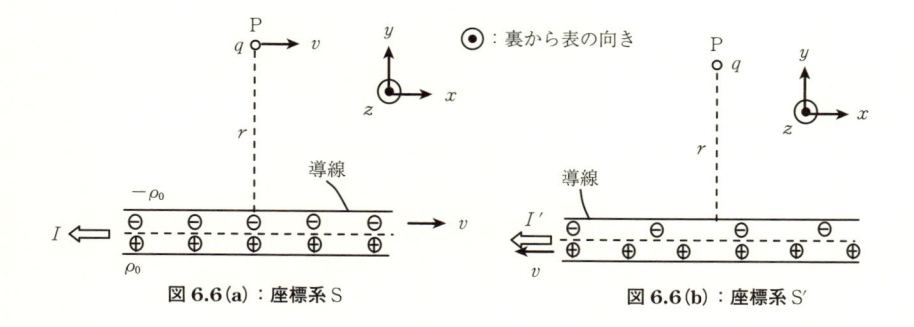

図6.6(a)：座標系S　　　　図6.6(b)：座標系S'

た。このとき導線中には，単位長さあたりの電荷 ρ_0（>0）の1価の正イオンが x 軸方向へ等間隔 a で並んで静止し，単位長さあたりの電荷 $-\rho_0$ の自由電子が，同じ等間隔 a で並んで速さ v で x 軸正方向へ運動しているものとする。このとき $I=\rho_0 v$ である。いま導線から y 軸正方向へ距離 r だけ離れた点 P を，正の点電荷 q が導線と平行に，導線中の電子と同じ速さ v で x 軸正方向へ動いている。

この現象を座標系 S に対し x 軸正方向へ速さ v で等速運動する座標系 S′ で考える（図 6.6(b)）。座標系 S′ では点電荷 q は静止しており，q に磁場からローレンツ力は作用しない。このとき，導線中の電子は静止し，正イオンのみが x 軸負方向へ速さ v で動いており，x 軸負方向へ電流 I' が流れている。

問12 座標系 S′ では電子の間隔 a_- と正イオンの間隔 a_+ が異なるため，導線は帯電する。a_- と a_+ を座標系 S での間隔 a および k を用いて求めよ。また，導線の単位長さあたりの電荷 ρ を，ρ_0 および k を用いて求めよ。

問13 座標系 S′ で見るとき，点電荷 q にはたらく力の大きさ f' とその向きを求めよ。その際，真空中の光速 c は，

$$c = \frac{1}{\sqrt{\varepsilon_0 \mu_0}}$$

と表されることを用いよ。また，座標系 S で点電荷 q にはたらく力の大きさを f とすると，f' は f の何倍か。k を用いて表せ。

問14 断面積 $A = 1.0 \times 10^{-6}\,\mathrm{m}^2$ の Cu でできた直線導線に，座標系 S で，$I = 1\,\mathrm{A}$ の電流を流す場合を考える。Cu 原子1個が1個の自由電子を出すとし，下記の物理定数を用いて，導線中の自由電子の速さ v を有効数字2桁で求めよ。

また，座標系 S から S′ へ移行するときの電磁気力の変化の大きさ $\dfrac{|f'-f|}{f}$ を有効数字1桁で求めよ。その際，近似式

「$|x|$ が1に比べて十分小さい（$|x| \ll 1$）とき，$(1+x)^\alpha \fallingdotseq 1+\alpha x$（$\alpha$：実数）」

を用いよ。

・真空中の光速：$c = 3.0 \times 10^8\,\mathrm{m/s}$
・Cu 原子の原子量：64（1モルの質量 $M = 64 \times 10^{-3}\,\mathrm{kg}$）
・Cu の単位体積の質量：$\sigma = 8.9 \times 10^3\,\mathrm{kg/m}^3$

- アボガドロ数（1モルの原子数）：$N_A = 6.0 \times 10^{23}$
- 電子の電荷の大きさ：$e = 1.6 \times 10^{-19}$ C

（第2チャレンジ理論問題抜粋）

解 答

問1 t_1 の間に台車が進んだ距離は vt_1 であり，このとき右のスピーカーの位置は $vt_1 + L$ である。音はこの時間に速さ V で進むから，

$$Vt_1 = vt_1 + L$$

$$\therefore \quad t_1 = \frac{L}{V-v} \qquad (6.12)$$

問2 時間 $t_2 - t_1$ の間に，音が進んだ距離は $L - v(t_2 - t_1)$ だから，

$$V(t_2 - t_1) = L - v(t_2 - t_1)$$

これを $(t_2 - t_1)$ について解くと，

$$t_2 - t_1 = \frac{L/V}{1 + v/V}$$

これに，(6.12)式を代入すると，

$$t_2 = \frac{L/V}{1 - v/V} + \frac{L/V}{1 + v/V} \qquad (6.13)$$

問3 t_1' の間に，音波は台車に対して速さ V で距離 L 進むから，

$$t_1' = \frac{L}{V}$$

問4 $t_2' - t_1'$ の間に，音は距離 L を速さ V で進むから，

$$t_2' - t_1' = \frac{L}{V}$$

問5 この音波は地面に対して速さ $(V+v)$ で進んだから，(6.12)式の V を $(V+v)$ で置き換えて，

$$t_1 = \frac{L}{V}$$

これは問3で計算した t_1' と等しい。

問6 (6.12)式の V を c で置き換えて，

$$t_1 = \frac{L}{c-v} \tag{6.14}$$

問 7　(6.13)式の V を c で置き換えて,

$$t_2 = \left(\frac{1}{c-v} + \frac{1}{c+v}\right)L = \frac{2c}{c^2-v^2}L \tag{6.15}$$

問 8　(6.7)式の両辺を,(6.5)式と(6.6)式を使って書き直すと,
$$\beta(x-vt) = c[at + b(x-vt)]$$
この式の両辺に $x=ct$ を代入して整理すると,

$$\beta = \frac{c}{c-v}[a + b(c-v)] \tag{6.16}$$

問 9　$2t_1' = t_2'$ に,
$$t_1' = at_1 + b(x_1 - vt_1), \quad t_2' = at_2 + b(x_2 - vt_2)$$
を代入すると,
$$2[at_1 + b(x_1 - vt_1)] = at_2 + b(x_2 - vt_2)$$

上式に,$x_2 - vt_2 = 0$,$x_1 - vt_1 = L$(あるいは,$x_2 = vt_2$,$x_1 = ct_1$)を代入し,(6.14)式,(6.15)式を用いると,

$$b = -\frac{v}{c^2-v^2}a \tag{6.17}$$

問 10　(6.17)式を(6.16)式に代入すると,

$$\beta = \frac{c^2}{c^2-v^2}a$$

以上の b と β を(6.5)式と(6.6)式に代入すると,

$$x' = \frac{a(x-vt)}{1-(v/c)^2}, \quad t' = a\frac{t-(v/c^2)x}{1-(v/c)^2} \tag{6.18}$$

となる。(6.18)式の x,t,x',t',v をそれぞれ x',t',x'',t'',$-v$ で置き換えると,

$$x'' = \frac{a(x'+vt')}{1-(v/c)^2}, \quad t'' = a\frac{t'+(v/c^2)x'}{1-(v/c)^2}$$

問 11　$t'' = t = a\dfrac{t'+(v/c^2)x'}{1-(v/c)^2} = a\left[a\left(t - \dfrac{vx}{c^2}\right) + a\left(\dfrac{v}{c^2}\right)(x-vt)\right]\dfrac{1}{[1-(v/c)^2]^2}$

$\qquad = \dfrac{a^2}{1-(v/c)^2}t$

より，
$$a=\sqrt{1-(v/c)^2}$$
あるいは，t'' の代わりに，
$$x''=x=\frac{a(x'+vt')}{1-(v/c)^2}=\frac{a^2}{[1-(v/c)^2]^2}\left[(x-vt)+v\left(t-\frac{v}{c^2}x\right)\right]=\frac{a^2}{1-(v/c)^2}x$$
を使ってもよい．こうして求めた a の表式を (6.18) 式に代入すると，
$$t'=\frac{t-(v/c^2)x}{\sqrt{1-(v/c)^2}}, \quad x'=\frac{x-vt}{\sqrt{1-(v/c)^2}}$$

問 12 座標系 S で速さ v で動いている電子の間隔が a であるから，座標系 S′ で静止している電子の間隔は，$a_-=\dfrac{a}{k}$ である．また，座標系 S で静止している正イオンの間隔が a であるから，座標系 S′ で速さ v で動いている正イオンの間隔は，$a_+=ka$ である．よって，慣性系 S′ では正イオンの単位長さあたりの電荷（電荷線密度）は $\rho_+=\dfrac{\rho_0}{k}$，電子の電荷線密度は $\rho_-=-k\rho_0$ となる．よって，帯電した導線の電荷線密度は，
$$\rho=\rho_++\rho_-=\left(\frac{1}{k}-k\right)\rho_0$$

問 13 座標系 S′ では帯電した導線によって電場がつくられる．$k<1$ より，$\rho>0$ であるから，点 P には図 6.6(b) の紙面上方（y 軸正方向）へ，強さ
$$E=\frac{\rho}{2\pi\varepsilon_0 r}=\left(\frac{1}{k}-k\right)\frac{\rho_0}{2\pi\varepsilon_0 r}$$
の電場ができる．よって，点電荷 q には紙面上方（y 軸正方向）へ，大きさ
$$f'=qE=\frac{1}{k}\frac{(1-k^2)\rho_0}{2\pi\varepsilon_0 r}q$$
の静電気力がはたらく．ここで，$c=\dfrac{1}{\sqrt{\varepsilon_0\mu_0}}$ を用いると，
$$f'=\frac{1}{k}\frac{v^2}{c^2}\frac{\rho_0 q}{2\pi\varepsilon_0 r}=\frac{1}{k}\frac{\mu_0}{2\pi}\frac{\rho_0 qv^2}{r}$$
となる．

また，座標系 S では導線の周囲に電場は生じておらず，点 P には紙面表→裏（z 軸負方向）の向きに，大きさ

の磁束密度ができる。よって，点電荷 q には紙面上方（y 軸正方向）へ，大きさ

$$f = qvB = \frac{\mu_0 \rho_0 q v^2}{2\pi r}$$

の力がはたらく。よって，$f' = \frac{1}{k}f$ と表され，f' は f の $\frac{1}{k}$ 倍となる。

問 14 単位体積中の自由電子数を n，電子の速さを v とすると，導線を流れる電流の強さ I は，

$$I = enAv$$

銅原子 1 モルの体積は $\frac{M}{\sigma}$ と表されるから，単位体積の導線中に含まれる自由電子の数（すなわち Cu 原子の数）n は，

$$n = \frac{N_A}{M/\sigma} = 8.3 \times 10^{28} \text{ [1/m}^3\text{]}$$

となる。これより，電子の速さ v は，

$$v = \frac{I}{eAn} = \underline{7.5 \times 10^{-5}} \text{ [m/s]}$$

すなわち，電流と逆向きに動く電子の速さは非常に遅いことがわかる。

次に，与えられた近似式で $\alpha = \frac{1}{2}$ として，

$$k = \sqrt{1 - \frac{v^2}{c^2}} = \sqrt{1 - 6.25 \times 10^{-26}} \fallingdotseq 1 - 3.1 \times 10^{-26}$$

また，$\alpha = -1$ として，

$$\frac{|f' - f|}{f} = \frac{1}{k} - 1 \fallingdotseq \underline{3 \times 10^{-26}}$$

よって，慣性系 S と S′ で，電荷 q にはたらく電磁気力にほとんど変化はない。

こうして，座標系 S′ において，座標系 S と同程度の電磁気力が電荷 q にはたらくことが相対論によって説明される。通常，相対論は光速 c に近いような高速の運動において，その影響が顕著に現れると考えられている。しかし，上

で述べたように，電流が流れているときの電子の速さと同程度の非常にゆっくりした速さで運動する電荷にはたらく電磁気力においても，相対論が本質的な役割を果たしていることがわかる。

問題2 レーザー光で原子を冷やす

（本問を考える前に，基本問題の問題1を理解しておくことが望ましい。）

本問の目的は，「レーザー冷却」の現象を理解するための簡単な理論を展開することである。同じ振動数のレーザー光線を反対方向から照射することによって，典型的にはアルカリ金属のような中性原子のビームを冷却することができる。これは1997年チュウ（S. Chu），フィリップ（P. Phillip），コーヘン-タノウジ（Cohen-Tannouji）がノーベル物理学賞を受賞した研究の一部である。

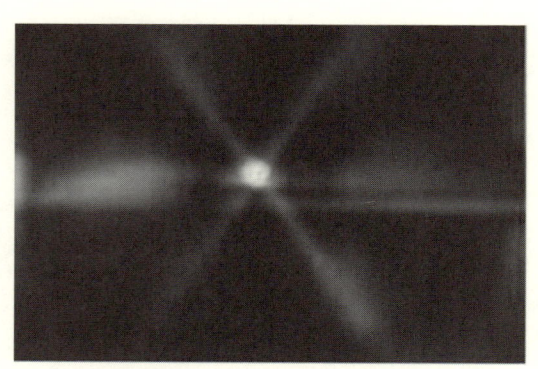

図 6.7：中心部の明るい点は，対向するレーザー光線の3つの対が互いに垂直に交わっているところに捕獲されたナトリウム原子を表している。捕獲部分は「光学的集積」とよばれる。

振動数 ν の光子のエネルギーは，

$$\varepsilon = h\nu = \hbar\omega \quad \left(\hbar = \frac{h}{2\pi}, \quad \omega = 2\pi\nu\right)$$

運動量の大きさは，

$$p = \frac{\varepsilon}{c} = \frac{h\nu}{c} = \frac{\hbar\omega}{c} = \hbar k$$

で与えられる。ここで，k は波数とよばれ，波長 λ を用いて，$k = \dfrac{2\pi}{\lambda}$ と表さ

れる。

I 原子と光子の相互作用

まず，原子に入射する光子と原子の間の相互作用による基本的な現象を考察しよう。

$+x$ 方向に速度 v で運動する質量 m の原子を考える。問題を簡単化して1次元とし，y, z 方向の運動を無視する（図 6.8）。原子は2つのエネルギー準位をもつ。基底状態（最低エネルギー状態）のエネルギーは0であり，励起状態のエネルギーは $\hbar\omega_0$ である。原子ははじめ基底状態にある。実験室系（実験室に固定された座標系）で角振動数 ω_L のレーザー光線が $-x$ 方向を向いて原子に入射したとする。量子力学的にはレーザー光は多数の光子からなり，それぞれエネルギー $\hbar\omega_L$ と運動量 $-\hbar k$ をもつ。光子は原子に吸収されるが，のちに自然に放射される。その放射は $+x$ 方向と $-x$ 方向に等確率で起こる。原子は非相対論的速さ v ($v/c \ll 1$ ： c は光速) で動いているので，v/c の1次の項まで考えることにする。また，$\hbar k/mv \ll 1$ であるとする。すなわち，原子の運動量は1個の光子の運動量よりもずっと大きい。解答にあたってはこれら2つの量，すなわち，v/c, $\hbar k/mv$ について，1次の補正まで考えよ。

適当な速度で動いている原子から見ると，レーザー光の角振動数 ω_L は原子のエネルギー遷移に必要な角振動数に一致する。

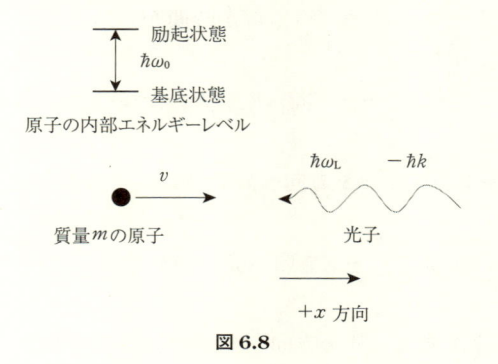

図 6.8

(1) 吸収
問 1 光子吸収を起こすための角振動数 ω_0 に対する条件を書き下せ。

問 2 実験室系で見て，光子吸収後の原子の運動量 p_{at} を書き下せ。

問 3 実験室系で見て，光子吸収後の原子の全エネルギー（運動エネルギーと吸収エネルギーの和）ε_{at} を書き下せ。

(2) $-x$ 方向への光子の自然放射

照射された光子を吸収後，いくらか時間がたった後に原子が $-x$ 方向へ光子を放射するとする。

問 4 実験室系で見て，$-x$ 方向へ放射された後の放射光子のエネルギー ε_{ph} を書き下せ。

問 5 実験室系で見て，$-x$ 方向へ放射された後の放射光子の運動量 p_{ph} を書き下せ。

問 6 実験室系で見て，$-x$ 方向へ光子が放射された後の原子の運動量 p_{at} を書き下せ。

問 7 実験室系で見て，$-x$ 方向へ光子が放射された後の原子の運動エネルギー ε_{at} を書き下せ。

(3) $+x$ 方向への光子の自然放射

照射された光子を吸収後，いくらか時間がたった後に今度は原子が $+x$ 方向へ光子を放射するとする。

問 8 実験室系で見て，$+x$ 方向へ放射された後の放射光子のエネルギー ε_{ph} を書き下せ。

問 9 実験室系で見て，$+x$ 方向へ放射された後の放射光子の運動量 p_{ph} を書き下せ。

問 10 実験室系で見て，$+x$ 方向へ光子が放射された後の原子の運動量 p_{at} を書き下せ。

問 11 実験室系で見て，$+x$ 方向へ光子が放射された後の原子の運動エネルギー ε_{at} を書き下せ。

(4) 吸収後の平均放射

$-x$ 方向と $+x$ 方向への光子の自然放射は同じ確率で起こる。このことを考慮して，以下の問に答えよ。

問12 放射過程の後，放射された光子のエネルギーの平均値 ε_{ph} を書き下せ。

問13 放射過程の後，放射された光子の運動量の平均値 p_{ph} を書き下せ。

問14 放射過程の後，原子の運動エネルギーの平均値 ε_{at} を書き下せ。

問15 放射過程の後，原子の平均運動量 p_{at} を書き下せ。

(5) エネルギーと運動量の移動

問16 1個の光子の吸収放出過程が完了したときの原子のエネルギー変化の平均値 $\Delta\varepsilon$ を書き下せ。

問17 1個の光子の吸収放射過程が完了したときの原子の運動量変化の平均値 Δp を書き下せ。

(6) レーザー光による $+x$ 方向へのエネルギーと運動量の移動

原子が $+x$ 方向に速度 v で運動しているときに，その原子に対して，振動数 ω_L' のレーザー光が $+x$ 方向に入射したとする。原子から見て，原子の内部でのエネルギー遷移とレーザー光の間に共鳴条件が成り立つとする。

問18 1個の光子の吸収放射過程が完了したときの原子のエネルギー変化の平均値 $\Delta\varepsilon$ を書き下せ。

問19 1個の光子の吸収放射過程が完了したときの原子の運動量変化の平均値 Δp を書き下せ。

II　量子論を考慮した原子と光子の相互作用

量子論的過程には固有の不確定性がある。したがって，原子が入射光子を吸収した後，ある有限時間内に自然に光子を放射（自然放射）する現象では，不確定性関係が成り立つため，厳密に共鳴条件にしたがうわけではない。このことは，レーザー光の角振動数 ω_L がどんな値をとっても光の吸収・放射過程が起こり得ることを示している。これらの現象は，異なる量子力学的確率で起こる。予想されるように，実現確率が最大になるのは厳密な共鳴条件が成り立つ

ときである。

単一現象として吸収から放射までの平均時間，つまり，原子が励起エネルギー状態に留まる時間を励起持続時間と言い，Γ^{-1} と表す。

実験室系で，基底状態にある静止している N 個の原子に角振動数 ω_L のレーザー光を照射する。照射された原子は光子の吸収・放射を繰り返し，平均的に N_{exc} 個の原子が励起状態にあり，$N-N_{exc}$ 個の原子が基底状態にある。量子力学的計算によると，N_{exc} は次のように表される。

$$N_{exc} = N \frac{\Omega_R^2}{(\omega_0 - \omega_L)^2 + \frac{\Gamma^2}{4} + 2\Omega_R^2}$$

ここで，ω_0 は原子の共鳴角振動数，Ω_R はラビ角振動数といわれるもので，Ω_R^2 はレーザー光の強度に比例する。前述したように，たとえ共鳴角振動数 ω_0 がレーザー光線の角振動数 ω_L と異なっていても，この N_{exc} はゼロではない。こうして，単位時間内の吸収・放射過程の数は，$N_{exc}\Gamma$ となる。

図 6.9 に示すように，$+x$ 方向に速度 v で同時に動いているガス状の N 個の原子団が，互いに逆向きに進む，同じ角振動数 ω_L のレーザー光（ω_L は任意）に照射されるとする。

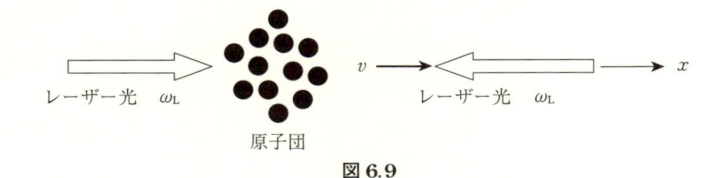

図 6.9

(7) 動いている原子にレーザー光が与える力

問 20 これまでの結果を参照して，$+x$ 方向に動いている原子団に 2 つの同じ角振動数 ω_L のレーザー光を，x 軸に沿って両側から照射したときに原子に与える力を求めよ。ただし，$mv \gg \hbar k$ と仮定せよ。

(8) 速度の小さい極限

原子の速度が十分小さいと仮定して，力を速度 v の 1 次の項まで展開する。

問 21 問 20 で得られた力を，速度の 1 次の項までで表せ．

この結果を用いると，レーザー光が原子を加速するか，減速するか，影響を与えないか，の条件を求めることができる．

問 22 正の力（原子を加速する力）を与えるための条件を書き下せ．

問 23 与える力がゼロとなる条件を書き下せ．

問 24 負の力（原子を減速する力）を与える条件を書き下せ．

問 25 原子が $-v$ の速度で運動している（すなわち，$-x$ 方向に運動している）と仮定する．原子に，減速させる向きの力が作用する条件を書き下せ．この力によって，原子団は冷却される．

（Víctor Romero-Rochín 作成，IPhO メキシコ大会理論問題抜粋）

◁ 解 答

問 1 原子から見た光の振動数 ω は (6.4) 式より，

$$\omega = \omega_\mathrm{L}\sqrt{\frac{1+v/c}{1-v/c}}$$

となる．これが ω_0 に等しいときに光子吸収を起こすので，$v/c \ll 1$ より，求める条件は，

$$\omega_0 \approx \underline{\omega_\mathrm{L}\left(1+\frac{v}{c}\right)}$$

問 2 実験室系で見たときの光子の運動量は，

$$-\frac{\hbar\omega_0}{c} = -\frac{\hbar\omega_\mathrm{L}}{c}\left(1+\frac{v}{c}\right)$$

だから，運動量保存則より，光子吸収後の原子の運動量 p_at は，

$$p_\mathrm{at} = mv - \frac{\hbar\omega_\mathrm{L}}{c}\left(1+\frac{v}{c}\right)$$

$$\approx \underline{mv - \frac{\hbar\omega_\mathrm{L}}{c}}$$

問 3 エネルギー保存則より，

$$\varepsilon_\mathrm{at} = \underline{\frac{1}{2}mv^2 + \hbar\omega_\mathrm{L}}$$

問 4 光子吸収後の原子の速さ v' は原子の運動量が mv' だから，運動量保存則より，

188　6章　現代物理

$$v' = v - \frac{\hbar k}{m} \tag{6.19}$$

である。よって，放射光子のエネルギーは放射前の原子から見たときに $\hbar\omega_0$ であることに注意すると，ドップラー効果により，

$$\begin{aligned}\varepsilon_{\text{ph}} &= \hbar\omega_0\left(1 - \frac{v'}{c}\right) \\ &= \hbar\omega_{\text{L}}\left(1 + \frac{v}{c}\right)\left(1 - \frac{v}{c} + \frac{\hbar k}{mc}\right)\end{aligned} \tag{6.20}$$

となる。ここで，$\hbar k/mc$ は，

$$\frac{\hbar k}{mc} = \frac{\hbar k}{mv}\frac{v}{c}$$

となり，2次の微小量だから無視できる。ゆえに，

$$\begin{aligned}\varepsilon_{\text{ph}} &\approx \hbar\omega_{\text{L}}\left(1 + \frac{v}{c}\right)\left(1 - \frac{v}{c}\right) \\ &= \hbar\omega_{\text{L}}\left(1 - \left(\frac{v}{c}\right)^2\right) \\ &\approx \underline{\hbar\omega_{\text{L}}}\end{aligned}$$

問5 放射光子の運動量は，$+x$ 方向を正として，

$$p_{\text{ph}} = -\varepsilon_{\text{ph}}/c \approx \underline{-\hbar\omega_{\text{L}}/c}$$

問6 原子の運動量は，運動量保存則より，$p_{\text{ph}} \approx -\dfrac{\hbar\omega_{\text{L}}}{c} = -\hbar k$ に注意し，(6.19)式を用いると，

$$p_{\text{at}} = mv' - p_{\text{ph}} = \underline{mv}$$

問7 原子の運動エネルギーは，

$$\varepsilon_{\text{at}} = \frac{p_{\text{at}}^2}{2m} = \underline{\frac{mv^2}{2}}$$

問8 (6.20)式で v' の符号を反転させればよい。ここでも，$\dfrac{\hbar k}{mc}$ の項は無視できるから，(6.19)式を用いて，放射光子のエネルギーは，

$$\begin{aligned}\varepsilon_{\text{ph}} &= \hbar\omega_0\left(1 + \frac{v'}{c}\right) \\ &\approx \hbar\omega_0\left(1 + \frac{v}{c}\right)\end{aligned}$$

$$\approx \hbar\omega_\mathrm{L}\left(1+\frac{v}{c}\right)^2$$

$$\approx \underline{\hbar\omega_\mathrm{L}\left(1+\frac{2v}{c}\right)}$$

問 9 放射光子の運動量 p_ph は,

$$p_\mathrm{ph}=\frac{\varepsilon_\mathrm{ph}}{c}\approx \underline{\frac{\hbar\omega_\mathrm{L}}{c}\left(1+\frac{2v}{c}\right)}$$

問 10 原子の運動量 p_at は,運動量保存則から,

$$p_\mathrm{at}=mv'-p_\mathrm{ph}$$

$$\approx mv-\frac{\hbar\omega_\mathrm{L}}{c}-\frac{\hbar\omega_\mathrm{L}}{c}\left(1+\frac{2v}{c}\right)$$

$$\approx \underline{mv-\frac{2\hbar\omega_\mathrm{L}}{c}}$$

問 11 原子の運動エネルギーは,

$$\varepsilon_\mathrm{at}=\frac{p_\mathrm{at}^2}{2m}$$

$$\approx \frac{1}{2m}\left(mv-\frac{2\hbar\omega_\mathrm{L}}{c}\right)^2$$

$$\approx \underline{\frac{mv^2}{2}\left(1-\frac{4\hbar\omega_\mathrm{L}}{mvc}\right)}$$

問 12 $+x$ 方向に放射される確率と $-x$ 方向に放射される確率は等しいので,光子のエネルギーの平均値は,

$$\varepsilon_\mathrm{ph}\approx \frac{1}{2}\left[\hbar\omega_\mathrm{L}+\hbar\omega_\mathrm{L}\left(1+\frac{2v}{c}\right)\right]$$

$$=\underline{\hbar\omega_\mathrm{L}\left(1+\frac{v}{c}\right)}$$

問 13 放射過程後の光子の平均運動量は,

$$p_\mathrm{ph}\approx \frac{1}{2}\left(-\frac{\hbar\omega_\mathrm{L}}{c}+\frac{\hbar\omega_\mathrm{L}}{c}\left(1+\frac{2v}{c}\right)\right)$$

$$=\frac{\hbar\omega_\mathrm{L}}{c}\frac{v}{c}$$

となる。これは 2 次の微小量なので,$p_\mathrm{ph}\simeq \underline{0}$ となる。

問 14 原子の運動エネルギーの平均値は,
$$\varepsilon_{\text{at}} \approx \frac{1}{2}\left(\frac{1}{2}mv^2 + \frac{1}{2}mv^2\left(1 - 4\frac{\hbar\omega_{\text{L}}}{mvc}\right)\right)$$
$$= \underline{\frac{1}{2}mv^2\left(1 - \frac{2\hbar\omega_{\text{L}}}{mvc}\right)}$$

問 15 原子の運動量の平均値は,
$$p_{\text{at}} \approx \frac{1}{2}\left[mv + \left(mv - \frac{2\hbar\omega_{\text{L}}}{c}\right)\right]$$
$$= \underline{mv - \frac{\hbar\omega_{\text{L}}}{c}}$$

問 16 原子のエネルギー変化の平均値は,
$$\Delta\varepsilon \approx \frac{1}{2}mv^2\left(1 - \frac{2\hbar\omega_{\text{L}}}{mvc}\right) - \frac{1}{2}mv^2$$
$$= \underline{-\hbar\omega_{\text{L}}\frac{v}{c}}$$

問 17 原子の運動量変化の平均値は,
$$\Delta p \approx \left(mv - \frac{\hbar\omega_{\text{L}}}{c}\right) - mv$$
$$= \underline{-\frac{\hbar\omega_{\text{L}}}{c}}$$

問 18 光子の入射方向と原子の運動の方向が等しいので,原子のエネルギー変化の平均値は,
$$\Delta\varepsilon \approx \underline{\hbar\omega_{\text{L}}'\frac{v}{c}}$$

問 19 運動量変化の平均値は,
$$\Delta p \approx \underline{\frac{\hbar\omega_{\text{L}}'}{c}}$$

問 20 原子が静止している系で考える.単位時間当たりの吸収放射過程の数は,$N_{\text{exc}}\Gamma$ である.光子の入射してくる向きで振動数のドップラー効果による影響が異なることに注意して,原子にはたらく力 F は,
$$F = \frac{\hbar\omega_{\text{L}}}{c}\Gamma N\left(\frac{\Omega_{\text{R}}^2}{\left(\omega_0 - \omega_{\text{L}}\left(1 - \frac{v}{c}\right)\right)^2 + \frac{\Gamma^2}{4} + 2\Omega_{\text{R}}^2} - \frac{\Omega_{\text{R}}^2}{\left(\omega_0 - \omega_{\text{L}}\left(1 + \frac{v}{c}\right)\right)^2 + \frac{\Gamma^2}{4} + 2\Omega_{\text{R}}^2}\right)$$

問 21　前問 7 で得られた結果を v について 1 次までの近似で展開すると,

$$F \approx \frac{\hbar\omega_\mathrm{L}}{c}\varGamma N\left(\frac{\Omega_\mathrm{R}^2}{(\omega_0-\omega_\mathrm{L})^2+\frac{\varGamma^2}{4}+2\Omega_\mathrm{R}^2+2(\omega_0-\omega_\mathrm{L})\omega_\mathrm{L}\frac{v}{c}}\right.$$

$$\left.-\frac{\Omega_\mathrm{R}^2}{(\omega_0-\omega_\mathrm{L})^2+\frac{\varGamma^2}{4}+2\Omega_\mathrm{R}^2-2(\omega_0-\omega_\mathrm{L})\omega_\mathrm{L}\frac{v}{c}}\right)$$

$$\approx -\frac{4\hbar(\omega_\mathrm{L}/c)^2\varGamma N\Omega_\mathrm{R}^2}{\left((\omega_0-\omega_\mathrm{L})^2+\frac{\varGamma^2}{4}+2\Omega_\mathrm{R}^2\right)^2}(\omega_0-\omega_\mathrm{L})v$$

問 22　$F>0$ となればよいので, 求める条件は,

$$\omega_0<\omega_\mathrm{L}$$

問 23　$F=0$ となればよいので,

$$\omega_0=\omega_\mathrm{L}$$

問 24　$F<0$ となればよいので,

$$\omega_0>\omega_\mathrm{L}$$

問 25　上の考察では, 光の入射の仕方は実験室系において左右対称なので周波数に対する条件は原子の運動の向きによらない。したがって, 原子を減速し, 冷却するための条件は,

$$\omega_0>\omega_\mathrm{L}$$

問題 3　星の一生

I　不思議な星―白色矮星の発見

　コペルニクスによる地動説 (1543) は 17 世紀には科学的に認められていた。しかし, 地球が本当に太陽のまわりを回っているとすれば, 地球は半年の間に位置を大きく変えることになる。そうすると, 恒星の見える方向は少し変化するはずで, この現象を視差とよぶ。ところが, 19 世紀になっても恒星の視差は検出できていなかった。ベッセルはこの視差を測定する目的で, 太陽系に近い恒星を観測した。具体的には, 太陽系に近い恒星は明るく見えるはずなので, 多数の明るい恒星の位置を正確に測定し, はじめて恒星の視差を検出した。その一環として, シリウス (おおいぬ座の一番明るい星) の視差も検出している。ところが, シリウスは視差以外にも星の位置のふらついていることがわかった。

ふらつく原因は，近くに見えない星があり，二重星であろうと推定された（1844）。1862年にクラークが最新鋭の屈折望遠鏡でシリウスを観測して，シリウスのすぐそばに暗い星を検出した。この結果，明るい方（シリウスA）と暗い方（シリウスB）は同じような表面温度であるが，明るさが十等級ほども異なることがわかった。同じ表面温度で十等級の明るさの差は星の表面積が10^4倍異なっていることに相当する。つまり，星の直径に換算すると100倍違うことになる。一方，AとBとの運動状態から，AとBとは同程度の質量であることもわかった。Aは太陽のような星で，その密度は$1\,\text{g/cm}^3$程度であることから，Bの密度は$1\times 10^6\,\text{g/cm}^3$となり，その頃知られていたどんな物質よりも高密度であることがわかった。のちにシリウスBは白色矮星であることがわかる。ちなみに，純金の密度は$19.32\,\text{g/cm}^3$，われわれが手に触れられる中で一番密度の高い物質はオスミウムで，それでも$22.57\,\text{g/cm}^3$にしか過ぎない。英の天文学者エディントンは「シリウスの結果は信じられないという点を除けば，物理的には何の疑問点もない」（1926）と言っている。それでは，この信じられない結果を解明しよう。

II 微視的世界の粒子の運動—ハイゼンベルクの不確定性原理

ある時刻における電子などの粒子の状態は，その粒子の位置と速度とで表される。物理学では速度の代わりに運動量を使うことが多い。つまり，ある時刻における粒子の状態は位置 r と運動量 p とで表される。ここでは，簡単のために x 軸に沿った1次元の運動に限って考えると，粒子の状態は位置 x と運動量 p とで表される。微視的世界の電子，陽子，中性子などの粒子の運動を扱う量子力学によれば，ある粒子の位置と運動量とを同時に精度よく決めることができない。例えば，ある粒子の位置や運動量を測定して，位置は x と $x+\Delta x$ の間，運動量は p と $p+\Delta p$ の間とわかった場合，Δx と Δp との積はある値より小さくならない。つまり，位置をいっそう精度よく決める（Δx を小さくする）と，運動量は精度よく決められない（Δp は大きくなる）し，運動量を精度よく決める（Δp を小さくする）と，今度は位置を精度よく決められない（Δx は大きくなる）ことになる。これはハイゼンベルクの不確定性原理（1927）から導かれる自然の原理であり，測定精度の技術的な問題によるもの

ではない。

Ⅲ 位相空間という新しい座標系

粒子の運動状態を表す「位相空間」という概念を考えよう。ここでは1次元の場合を考えているので，横軸に位置 x，縦軸に運動量 p を表す平面が位相空間である。ある時刻における粒子の位置と運動量が決まれば，その粒子の運動状態は位相空間上の一点で表すことができる。前に述べたハイゼンベルクの不確定性原理を言い換えると，位相空間内で1つの粒子は一点ではなく，ある体積（平面なので面積）を占めることになる。以下では電子，陽子，中性子，などのフェルミ粒子とよばれる粒子に限定する。フェルミ粒子の場合，位置の幅が Δx，運動量の幅が Δp であるとすると，h をプランク定数として，その面積 $\Delta x \Delta p$ は $h/2$ になる。しかも，量子力学の原理によれば，同種類のフェルミ粒子が占める位相空間での領域は互いに重なることができない。つまり，N 個の同種粒子があるとき，その位相空間内で占める面積は $Nh/2$ である。このように，多数の同種粒子を考えた場合，位相空間内では広い領域を占める。逆に，位相空間内の $\Delta x \Delta p$ という領域には $\dfrac{\Delta x \Delta p}{h/2}$ 個までしか同種粒子を詰め込むことができない。

Ⅳ 電子の縮退(しゅくたい)状態

速度の代わりに運動量で考える場合，質量 m の粒子の運動エネルギーは $\dfrac{p^2}{2m}$ と表されることに注意しよう。いま，1次元で N 個の粒子（ここでは電子とする）が $-R \leq x \leq R$ の範囲に詰め込まれているとする。ここで N はアボガドロ数のように1よりもはるかに大きな数である。温度が高いとき，電子は激しく運動するので電子の運動量も大きく，図6.10右に示すように，位相空間内では広範囲に分布する。しかし，温度が下がってくると電子の運動量も次第に小さくなる。一方，温度がどんなに低くなっても位相空間内で一個の電子が占める面積は有限で，さらに電子同士は位相空間内では重ならないので，すべての電子の運動量がゼロになることはなく，運動量 p は $-p_F$ から p_F までの範囲を埋め尽くす。ここで p_F をフェルミ運動量という。このように，位相

空間内で $-p_F \leq p \leq p_F$ の領域を電子が埋め尽くしている状態を「電子が縮退している」とよぶ。その様子を示したものが，図 6.10 の左である。そこで，N が与えられたとき，縮退した電子の運動エネルギーの総和 U_d を R と N で表したい。以下の小問にしたがって解いていこう。

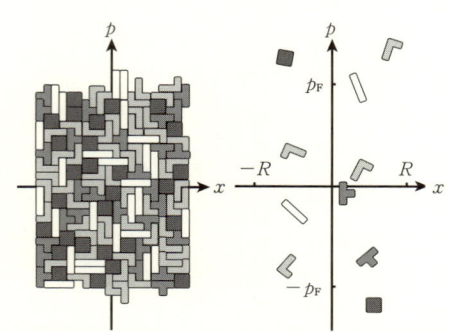

図 6.10：1 次元運動の場合のある時刻における位相空間の様子。1 次元運動の場合，横軸に x，縦軸に p をとった 2 次元（平面）の座標系が位相空間となる。位相空間内で一粒子の占める領域の形状は不定である（ここでは簡単のために 5 種類の図形で示した）が，その体積（ここでは面積）は一定である。左図は温度が低く縮退している状態を示す。右図は温度が高く，縮退していない状態を示す。

問 1 電子の運動量の大きさをできるだけ小さくして，位相空間を N 個の電子で埋めていくと電子は縮退状態になる。この場合，電子は横軸で $-R \leq x \leq R$，縦軸で $-p_F \leq p \leq p_F$ の領域を埋め尽くすことになる。このとき，電子のもつ最大の運動量 p_F は，

$$p_F = \frac{hN}{8R} \quad (6.21)$$

となることを示せ。

問 2 運動エネルギーは電子の位置 x にはよらず，電子の運動量 p だけで決まる。そこで，Δp を十分小さいとみなして，位相空間内で運動量が p と $p + \Delta p$ の間にあり，位置が $-R \leq x \leq R$ の領域に入っている電子について考えてみると，m_e を電子の質量として，それらは全て同じ運動エネルギー $\frac{p^2}{2m_e}$ をもつとみなせる。この領域に含まれる全電子のもつ運動エネルギーの総和 ΔU_d を求めよ。

問3 次に，いろいろな運動量 p についての運動エネルギーの総和をとれば，全運動エネルギー U_d が求まる。つまり $U_d = \Sigma \Delta U_d$ である。ここで，総和を積分に変えると，積分範囲は $-p_F$ から p_F である。以上のことと (6.21) 式を利用して，U_d を N と R との関数として求めよ。

V 電子の縮退圧

ハイゼンベルクの不確定性原理のために，温度が低下すると電子は縮退するので，いくら温度が低くても全エネルギー U_d がゼロになることはない。このとき，外力により（1次元）体積を押し縮めると，つまり R を小さくすると，U_d が増加する。増加分は外力のした仕事だから，圧力

$$P = -\frac{dU_d}{dR} \tag{6.22}$$

がはたらいていることになる。この圧力のことを電子の縮退圧と言う。同様に陽子の集団を考えた場合にも，陽子は縮退して，これによる縮退圧が発生する。一方，電子と陽子など異なる粒子の間では位相空間内で占める体積の重なることが可能である。つまり，縮退圧は同種類の粒子に対してだけ成立する概念であり，粒子の種類毎に別々に求められる。

問4 温度が十分に低く電子と陽子とがともに縮退している場合で，ある体積に電子と陽子とが同じ個数含まれるとき，電子の縮退圧は陽子の縮退圧よりも何倍大きいか。

VI 相対論的または非相対論的な運動エネルギー

粒子の速度が光速に近づいた場合には，「相対論」で考える必要がある。それに対して，粒子の速度が光速に比べて十分に遅い場合は「非相対論的」とよぼう。

アインシュタインの相対論によれば，粒子のエネルギー E は，光速 c，（静止）質量 m と運動量 $\boldsymbol{p}$ とを用いて $E = \sqrt{(mc^2)^2 + (pc)^2}$ と表される。ただし，$p = |\boldsymbol{p}|$ である。このうち，$\boldsymbol{p} = 0$ つまり静止しているときのエネルギー mc^2 との差を運動エネルギーとよぶことにする。数式で記述すると以下のようになる。

$$\text{運動エネルギー} = E - mc^2 = \sqrt{(mc^2)^2 + (pc)^2} - mc^2$$

相対論的な場合は $pc \gg mc^2$,非相対論的な場合は $pc \ll mc^2$ が成り立つ。また,相対論によれば,粒子の速度は光速を越えることはない。

問5 粒子の運動エネルギーは,非相対論的な場合には $\dfrac{p^2}{2m}$,相対論的な場合には pc と近似できることを示せ。必要なら,$|x| \ll 1$ のとき,$\sqrt{1+x} \fallingdotseq 1+\dfrac{1}{2}x$ と近似せよ。

非相対論的な場合には,粒子の速度を v とすると,$p=mv$ だから,運動エネルギーはよく知られたように $\dfrac{1}{2}mv^2$ と表される。

VII 3次元空間での電子の運動エネルギー

次に,問1から問3で求めた1次元の例をもとに3次元の場合を考えよう。このときは電子の位置 $\boldsymbol{r}=(x,y,z)$ と運動量 $\boldsymbol{p}=(p_x,p_y,p_z)$ とで作る6次元空間が位相空間である。この位相空間内に占める電子一個あたりの6次元体積は,位置に関する体積が $\Delta x\,\Delta y\,\Delta z$,運動量に関する体積が $\Delta p_x\,\Delta p_y\,\Delta p_z$ であるので,その積として $\Delta x\,\Delta y\,\Delta z\,\Delta p_x\,\Delta p_y\,\Delta p_z$ となり,これは $h^3/2$ である。そこで,N 個の電子が半径 R の球内に詰め込まれており,それらが縮退しているとき,以下の誘導問題にしたがって,その球内での電子の全運動エネルギー U_d を N と R とを使って表そう。

3次元の場合,半径の3乗と体積との間には $\dfrac{4\pi}{3}$ という係数がつく。そこでこれ以降では計算を簡素化するために,以下の定数 k を導入する。

$$k^3 \equiv 2\times\left(\dfrac{4\pi}{3}\right)^2 \text{ で } k \text{ を定義する}$$

$$k=3.274 \text{ が近似値である}$$

問6 電子の運動量の大きさをできるだけ小さくして,位相空間を N 個の電子で埋めて,縮退状態にしよう。この場合,電子は,位置 $\boldsymbol{r}$ に対して半径 R の球内(つまり $r \le R$),運動量 $\boldsymbol{p}$ に関して半径 p_F の球内(つまり $p \le p_\mathrm{F}$)の領域を埋め尽くしている。ここで $r=\sqrt{x^2+y^2+z^2}$,$p=\sqrt{p_x^2+p_y^2+p_z^2}$ で

ある。このとき，電子のもつ最大の運動量 p_F を N と R との関数として求めよ。

問7 運動エネルギーは電子の位置 r にはよらず，電子の運動量 $\boldsymbol{p}$ の大きさ p だけで決まる。そこで，Δp を十分小さいとみなして，位相空間内で運動量の大きさは p と $p+\Delta p$，位置は $r \leq R$ の領域に入っている電子について考えてみると，それらは全て同じ運動エネルギーをもつとみなせる。この領域の位相空間の体積は $\dfrac{4\pi}{3}R^3 4\pi p^2 \Delta p = \dfrac{3}{2}k^3 R^3 p^2 \Delta p$ とみなせることに注意しよう。
この領域に含まれる全電子のもつ運動エネルギーの総和 ΔU_d を問5を参照し，非相対論的な場合と相対論的な場合に分けて別々に求めよ。

問8 次に，いろいろな運動量の大きさ p について運動エネルギーの総和をとれば，全運動エネルギー U_d が求まる。ここで，総和を積分に変えると，積分は 0 から p_F である。以上のことと問6，問7の結果とを利用して，U_d を N と R との関数として求めると次のようになる。それぞれの場合について，N と R の指数 a, b を求めよ。

非相対論的な場合を仮定して運動エネルギーを計算する場合

$$U_\mathrm{d} = \frac{3}{10k^2}\frac{h^2}{m_\mathrm{e}}N^a R^b$$

相対論的な場合を仮定して運動エネルギーを計算する場合

$$U_\mathrm{d} = \frac{3}{4k}hcN^a R^b$$

Ⅷ 太陽の未来

太陽は宇宙にある典型的な星で，半径は 7×10^8 m の球で，中心部分は 1.4×10^7 K にもなる高温状態で水素の核融合反応が起こっている。星を押し潰そうとする重力に対して，高温ガスの圧力が十分に高く，圧力と重力がつり合っており，誕生後50億年経過した現在も大きさや温度が一定で，安定して輝いている。温度の高い星の中心部分では水素原子核（つまり陽子）が核融合を起こし，ヘリウム原子核に変換している。このとき大量の熱エネルギーを出し，星を高温に保っている。太陽の場合，誕生後100億年ほど経過すると，複雑な経過をたどるものの，中心部分ではヘリウム原子核ばかりになり，核融合は停

止し，エネルギー発生が止まり，温度が下がる。その結果，圧力が下がり，重力のために星は収縮していく。それではどこまで収縮するのだろうか。限りなく収縮するのだろうか。収縮がどこかで止まるとしたら，どういう状態なのだろうか。

IX 星の重力エネルギー

いま，微小質量 Δm を集めて一様な密度の星を次第に作っていく場合，星の半径が r のときの星の質量を $m(r)$ とし，Δm の重力の位置エネルギー（これを重力エネルギーとよぶ）を考えよう。G を万有引力定数として，Δm が星の中心から距離 x $(x \geq r)$ にあるときに，Δm にはたらく万有引力の大きさ F は次のようになる。

$$F = \frac{Gm(r)\Delta m}{x^2}$$

重力エネルギーの基準を無限遠点 $(x=\infty)$ にとると，Δm を無限遠 $(x=\infty)$ から星表面 $(x=r)$ まで移動させたとき，重力に対して，外力のする仕事量 ΔU_g は F を x で積分して次のように求まる。

$$\Delta U_g = \int_\infty^r F dx = -\frac{Gm(r)\Delta m}{r}$$

このように，星を作る物質 Δm のもつ重力エネルギーは ΔU_g に等しい。その値は，星の密度が一様な場合は，中心から Δm までの距離を r として，r よりも内側にある質量 $m(r)$ で決まり，上式のように与えられる。密度が一様な場合，質量 M，半径 R の星（つまり $M=m(R)$ である）の重力エネルギーがどのくらいになるか，以下の小問にしたがって求めよう。

問9 Δr を十分小さいとみなして，星内部で半径が r から $r+\Delta r$ の領域に入っている物質の質量を Δm とすれば，その重力エネルギーが上式で与えられることになる。この領域の体積は $4\pi r^2 \Delta r$ とみなせることに注意して，この領域に含まれる質量のもつ重力エネルギー ΔU_g を G, M, R, r, Δr を使って求めよ。

問10 次に，いろいろな半径についての総和をとれば全重力エネルギー U_g が求まる。ここで，総和を積分に変えると積分範囲は 0 から R となる。以上のことを利用して星の全重力エネルギー U_g を G, M, R を使って求めよ。

X 星の進化

　この星（半径 R，質量 M）は，密度一様で水素をすべて核融合反応でヘリウムに変換してしまっているとする。ヘリウムは中性子，陽子，電子からなり，個数比では $1:1:1$ である。中性子と陽子とは同じ質量とみなせるのでまとめて核子とよぶ。核子に対して，電子ははるかに軽いので，原子の質量は核子の数だけで決まる。一方，問 4 でみたように，電子の縮退圧は核子の縮退圧よりもはるかに大きいので，縮退圧は電子の数だけで決まる。ここで，電子数に対する核子数の比を y とおけば，ヘリウムの場合には $y=2$ である。このとき，星に含まれる電子の総数 N と星の質量 M とには，m_H を核子質量として，$M = y m_H N$ の関係がある。この関係を用いると，問 8 で求めた電子の縮退圧に起因する全運動エネルギー U_d は，N の代わりに M を使って表すことができる。質量 M の星が重力的に収縮する場合，半径 R は小さくなる。星の全エネルギー U は，問 10 で求めた負の値である全重力エネルギー U_g と，問 8 で求めた正の値である電子の縮退圧に起因する全運動エネルギー U_d の和だから，$U = U_g + U_d$ である。収縮する星は U が最小値になったところで収縮は止まり安定するので，この安定状態を白色矮星とよぶ。

　以下の解答で必要ならば，問題末に与えた数値を用いよ。

問 11　白色矮星内部での密度は一様で，電子の振る舞いは非相対論的であると考えて，その半径と密度を求めよ。特に，太陽が白色矮星になった場合の半径と密度を数値計算せよ。

問 12　太陽よりも質量の大きな星が収縮して白色矮星になった場合，半径は小さくなり，密度は高くなる。その結果，縮退した電子の運動量は大きくなり，相対論的領域になる。すべての電子が相対論的とみなせる場合の全エネルギーは R^{-1} に比例することを示せ。この場合の星の安定性を調べ，星の質量がある値を超える場合には白色矮星とはならずに潰れてしまうことを説明せよ。

問 13　密度が十分に高くなった星の電子の運動エネルギーの表式は相対論的になる。この場合，前問で調べたように，ある質量を越える星は潰れてしまう。そこで星が潰れないための限界質量を，発見者にちなんでチャンドラセカール質量とよぶ（1930 年代）。チャンドラセカール質量を求めよ。また，

それは太陽質量 $M_\odot$ の何倍になるか。

XI チャンドラセカール質量

実際の白色矮星では，y は 2 より少し大きいこと，密度が一様でないこと，全ての電子が相対論的でないことなどにより，チャンドラセカール質量はここで計算した値よりも少しだけ小さいということを注意しておこう。チャンドラセカール質量以下の星で，密度が高く電子の運動量表式が相対論的である星は膨張し密度が下がる。密度が下がった結果，電子の運動量表式が非相対論的になり，問 11 で求めたように白色矮星として安定する。これに対して，チャンドラセカール質量以上の星の場合，核融合を停止した星の重力を電子の縮退圧では支えられない。そのために星はさらに収縮して密度が上がる。こうなると，電子は陽子に取り込まれ中性子に変化する。こうして，すべての核子が中性子となった中性子星となる。

問 14 これまでの議論をそのまま応用して，チャンドラセカール質量をわずかに超えた星が中性子星になった場合，縮退した全ての中性子は非相対論的であると考え，中性子星の半径を数値計算せよ。これに対して，チャンドラセカール質量よりわずかに軽い星は白色矮星になる。それでは，この白色矮星の半径は中性子星の半径の何倍くらいになるか。

XII ブラックホール

こうして，太陽のような星が核融合反応を停止し，発熱しなくなると，重力のために収縮する。星の質量が太陽くらいであれば，電子が縮退してその縮退圧で収縮を止め白色矮星となる。星の質量がチャンドラセカール質量を越えていると電子の縮退圧では重力を支えきれずに，電子は陽子に取り込まれ，中性子となる。このようにして，中性子が縮退してその縮退圧で収縮を止め中性子星となる。同様にして，星の質量がさらにある値を超えていると，中性子の縮退圧でも重力を支えきれなくなる。この場合には，さらに潰れてすべてのものを飲み込んでしまうブラックホールとなる。

万有引力定数：$G = 6.67 \times 10^{-11}\ \mathrm{Nm^2/kg^2}$

プランク定数：$h = 6.63 \times 10^{-34}\ \mathrm{Js}$

光速度：$c = 3.00 \times 10^8\ \mathrm{m/s}$

電子質量：$m_\mathrm{e} = 9.11 \times 10^{-31}\ \mathrm{kg}$

核子（陽子，中性子）質量：$m_\mathrm{H} = 1.67 \times 10^{-27}\ \mathrm{kg} = 1830\,m_\mathrm{e}$

太陽質量：$\mathrm{M}_\odot = 1.99 \times 10^{30}\ \mathrm{kg}$

太陽半径：$\mathrm{R}_\odot = 6.96 \times 10^8\ \mathrm{m}$ （第2チャレンジ理論問題）

解　答

問1 このとき，N個の電子が位相空間内に占める面積は$Nh/2$なので，

$$2p_\mathrm{F} 2R = \frac{h}{2} N \Rightarrow p_\mathrm{F} = \frac{h}{2}\frac{N}{4R} = \underline{\frac{hN}{8R}}$$

問2 運動エネルギーの総和は，

$$\Delta U_\mathrm{d} = \frac{\Delta p\, 2R}{h/2}\frac{p^2}{2m_\mathrm{e}} = \underline{\frac{2Rp^2}{hm_\mathrm{e}}\Delta p}$$

問3 全運動エネルギーは，（6.21）式を用いて，

$$U_\mathrm{d} = \sum \Delta U_\mathrm{d} = \sum \frac{2Rp^2}{hm_\mathrm{e}}\Delta p = \frac{2R}{hm_\mathrm{e}}\int_{-p_\mathrm{F}}^{p_\mathrm{F}} p^2\, dp = \frac{2R}{hm_\mathrm{e}}\frac{2p_\mathrm{F}^3}{3}$$

$$= \frac{4R}{3hm_\mathrm{e}}\left(\frac{hN}{8R}\right)^3 = \underline{\frac{h^2 N^3}{384 m_\mathrm{e} R^2}}$$

問4 粒子の縮退圧は，

$$P = -\frac{dU_\mathrm{d}}{dR} = \frac{h^2 N^3}{192 m R^3}$$

ここで，mは粒子の質量，Nは粒子の個数である。個数が同じなら，粒子質量の小さい電子の場合の方が縮退圧は大きい。したがって，縮退圧で支えている粒子は電子であることがわかる。電子の縮退圧は陽子の縮退圧に比べて$\underline{1{,}830}$倍大きい。

問5 非相対論的運動エネルギーは，

$$\sqrt{m^2 c^4 + p^2 c^2} - mc^2 = mc^2\left(\sqrt{1 + \frac{p^2}{m^2 c^2}} - 1\right) \approx mc^2\left(1 + \frac{p^2}{2m^2 c^2} - 1\right) = \frac{p^2}{2m}$$

相対論的運動エネルギーは,
$$\sqrt{m^2c^4+p^2c^2}-mc^2=\frac{p^2c^2}{\sqrt{m^2c^4+p^2c^2}+mc^2}\approx pc$$

問6 電子のもつ最大の運動量は,
$$\frac{4\pi p_F^3}{3}\frac{4\pi R^3}{3}=\frac{h^3}{2}N \Rightarrow k^3p_F^3R^3=h^3N$$
$$\Rightarrow \underline{p_F=\frac{h}{kR}N^{1/3}=\frac{h}{2R}\left(\frac{9N}{4\pi^2}\right)^{1/3}}$$

問7 非相対論の場合は,問2と同様に,
$$\Delta U_d=\frac{4\pi p^2\Delta p\frac{4\pi}{3}R^3}{h^3/2}\frac{p^2}{2m_e}=\frac{\frac{3}{2}k^3R^3p^2\Delta p}{h^3/2}\frac{p^2}{2m_e}=\underline{\frac{3k^3}{2h^3m_e}R^3p^4\Delta p}$$
$$=\frac{16\pi^2}{3h^3m_e}R^3p^4\Delta p$$

相対論の場合は,
$$\Delta U_d=\frac{4\pi p^2\Delta p\frac{4\pi}{3}R^3}{h^3/2}pc=\frac{\frac{3}{2}k^3R^3p^2\Delta p}{h^3/2}pc=\underline{\frac{3k^3c}{h^3}R^3p^3\Delta p}$$
$$=\frac{32\pi^2c}{3h^3}R^3p^3\Delta p$$

問8 非相対論の場合,全運動エネルギーは,
$$U_d=\sum\Delta U_d=\sum\frac{3k^3}{2h^3m_e}R^3p^4\Delta p=\frac{3k^3}{2h^3m_e}R^3\int_0^{p_F}p^4dp=\frac{3k^3}{10h^3m_e}R^3p_F^5$$
$$=\frac{3k^3}{10h^3m_e}R^3\left(\frac{h}{kR}N^{1/3}\right)^5=\frac{3}{10k^2}\frac{h^2}{m_e}N^{5/3}R^{-2} \qquad (6.23)$$
$$\therefore a=\underline{\frac{5}{3}},\ b=\underline{-2}$$

相対論の場合,全運動エネルギーは,
$$U_d=\sum\Delta U_d=\sum\frac{3k^3c}{h^3}R^3p^3\Delta p=\frac{3k^3c}{h^3}R^3\int_0^{p_F}p^3dp=\frac{3k^3c}{4h^3}R^3p_F^4$$
$$=\frac{3k^3c}{4h^3}R^3\left(\frac{h}{kR}N^{1/3}\right)^4=\frac{3}{4k}hcN^{4/3}R^{-1} \qquad (6.24)$$

$$\therefore\ a=\frac{4}{3},\ b=\underline{-1}$$

問9 重力エネルギー ΔU_g は，星の密度 $\rho=\dfrac{3M}{4\pi R^3}$ を用いて，

$$\Delta U_g = -\frac{Gm\Delta m}{r} = -\frac{G\dfrac{4\pi r^3 \rho}{3}4\pi r^2 \Delta r\rho}{r} = -\frac{16\pi^2 G}{3}\rho^2 r^4 \Delta r$$

$$= -\frac{16\pi^2 G}{3}\left(\frac{3M}{4\pi R^3}\right)^2 r^4 \Delta r = \underline{-\frac{3GM^2}{R^6}r^4 \Delta r}$$

問10 星の全重力エネルギーは，

$$U_g = \sum \Delta U_g = -\frac{3GM^2}{R^6}\sum r^4 \Delta r$$

$$= -\frac{3GM^2}{R^6}\int_0^R r^4 dr = \underline{-\frac{3}{5}\frac{GM^2}{R}} \qquad (6.25)$$

問11 星の全エネルギー U を R の関数とみたときの最小値を求めればよい。したがって，U を (6.23) 式と (6.25) 式で表し，R で微分して，

$$\frac{dU}{dR} = \frac{d}{dR}(U_g + U_d) = \frac{d}{dR}\left(-\frac{3GM^2}{5R} + \frac{3}{10k^2}\frac{h^2}{m_e}\left(\frac{M}{ym_H}\right)^{5/3}\frac{1}{R^2}\right) = 0$$

$$\therefore\ \frac{3GM^2}{5}R = \frac{3}{5k^2}\frac{h^2}{m_e}\left(\frac{M}{ym_H}\right)^{5/3}$$

これより，半径 R と，密度 ρ は，

$$R = \frac{h^2}{k^2 G m_e (ym_H)^{5/3}}M^{-1/3} \qquad (6.26)$$

$$\rho = \frac{3M}{4\pi R^3} = \frac{3}{4\pi}\frac{k^6 G^3 m_e^3 (ym_H)^5}{h^6}M^2$$

ここで，太陽が白色矮星になった場合，$M=M_\odot$（太陽質量）として，

$$R = \underline{7.189\times 10^6}\ \mathrm{m},\quad \rho = \underline{1.278\times 10^9}\ \mathrm{kg/m^3}$$

となる。

　太陽と同じ質量の星が収縮して，電子の縮退圧で支えられるようになった白色矮星の密度は高く，角砂糖1つの大きさで1トンほどになる。また，そのときの星の半径は地球程度である。さらに質量が大きいほど半径は小さく

なる。

問12 全エネルギーは，(6.24), (6.25)式を用いて，

$$U = U_g + U_d = -\frac{3GM^2}{5}R^{-1} + \frac{3}{4k}hc\left(\frac{M}{ym_H}\right)^{4/3}R^{-1}$$

$$= \left\{-\frac{3GM^2}{5} + \frac{3}{4k}hc\left(\frac{M}{ym_H}\right)^{4/3}\right\}R^{-1} \quad (6.27)$$

R^{-1} の係数が正ならば，半径が大きい方が全エネルギーが小さくなるので，星は半径を大きくして，相対論から離れ白色矮星として安定する。R^{-1} の係数が負ならば，半径の小さい方が全エネルギーが小さくなるので，星はどんどん収縮していくため，縮退圧では支えられずに潰れてしまう。

問13 (6.27)式で，R に依存しない場合が限界質量 M_{ch} となる。したがって，

$$\frac{3}{5}\frac{GM_{ch}^2}{5} = \frac{3}{4k}hc\left(\frac{M_{ch}}{ym_H}\right)^{4/3}$$

$$M_{ch}^{2/3} = \frac{5hc}{4k(ym_H)^{4/3}G}$$

$$M_{ch} = \left(\frac{5}{4k}\right)^{3/2}\frac{1}{(ym_H)^2}\left(\frac{hc}{G}\right)^{3/2}$$

$$= \frac{6.922}{y^2}M_\odot \approx \underline{1.73M_\odot}$$

実際の詳細な計算（全ての電子が相対論的ではないとか，物質組成とか）にしたがうと，上の係数は 6.92 ⇒ 5.86 となり，チャンドラセカール質量は 1.4M⊙ くらいになる。

問14 問 11 で電子を非相対論的に扱うと，電子の縮退圧で支える星の大きさが出た。(6.26)式で $y \to 1$, $m_e \to m_H$, $M \to$ チャンドラセカール限界質量とすれば中性子の縮退圧で支える星の大きさが出る。ただし，このあたりになると相対論的効果が効いてくるが，この影響は無視して計算しておく。

$$R = \frac{h^2}{k^2 G m_e (ym_H)^{5/3}} M^{-1/3} \quad \Rightarrow \quad \frac{h^2}{k^2 G m_H^{8/3}} M_{ch}^{-1/3}$$

$$= \underline{1.037 \times 10^4 \text{ m}}$$

ここでは，チャンドラセカール質量を $M_{ch} = 1.73M_\odot$ とした。これは中性子（有限の大きさをもつ）を充填したとき（中性子星）の大きさとほぼ一致

する。

　チャンドラセカール質量を少し越えた中性子星の質量も，少し越えない白色矮星の質量も同じとすると，$y=2$ として，それぞれの表式から次のようになる。

$$\frac{\text{白色矮星の半径}}{\text{中性子星の半径}} = \frac{h^2}{k^2 G m_e (y m_H)^{5/3}} M^{-1/3} \Big/ \frac{h^2}{k^2 G m_H^{8/3}} M^{-1/3} = \frac{m_H/m_e}{y^{5/3}} = 577.4$$

　したがって，白色矮星の半径は中性子星の半径の約 577 倍となる。

●最新素粒子論

　素粒子理論は，物質と時空（時間と空間）の最も小さなサイズの成り立ちと構造について，インスピレーションとアイデアで，実験が実施されるよりはるか以前に，理論を構築することを目的とする学問である。

　このため，すでに確立した理論体系から極端に外れた斬新な理論を提唱して，世界の素粒子理論研究者から嘲笑の的となった研究者も少なからずいる。しかしながら，これら一見珍奇な理論にも透徹した論理構造と実験により検証可能な結果を予言する能力をもっている理論もある。後にこれらは実験により，その予言が正しいことが証明され，素粒子の標準的な理論となる。日本の研究者には，このような素粒子論を大きく進展させる能力が備わっていると思えてならない。実際，仁科芳雄，湯川秀樹，朝永振一郎，坂田昌一，南部陽一郎，小林誠，益川敏英といった素粒子論の基礎を創りあげた方々はその代表的な例であろう。

　さて今日，素粒子の標準理論とされているのは電弱統一理論＋量子色力学（QCD；Quantum Chromo Dynamics）である。前者は1967年，後者は1973年に理論として完成した。この標準理論は，未知の粒子の存在とこれら粒子の電荷や質量などの属性の予言をした。これら予言のすべては高エネルギー加速器による実験から，1995年までに予言通りであることが確認された。

　現在，素粒子の標準理論は6種類のクォーク（アップ，ダウン，チャーム，ストレンジ，トップ，ボトム），6種類のレプトン（電子，ミューオン，タウ粒子，電子ニュートリノ，ミューニュートリノ，タウニュートリノ），これに加えてクォーク2個ないし3個を結びつけるグルーオン，光子，レプトンの間やレプトンとクォークの間に働く弱い力を媒介するWボソンとZボソンという素粒子をもとに構成されている。これらの素粒子をもとにして，陽子，中性子，π中間子等などがどのようにしてつくられているかを理論づけている。ただし，これら素粒子（光子を除く）の質量の起源を説明するためヒッグス粒子が必要とされている。しかしながら，このヒッグス粒子の質量は理論的に定まる量ではない。そのうえ，ヒッグス粒子は実験によりその存在が検証されていない。ヒッグス粒子発見のた

めに，EU 諸国が中心となって，周長 27km（東京山手線の周長にほぼ等しい）の衝突型加速器 LHC が建設された．この装置はスイスとフランス国境を跨いだところにある CERN（ヨーロッパ原子核研究機構）に設置され，2010 年に運転が開始されたばかりである．日本からも約 15 の大学・研究機関が参加している．ヒッグス粒子は数年後には発見できると予測されている．

LHC の中心部 ATLAS の断面写真
（写真提供 CERN アトラス実験グループ）

さらに，まったく新種の素粒子とされる超対称性粒子の発見も目指している．この粒子の理論的存在は 20 世紀末には予言されていた．超対称性粒子の 1 種でも発見されたならば，素粒子物理学はまったく新しい世界に一歩踏みこむことになる．

この超対称性粒子が発見されたならば，自然界の基本となる 4 つの力（電磁気力，弱い力，強い力，重力）とすべての素粒子を統一的に記述する超弦理論が基本理論とみなせる傍証となる．超弦理論は 20 世紀末から今日に至るまで，驚くべき進化変貌を遂げつつある．この理論は，単なる数学的モデルとみなされるべきではなく，実際にビッグバン直後の超初期宇宙の時空構造の解明の基本的な理論になりつつある．

実験編

1章 測定とデータ処理
Measurements and data analyses

——理論は脆くも崩れ去るが，優れた観測は決して色あせない　(H.Shapley)

1.1 測定の工夫

　物理チャレンジ（以下 PhysChal と略記）や国際物理オリンピック（以下 IPhO と略記）の実験試験のように，限られた時間内で要領よく測定を行うための一般的な心得をあげておく。これらは大学での学生実験や大学院での研究のための実験にも役立つ事柄である。

(1) 測定を始める前に，測定全体を予想して測定条件や手順などを決める

　時間変化する現象を測定するとき，何秒おきに測定すればいいのか。あるいは，電気回路の問題で電圧を何 V 間隔で変化させて測定すればよいのか。光反射の実験で鏡を何 mm おきに動かして測定すればよいのか。PhysChal や IPhO ではこのような測定条件（測定パラメータ）が指定されない場合が多く，自分で「適切に」決めなければならない。そのとき，できるだけ正確に測ろうとして，初めからできるだけ細かい刻み間隔で測定してしまうと時間の浪費となることが多い。まず，測定パラメータを最小値から最大値まで変化させ，その過程でどのような現象や変化が起きるのか確認した後，測定全体に要する時間を考えて測定パラメータの刻みを決める。また，多くの場合，肝心の現象が起きるのは測定パラメータのごく狭い範囲だけ，ということがある。そのときには，その肝心な範囲だけで測定パラメータを細かく変化させて測り，それ以外のところでは粗く測定パラメータを変化させて測定する。このような工夫はおおいに時間の節約となると同時に，「木を見て森を見ず」のような測定に陥らないですむ。さらに，問題になっている実験状況が，例えば左右対称となっていることに気づいたなら，右側だけ細かく測り，左側は確認程度で大雑把に測ることも「センスの良い」測定といえる。ある現象が正の電圧でも負の電圧

でも同様に起こるなら，正の電圧での測定で十分なはずである。

(2) 一つ一つの測定の精度を上げる必要はない

ある物体の長さを定規で測定する場合，最小目盛（普通の定規では 1 mm）の 1/10 までの精度で読み取ろうとして時間をかける人がいるが，それほど慎重になる必要はない。なぜなら，PhysChal や IPhO では，最小目盛の 1/2 を測定誤差とするので，測定結果は，例えば 21.3±0.5 mm ということになり，0.3 mm は誤差の範囲内となるからである。一般に，最小目盛の 1/10 程度までの精度で測定器が作られているとは限らないので，この場合，最小桁の数値が 3 なのか 4 なのか 5 なのかにこだわる必要はない。また，例えば，デジタルマルチメータで電圧を測るとき，最小桁の数字がフラフラして値が確定しないときには，フラフラする値の範囲を測定誤差として処理すればよい。例えば，21.3 V 程度で最小桁の数値が 2 から 4 の範囲でふらついているときは，測定結果を 21.3±0.1 V とすればよい。また，たとえ最小桁の数値がきちんと止まっていて，21.3 V と確定しているときでも，測定誤差は最小桁の 1/2 とみなして，測定結果は 21.30±0.05 V となる。アナログの測定器の針の動きも同様に考えて測定誤差とする。もちろん，測定値のふらつきが大きいときには，それを小さくする努力が必要だが，どうしても改善されない場合には実験装置の限界と考え，ふらつきを測定誤差に押し込めてしまう。

(3) データの記録

電気回路で電圧値を設定して，そのとき流れる電流を測定するという実験を考える。測定データは図 1.1 に示すように，各設定電圧値に対する測定電流値を一覧表にして記録するが，その際，表の欄には物理量とともにその単位も忘れずに書く（IPhO では測定データの一覧表に単位を書き忘れていると減点の対象になる）。このとき前にも述べたように，小さい電圧から始めて順番に電圧を上げて測定する必要は必ずしもない。「木を見て森を見ず」的な測定にならないためには，はじめに粗い電圧間隔で全範囲の電圧で測定した後，必要に応じて重要な電圧範囲だけ細かな間隔で測定する。そのとき，データの記録の順番は崩れてしまうが問題ない。また，デジタルマルチメータの測定レンジを切り替えたときには，単位が A から mA に変わったり，読み取り値の最小桁

1.1 測定の工夫

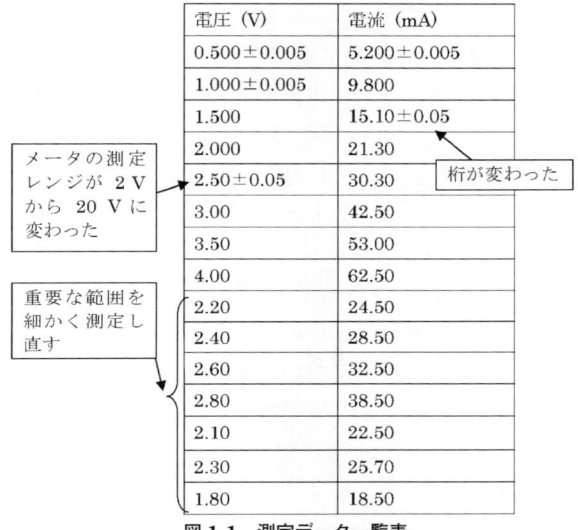

電圧 (V)	電流 (mA)
0.500±0.005	5.200±0.005
1.000±0.005	9.800
1.500	15.10±0.05
2.000	21.30
2.50±0.05	30.30
3.00	42.50
3.50	53.00
4.00	62.50
2.20	24.50
2.40	28.50
2.60	32.50
2.80	38.50
2.10	22.50
2.30	25.70
1.80	18.50

（メータの測定レンジが 2 V から 20 V に変わった）
（桁が変わった）
（重要な範囲を細かく測定し直す）

図 1.1　測定データ一覧表

が変わったり，それに対応して読み取り誤差も変わるので注意を要する．特に，1.2 節で述べる有効数字の桁数を考えて値を記録する．

　数値データを一覧表に記録すると同時に，<u>可能ならばグラフ上にデータ点をプロットしながら測定するとよい</u>．図 1.2 に示すように普通，横軸を測定パラメータ（この例では設定電圧），縦軸を測定値（電流値）にする．それによって，測定パラメータのどの範囲が重要なのかわかりやすくなることが多い．図 1.2 の例では，2.2 V 付近で勾配が変化しているので，その付近を細かく測定している．グラフを描くには横軸と縦軸の最大値がある程度わかっていなければならないので，前にも述べたように，初めに測定パラメータの全範囲を大雑把に振

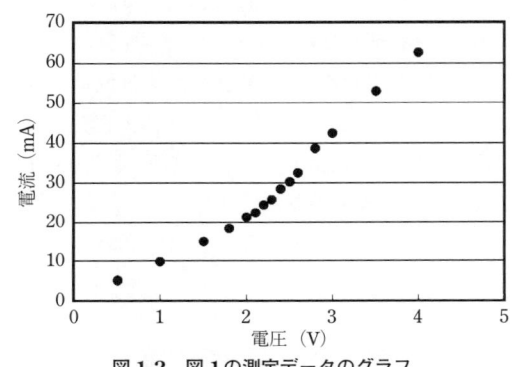

図 1.2　図 1 の測定データのグラフ

って測定してみて測定値がどの範囲で変化するのか，「当たり」を付けておく．(もちろん，このような「予備測定」ができない実験では，測定パラメータを順に変えていって初めからコツコツ測定せざるを得ない．また，IPhO ベトナム大会の実験問題のように，30 秒間隔で電流値を測定しなければならない場合には，グラフにデータ点をプロットする時間的余裕がないので，このような場合には全部の測定を終えた後，まとめてグラフにプロットするしかない．)

(4) 副尺付の目盛の読み方

IPhO では，ノギスや角度測定器など副尺（ヴァーニア）付の測定器で測定する場面があるので，ここでは，ノギス（図 1.3(a)）を例にとって基本的なことを説明しておく．

ノギスの副尺は主尺の 9 目盛を 10 等分した目盛となっている．つまり，主尺の 1 目盛 a が 1 mm であり，副尺の 1 目盛 b が 0.9 mm である：$9a=10b$．両者の差 0.1 mm が最小読み取り値となる．

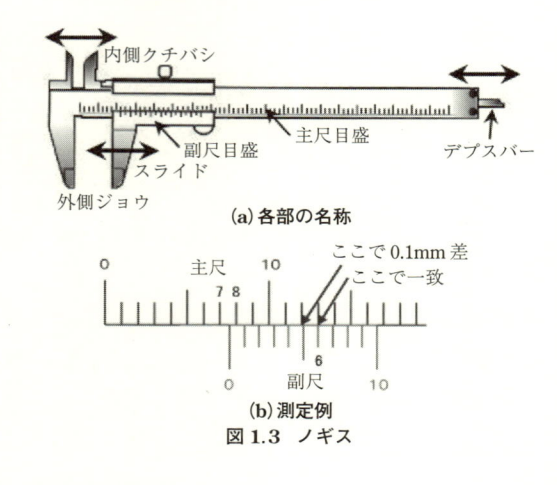

まず，副尺の 0 の位置での主尺の目盛を読む．図 1.3(b) の例では，主尺の 7 mm と 8 mm の間に副尺の 0 があるので，その間の数値になることがわかる．次に副尺と主尺の目盛線が一致する位置を探し，そこでの副尺の目盛を読む．この例では 6 なので，結局，全体の測定値としては，7.6 mm となる．最小読み取り値が 0.1 mm なので，誤差は 0.05 mm となるので，結局，測定結果は 7.60 ± 0.05 mm となる．

1.2 測定誤差と有効数字 215

【例題】 図 1.4(a) のように，主尺の 39 mm を 20 等分する副尺を持つノギスも広く使われている。そのノギスで測定した例が図 1.4(b) に示されている。この測定結果を誤差も含めて書き表せ。

［解］ 図 1.4(b) で副尺の 0 の目盛は，主尺の 27 mm と 28 mm の間にある。また，副尺の目盛線と主尺の目盛線が一致しているのは，副尺で 6.5 である。よって，測定値は 27.65 mm となる。一方，副尺の 1 目盛は 39/20＝1.95 mm であり，主尺の 2 目盛（＝2 mm）との差が 0.05 mm なので，最小読み取り値は 0.05 mm，よって読み取り誤差は，その 1/2 の 0.025 mm（約 0.03

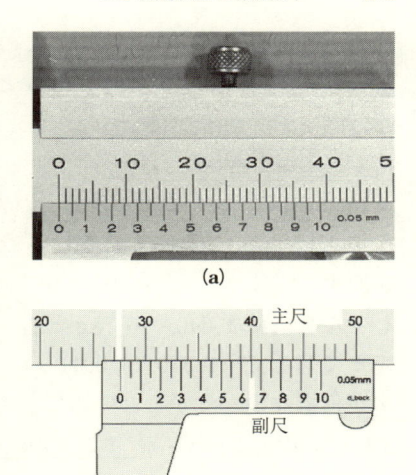

(a)

(b)
図 1.4

mm）となる。よって，測定結果は 27.65±0.03 mm となる。(これを 27.65±0.025 mm と書いてはいけない。小数第 2 位の数値 5 が誤差を含んでいるので，小数第 3 位までの誤差は意味がないからである。)

分光計などで使われている角度測定用の分度器にも副尺が使われている（IPhO ベトナム大会実験問題）。この場合の主尺の最小目盛は 0.5°（＝30'）で，副尺は 29' を 30 等分しているので，最小読み取り値は 1' となり，その読み取り誤差は 0.5' となる（1°＝60' である）。

1.2 測定誤差と有効数字

実験で得られるすべての測定値は常に不確かさ（誤差）を含んでいる。したがって，測定値はその誤差とあわせてはじめて意味を持つ。そこで有効数字の概念が出てくる。それは計測器で測った値をどの桁まで信じられるかを表す概念であり，具体的には，<u>最小桁にだけ誤差が含まれるように表記した数字が有効数字である</u>。例えば，最小目盛 1 mm の定規で長さを測定する場合には，誤差が最小目盛の 1/2 なので ±0.5 mm となる。したがって，測定した長さが 23.4 mm のとき，小数第 1 位の値には誤差が含まれており，よって小数第 2

位以下の数値には意味がない。この場合，有効数字は 3 桁となり，23.4±0.5 mm と表記し，23.40±0.5 mm などと表記してはいけない。ノギスで測定すれば測定誤差が ±0.05 mm なので，23.40±0.05 mm と表記し，有効数字が 4 桁であることを表す。

1 g の誤差が入る精度で測定された質量が 0.134 kg の場合には有効数字が 3 桁であり，それを明確に表記するために $1.34×10^{-1}$ kg と表記する（誤差まで表記するには $(1.34±0.01)×10^{-1}$ kg と書く）。0.1 g の誤差が入る精度で測定した場合には $1.340×10^{-1}$ kg と書いて有効数字が 4 桁であることを示す（誤差まで書くと $(1.340±0.001)×10^{-1}$ kg となる）。単に 300 g と書くと有効数字が何桁なのか分からないので，有効数字が 3 桁なら $3.00×10^2$ g，4 桁なら $3.000×10^2$ g と書く。<u>有効数字の最後の桁には測定誤差が含まれている</u>ことを忘れないこと。

また，デジタルマルチメータでの測定レンジを切り替えると，測定誤差および有効数字が変わるので注意が必要である。例えば，1.5 V 程度の電圧を測定する場合，20 V レンジで測定すると 1.4 V となるが，2 V レンジにすると 1.38 V となり，有効数字の桁数が上がる。それと同時に，測定誤差も一桁小さくなる。つまり，前者は 1.40±0.05 V，後者は 1.380±0.005 V となる。

【例題】 次に挙げる数字の有効数字はそれぞれ何桁か。
(a) 0.00167　　(b) 6400　　(c) 0.012300　　(d) 100

［解］ (a) 3 桁。(b) 2 桁か 3 桁か 4 桁か，この数値だけからでは判断できない。(c) 5 桁。(d) 1 桁か 2 桁か 3 桁か，この数値だけからでは判断できない。

1.3 誤　差

これまで述べてきた測定誤差は，測定器の目盛が飛び飛びであることに起因する読み取り誤差であった。PhysChal や IPhO の実験試験で重要なもう一つの誤差は統計誤差である。つまり，<u>同じ測定を多数回繰り返したり，相対的に読み取り誤差を小さくすることによって測定誤差を小さくすることが重要である</u>。

単振り子の周期をストップウォッチで測定することを考える。1 周期の振動に要する時間 T を 10 回測定した結果が，例えば，2.5 s, 2.7 s, 2.4 s, 2.6 s,

2.5 s, 2.3 s, 2.6 s, 2.6 s, 2.5 s, 2.7 s であった（ストップウォッチは小数第2位以下の数字まで表示するであろうが，人の操作や判断がはいるため 1/100 s 以下の正確さで測定しているとは思われないので小数第1位までを有効数字とした）。n 回の測定値 T_i $(i=1, \cdots, n)$ の平均 $\overline{T}$ は

$$\overline{T} = \frac{1}{n}\sum_{i=1}^{n} T_i \tag{1}$$

で定義されるので，この例で計算すると，$\overline{T}=2.540$ s となる（念のために小数第3位まで書いておくが，後で切り捨てる）。その誤差 $\varDelta T$ は

$$\varDelta T = \sqrt{\frac{1}{n(n-1)}\sum_{i=1}^{n}(T_i-\overline{T})^2} \tag{2}$$

または，

$$\varDelta T = \frac{1}{n}\sum_{i=1}^{n}|T_i-\overline{T}| \tag{3}$$

で定義される。これは，i 番目の測定値 T_i が平均値 $\overline{T}$ からどれだけずれているかを表す量（残差）$|T_i-\overline{T}|$ の平均値といってよい。(2)式で計算される誤差を平均値誤差（平均誤差）といい，標準偏差の $1/\sqrt{n}$ になっている。この式は大学で勉強するので，ここでは定義として受け入れることにする。(3)式の $\varDelta T$ は (2)式の $\varDelta T$ より，やや大きくなるのが普通であるが，どちらの計算式を用いてもよい。ここでは(2)式で計算すると $\varDelta T=0.04$ s となる。小数第2位に誤差が入るので，有効数字を考えて測定結果は $T=2.54\pm0.04$ s となる（計算過程では有効数字より1桁多くとって計算し，最後に有効数字の桁数にする）。手でストップウォッチを押して時間計測する場合，0.1 s 程度の誤差が出るのは避けられないため，上記の10回の測定値のばらつきはその程度となっているが，10回測定したことにより誤差が小さくなっている。

　しかし，単振り子の周期を測定するのに1周期で測定するより，例えば，10周期をまとめて測定し，その結果を1/10にして周期を求めたほうが精度良く測定できることは容易に想像がつく。そこで，単振り子が10回振れるのに要した時間を測定した結果，25.4 s, 25.3 s, 24.8 s, 25.9 s, 24.3 s, 25.0 s, 25.3 s, 25.1 s, 24.8 s, 25.9 s のデータを得た。今度は有効数字が3桁になっていることに注意。よって，上と同様の解析をすると，周期の平均値

$\overline{T} = 2.518$ s，誤差 $\Delta T = 0.015$ となる．この場合，小数第2位に誤差が入っているので，有効数字を考えて測定結果は，$T = 2.52 \pm 0.02$ s となる．1周期で測定したときより，測定精度が上がったことになる．上述したように，ストップウォッチでの時間計測では 0.1 s 程度の誤差が出るのは避けられないが，10周期をまとめて測定することによって測定すべき時間を長くすれば，相対的に誤差は小さくなることを利用している．この場合，1周期の計測を100回（＝10周期×10回）計測したのと同じだと言ってもよい．

IPhO ではこのような測定データの解析が要求される．また，新しいタイプの実験問題として，例えば，最小目盛 1 mm の定規を用いてある波の波長を測定誤差が 0.2 mm 以下になるように測定しなさい，という問題が考えられる（実際，類似の問題が IPhO シンガポール大会で出題された）．上述したように，この定規での測定誤差は最小目盛の 1/2 なので ±0.5 mm となるので（1 mm の幅がある！），どうすれば，0.2 mm 以下の誤差にできるか，上述の例を思い出せばわかるであろう（2章実験物理の問題2）．

【例題】 (a) ある物理量を5回測定した測定値が次に示されている．この測定値の平均値および測定誤差を求め，有効数字を考えて測定結果を表記せよ．

1回目　41.53　　2回目　41.49　　3回目　41.48
4回目　41.51　　5回目　41.47

(b) 同じ測定をさらに15回行い，次の結果を得た．1〜20回目のすべての測定値を使って，平均値および誤差を改めて求めよ．そして有効数字を考えて測定結果を表記せよ．

6回目　41.50　　7回目　41.49　　8回目　41.49
9回目　41.52　　10回目　41.51　　11回目　41.51
12回目　41.50　　13回目　41.51　　14回目　41.50
15回目　41.49　　16回目　41.51　　17回目　41.48
18回目　41.49　　19回目　41.51　　20回目　41.50

[解]　(1)式および(2)式を用いて平均値と誤差を求める．(a) 平均値は 41.496，誤差は 0.0108．小数第2位に誤差が入るので有効数字が4桁となり，結果は 41.50±0.01 となる．(b) 平均値は 41.4995，誤差は 0.0033．よって，結果は 41.500±0.003 となり，(a) より誤差が小さくなった．

【例題】(a) ある波の定常波の1波長の長さを最小目盛が1 mm の定規で5回測定した結果が，23.5 mm，23.7 mm，24.0 mm，23.3 mm，23.6 mm であった。この定在波の波長の測定結果を誤差を含めて求めよ。

(b) 同じ定常波の 10 波長分の長さを同様に5回測定した結果が，234.5 mm，235.0 mm，235.5 mm，234.6 mm，235.1 mm であった。この定在波の波長の測定結果を誤差を含めて求めよ。

［解］(a)(1)式および(2)式から，平均値は 23.62 mm，誤差が 0.12 mm と計算されるので，結果は 23.6±0.1 mm となる。この誤差は定規の最小目盛の 1/2（=0.5 mm）より小さくなっている。5回測定したためである。(b) 平均値は 23.494，誤差は 0.018 となり，小数第2位に誤差が入ってくるので，測定結果は 23.49±0.02 mm となる。(a) に比べて精度の高い測定になっていることがわかる。

1.4 間接測定値の誤差と誤差の伝播

円形の紙片の直径を測定して，その紙片の面積を，誤差を含めて求めるという問題を考えてみる。そのとき，直径の測定値 x が 6.5±0.5 mm であった。円の面積 y は $y=\frac{\pi}{4}x^2$ と書けるので，直径が $x±\Delta x$ の範囲にあるとき，対応する y の範囲 $y±\Delta y$ を求めればいい。図 1.5 を参照しながら次の式を見れば Δy の求め方がわかる。

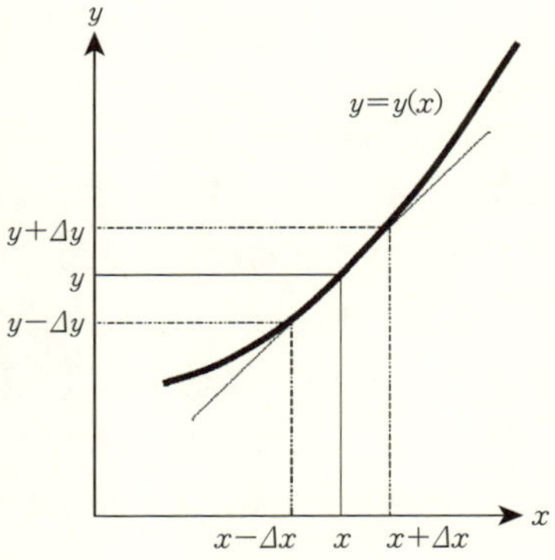

$$\Delta y = |y(x+\Delta x) - y(x)|$$
$$= \left|\left(\frac{dy}{dx}\right)\cdot \Delta x\right| \qquad (4)$$

図 1.5

よって，$dy/dx = \pi x/2 = 10.21$ なので，$\Delta y = 10.21×0.5 = 5.11$。一方 $y = 33.18$ なので，1の位に誤差が入るので小数点以下は意味がない。よって，求める円の面積は，33±5 mm^2 となる。

この考え方を2変数以上の場合に拡張する。長方形の紙片の縦と横の長さを測定して，その紙片の面積を，誤差を含めて求めるという問題を考えてみる。

長さの測定には，最小目盛 1 mm の定規を使うので測定誤差は ±0.5 mm である。縦および横の測定値は，例えば，8.2 mm と 17.5 mm であった。よって，辺の長さの測定結果は 8.2±0.5 mm と 17.5±0.5 mm となる。そのとき，両者の積で計算される面積にも誤差が含まれるはずである。その計算法を説明する。

一般に，ある量 y が，n 個の量 x_i $(i=1, 2, \cdots, n)$ の関数であるとする；$y(x_1, x_2, \cdots, x_n)$。

それぞれの x_i に測定誤差 Δx_i があるとき，y の誤差 Δy は（4）式を拡張した形として

$$\Delta y = \sqrt{\left(\frac{\partial y}{\partial x_1}\Delta x_1\right)^2 + \left(\frac{\partial y}{\partial x_2}\Delta x_2\right)^2 + \cdots + \left(\frac{\partial y}{\partial x_n}\Delta x_n\right)^2} \tag{5}$$

で計算される（偏微分については，付録 A.9 参照）。よって，長方形の紙片の面積 y は縦の長さ x_1 と横の長さ x_2 の積でかけるので，$y = x_1 \cdot x_2$（$=143.5$ mm²）である。偏微分すると，$\frac{\partial y}{\partial x_1} = x_2$, $\frac{\partial y}{\partial x_2} = x_1$ なので，

$$\Delta y = \sqrt{(x_2 \cdot \Delta x_1)^2 + (x_1 \cdot \Delta x_2)^2} = \sqrt{(17.5 \times 0.5)^2 + (8.2 \times 0.5)^2} = 9.66 \text{ mm}^2 \tag{6}$$

となる。x_1 の有効数字は 2 桁であり，x_2 の有効数字は 3 桁なので，それらの積である y の有効数字は 2 桁になる（図 1.6 参照）。よって，面積の測定結果は $y = 140 \pm 10$ mm² となる。十の位に誤差が入り，一の位の数値には意味がないため，一の位の数値を四捨五入した。

特に，$y = x_1^a \cdot x_2^b \cdots x_n^m$ と書ける場合，それぞれの x_i の測定誤差 Δx_i と y の誤差 Δy の関係は，(5)式を計算すると，

$$\left|\frac{\Delta y}{y}\right| = \sqrt{\left(a\frac{\Delta x_1}{x_1}\right)^2 + \left(b\frac{\Delta x_2}{x_2}\right)^2 + \cdots + \left(m\frac{\Delta x_n}{x_n}\right)^2} \tag{5'}$$

となるので，この形で覚えていてもよい。

上述の長方形の紙片の例で，何故 y の有効数字が 2 桁になるのかは図 1.6 に示されている。一般に，測定値の積や商は，有効数字の桁数がもっとも少ない測定値の有効桁数と同じになる。測定値の和や差の有効桁は，誤差を含む桁がもっとも高い測定値によって決まる。しかし，次の例題にあるように例外があるので，誤差が入る桁がどの桁なのか確認して計算結果の有効数字を決める必要がある。

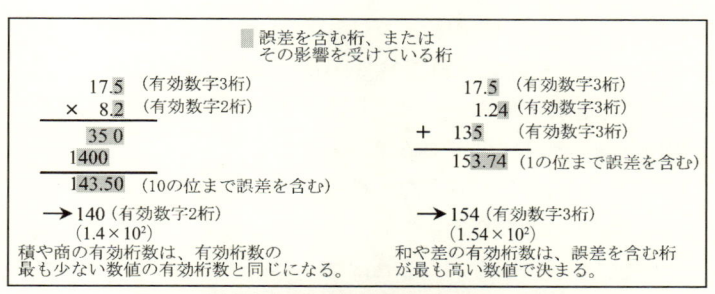

```
          ▆誤差を含む桁、または
              その影響を受けている桁
      17.5  （有効数字3桁）              17.5  （有効数字3桁）
    ×  8.2  （有効数字2桁）               1.24 （有効数字3桁）
      35 0                           +   135  （有効数字3桁）
    1400                              153.74 （1の位まで誤差を含む）
     143.50 （10の位まで誤差を含む）
    → 140  （有効数字2桁）            → 154  （有効数字3桁）
       (1.4×10²)                         (1.54×10²)
    積や商の有効桁数は，有効桁数の        和や差の有効桁数は，誤差を含む桁
    最も少ない数値の有効桁数と同じになる。 が最も高い数値で決まる。
```

図 1.6 測定値の四則演算の結果の有効数字の決め方

【例題】 次の計算の結果を適切な有効数字で示せ。
(a) 53×27 (b) 37.9×75 (c) $41.53 \div 3.8$

［解］ (a) 有効数字が 2 桁なので $1{,}400$ (1.4×10^3)。(b) 有効数字が 3 桁と 2 桁の積なので 2 桁になり，$2{,}800$ (2.8×10^3)。(c) 有効数字が 4 桁と 2 桁の商なので 2 桁になり，11。

【例題】 次の 2 つの測定値（数値 ± 誤差）の計算の結果を，誤差を含めて求めよ。
(a) $(8.3 \pm 0.5) \times (25.2 \pm 0.5)$ (b) $(2.55 \pm 0.05) \times (23.2 \pm 0.5)$
(c) $(8.3 \pm 0.5) + (25.2 \pm 0.5)$ (d) $(2.55 \pm 0.05) + (23.2 \pm 0.5)$

［解］ 計算結果の誤差は (5) 式から計算すればよい。(a) (b) は $y = x_1 \cdot x_2$ の形，(c) (d) は $y = x_1 + x_2$ の形。(a) 有効数字は 2 桁なので 210 ± 10 ($(2.1 \pm 0.1) \times 10^2$) となる。(b) 積は 59.16 で誤差が 1.73 となり，積の 1 の位に誤差が入ってしまうので有効数字 3 桁にはならずに 2 桁となり，結果は 59 ± 2 となる。(c) 和は 33.5，誤差は 0.71 なので，33.5 ± 0.7 となる。(d) 和は 25.75，誤差は 0.502 となり，結果は 25.8 ± 0.5 となる。

1.5 1次関数のフィッティング

中学校の理科でも扱われているバネのフックの法則とは，バネにはたらく力 f がバネの伸び x に比例するというもので，$f = kx$ と書け，その比例係数 k をバネ定数という。バネにおもりをぶら下げてバネの伸び x を測定し，バネ定数 k を，誤差を含めて求める実験を考える。実験データは表 1.1 に示されている。おもりの質量には誤差はないものとする。

まず，測定データをグラフ用紙にプロットする．その際，各データ点に誤差棒（error bar）を付けて測定誤差を表現する．図1.7では，縦軸に実験パラメータである力の大きさ（おもりの質量から計算した）を，横軸に測定結果であるバネの伸びをとっており，通常のグラフと逆になっているが，これはフックの法則 $f=kx$ から，このようなプロットとした．結果は原点を通る直線になるはずなので，直線をデータ点にフィッティングして，その傾きからバネ定数 k を求める．PhysChal や IPhO ではコンピュータが使えないので，目測でフィッティング直線を定規でひく．その際，データのばらつきや誤差棒を考慮して，可能な最大の傾きの直線と最小の傾きの直線を引き，最適と思われる直線をその真ん中になるように引く．この3本の直線からバネ定数 k の値とその誤差を出す．図1.7の場合，最適と思われる直線から $k=0.8/(24.4\times 10^{-3})=32.8$ N/m となる．また，最大および最小

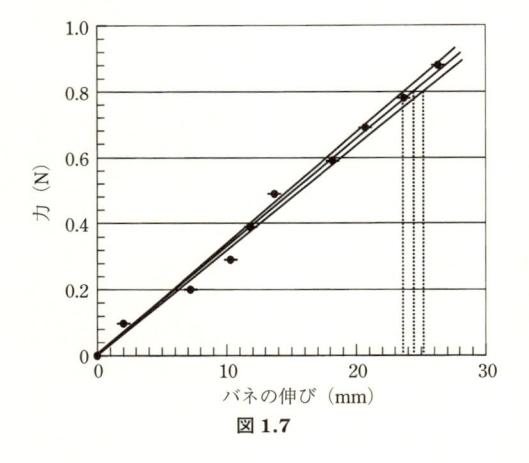

表 1.1

おもり (g)	力 f (N)	伸び x (mm)
0	0	0
10	0.098	2.0±0.5
20	0.20	7.2
30	0.29	10.3
40	0.39	11.8
50	0.49	13.7
60	0.59	18.2
70	0.69	20.7
80	0.78	23.7
90	0.88	26.3
100	0.98	30.4

図 1.7

の傾きの直線から $k=31.8\sim 33.8$ N/m の範囲になる．よって，±1.0 N/m の誤差があるので1の位までを有効数字として，最終的な結果は $k=33\pm 1$ N/m となる．

この例では，グラフの原点を通ることは明らかなので，原点を通るという条件を課してフィッティング直線を描いた．しかし，問題によっては，測定パラメータ x と測定結果 y が $y=ax+b$ の形になっており，a だけでなく b の値も誤差を含めて求める場合もある．その時には，フィッティング直線の傾きだけ

でなく切片も動かして，もっともらしい3本のフィッティング直線を描いてaおよびbの値とそれらの誤差を求める（次の例題参照）．

さらに，IPhOでは測定パラメータxと測定結果yに$y=ax^2$という関係があり，実験的に係数aを求める，という問題も出される．その場合には，x対yのグラフを描くのではなく，x^2対yのグラフを方眼紙上に描いて，その直線の傾きから，上述の方法で係数aとその誤差を求める．IPhOでは，測定データに対して直線以外の関数形をフィッティングさせることは課さないので，逆に，直線のフィッティングになるように横軸および縦軸の量を工夫する（IPhO2008では，どのような量を縦軸および横軸にすればグラフが直線になるか，自分で考え出す問題が出題された）．

【例題】 豆電球に電流Iを流して，その両端の電圧Vを測定した．その結果から豆電球の電気抵抗R（$=V/I$）を求めた結果が表1.2に示されている．電流が増大すると豆電球のフィラメントの温度が上昇して抵抗が増大しているようすがわかる．この結果から，室温における豆電球の抵抗値（つまり，電流を流していないときの抵抗値）を，誤差を含めて求めよ．（IPhOスペイン大会実験問題の一部）

[解] 抵抗値を電流に対してグラフにすると図1.8となる．このグラフから電流の増大とともに急激に（非線形的に）抵抗が増加していることがわかるが，電流の小さい範囲では電流におよそ比例して抵抗が増大していることがわかる．よって，6 mA以下の範囲のデータ点に目測で直線をフィッティングする．その結果を図1.8に示す．前述したように，データ点のばらつきを考慮してもっともらしい3本の直線を描く（このデータの場合，誤差棒が十分小さいので誤差棒を考慮する必要はない）．このフィッティングされた直線のy切片，つまり，電流ゼロでの抵抗値が求める抵抗値

表 1.2

電流 I (mA)	電圧 V (mV)	抵抗 R (Ω)
1.87±0.01	21.9±0.1	11.7±0.01
2.58	30.5	11.8
2.95	34.9	11.8
3.12	37.0	11.9
3.37	40.1	11.9
3.60	43.0	11.9
3.97	47.6	12.0
4.24	51.1	12.1
4.56	55.3	12.1
4.79	58.3	12.2
5.02	61.3	12.2
5.33	65.5	12.3
5.47	67.5	12.3
5.88	73.0	12.4
6.42	80.9	12.6
6.73	85.6	12.7
6.96	89.0	12.8
7.36	95.1	12.9
8.38	112±1	13.4
9.37	130	13.9
11.7±0.1	182	15.6

である。その結果は $R=11.3\pm0.1$ Ωと求められる。豆電球に電流を流していないなら，豆電球のフィラメントは加熱されないので室温であるが，電流を流さなければ抵抗は測定できない。このデータ解析のように，測定パラメータ（この場合は電流）がゼロのときの測定結果を，ゼロでないときのデータから予想することを「外挿（がいそう）する」という。

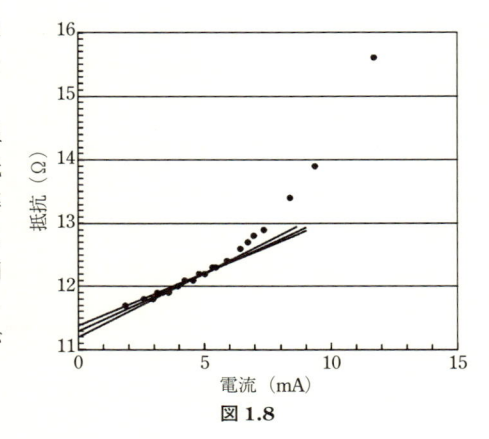

図 1.8

1.6 対数関数のフィッティング

厚さ d の半透明ガラスに，強さ I_0 の光を照射する。そのとき，このガラスを透過した光の強さ I を測定した。d と I との関係は次式で書ける。

$$I(d)=I_0\exp\left(-\frac{d}{\lambda}\right) \tag{7}$$

ここで λ は減衰長とよばれる定数である。異なる厚さの半透明ガラスを用いて透過光強度を測定して減衰長を求める実験を考える。そのデータは表1.3に示されている。透過光強度はフォトダイオードの出力電圧として測定される。ガラスの厚さは最小目盛が 1 mm の定規で測定したので ±0.5 mm の誤差が伴う。

表 1.3

ガラスの厚さ d (mm)	2.5 ± 0.5	6.0	8.0	10.5	12.0
透過光の強度 I (V)	4.34 ± 0.01	1.89	0.822 ± 0.005	0.365	0.195
$\ln(I)$	1.47	0.637	-0.196	-1.01	-1.63

(7)式の両辺の（自然）対数をとると，

$$\ln(I(d))=-\frac{d}{\lambda}+\ln(I_0) \tag{8}$$

よって，横軸に d，縦軸に $\ln(I)$ をプロットすると直線となるはずで，その傾きの逆数が減衰長 λ になる。したがって，まず，測定値 I から $\ln(I)$ を計算する。その結果を表1.3に示し，それをプロットしたグラフを図1.9に示す（片

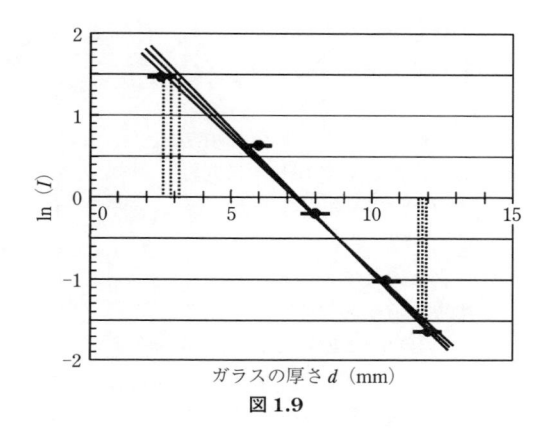

対数グラフ用紙をつかうと，対数を計算せずに同様にプロットすることができる）。前述のようにデータ点のばらつきと誤差棒を考慮して目測でフィッティング直線を3本引く。最適と思われる直線から傾きの逆数を求めると，$(11.7-2.8)/3=2.97$ となる。

他の2本の直線からも傾きの逆数を求めると 2.80 および 3.10 となるので，結果は $\lambda=3.0\pm0.2$ mm となる。

【例題】 図1.10のように，断熱壁のシリンダーに入った気体をピストンで圧縮し，そのときの気体の温度 T を測定した。気体の体積を V とすると，

$$T \cdot V^{\gamma-1} = 一定 \quad (9)$$

の関係式が成り立つ。実験では，V の代わりにシリンダーの長さ L を測定して表1.4の結果を得た。この実験データから(9)式の γ の値を，誤差を含めて求めよ。

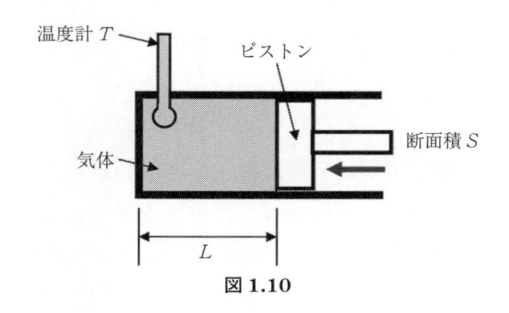

表 1.4

L (mm)	300.0±0.5	275.0	250.0	225.0	200.0	175.0
T (℃)	25.2±0.5	36.1	51.7	62.8	83.2	97.5

[解] 気体の体積 V はシリンダーの底面積を S とすると $V=SL$ なので，(9)式の両辺の対数をとると，定数 C を適切にとって

$$\ln T = -(\gamma-1) \cdot \ln L + C \quad (10)$$

と書ける。よって，T（絶対温度に直す！）と L の対数をとって，グラフにプロットし，その傾きから γ の値を求めればよい。表1.4のデータからそれらを

計算し（自分で計算して一覧表にまとめてみよう），グラフにすると図1.11となる（両対数グラフ用紙を利用すると，対数を計算せずに同様のグラフを描くことができる）。データ点にフィッティングした3本の直線を描く。中央の直線の傾きを計算すると，$(2.569-2.490)/(2.44-2.25) = 0.416$ となる。その他の2本の直線の傾きも同様に求めると 0.402 と 0.432 なので，

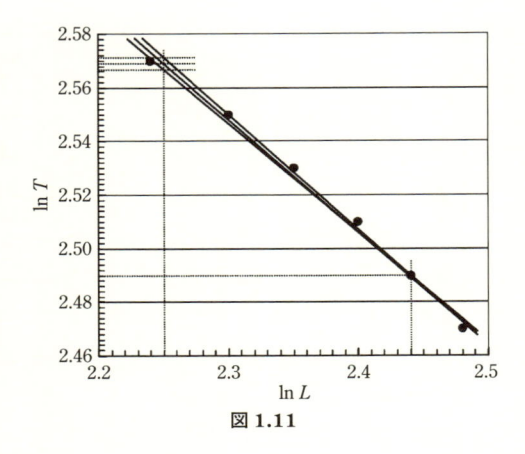

図1.11

小数第2位に誤差がはいってくるので，結局，$\gamma = 1.42 \pm 0.01$ となる。ちなみに，この γ は比熱比とよばれ，定圧比熱と定積比熱の比である。単原子分子の理想気体の場合 $\gamma = 5/3 = 1.67$，2原子分子の場合は $\gamma = 7/5 = 1.40$ である。

●日本最初の物理屋

東京大学理学部に山川健次郎（1854〜1931）の胸像がある。その眼差しはまるで科学の動向を見張っているかのようだ。

会津藩家老職の家に生まれた山川は戊辰戦争で疲弊した会津藩の再建を托され，師匠の学者仲間である長州藩士の書生となり，猛勉強の末，イェール大学シェフィールド科学校に留学した。土木工学を専攻したが，卒業論文は三角関数に関する題材であった。

帰国後，東京帝国大学で日本人初の物理学教授となり，東京帝国大学，九州帝国大学，京都帝国大学の総長を歴任し，日本の高等教育に大きな足跡を残した。「日本独自の文化を築き，世界に示さなければならない。単に，模倣するだけでは意味がない」と，長岡半太郎（1865〜1950）に日本の科学の方向性を叩き込んだのは山川である。

山川健次郎の胸像

1.7 データ整理の10カ条

測定の仕方や測定データの整理・解析，誤差の評価について，以下の10項目にまとめておく。

① 定規や棒温度計など，一定刻みの目盛りがついている測定器で測定する場合では，最少目盛りの 1/2 を測定誤差とする。
② デジタルでもアナログでも測定器のメータがふらついている場合，中心付近の値を読み取り，ふらつく幅を測定誤差とする。
③ メータの測定レンジを切り替えるときは，測定誤差の大きさも変わる。
④ 誤差値は原則として，1桁の数値で表す。
⑤ 有効数字は最小桁だけに誤差が含まれるように表記した数字である。
⑥ 測定者の判断などが入って測定値がばらつく場合，多数回の測定値から平均値を求め，平均値誤差をもって誤差とする。
⑦ 測定回数を増やすと得られた値の誤差は小さくなり，測定値の精度が上がる。
⑧ 測定回数を増やすだけではなく，同じ物理量の5回分や10回分をまとめて計ることによって測定時に入る誤差を減らすことができる。
⑨ 誤差計算は文字式を明記するとともに，数値式も明記すること。
⑩ 誤差の見積もりは式計算だけではなく，グラフを用いた評価法が有効である。

●物理屋のココロ

多くの人にとって物理学者と言えば,アルバート・アインシュタイン（Albert Einstein, 1879〜1955）を思い出すだろう。物理学の帝王と言われるばかりか,ありとあらゆる角度にうねる白く長い髪,ダボダボの上着,丈の短いズボン,靴下は履かない,という彼独特のスタイルが鮮烈に焼きついている。

「光を光の速度で追いかけたらどう見えるだろうか」という発想をした16歳の時から死の瞬間まで根っからの物理屋であった。それに何より,彼には物理学の基本かつ基礎的な問いを見いだし,全体を俯瞰し,自然の本質を常に探究する目をもっていた。

アインシュタインは,大正11年（1922年）11月17日〜12月30日までの43日間,日本に滞在し,東京,仙台,名古屋,大阪,京都,福岡と多くの場所で講演をし,多くの人とふれ合った。彼は日本人が受け継いできた躾,物静かで控え目な態度,心の優しさを知り,そのことに美しさを感じた。本質を見抜く目をもったアインシュタインが感じた日本は今もまだ残っているだろうか。

岡本一平が描いた
アインシュタイン

2章 実験物理
Experimental physics

——人は五感によってまわりの世界を探索し，その冒険を科学とよぶ　（E.Hubble）

問題1 プランク定数の測定実験

実験1では発光ダイオードから放射される光を用いて，回折格子を使った干渉実験を行い，光の波長を測定する．**実験2**では発光ダイオードから放射される光のエネルギーEを測定する．以上の結果を使い，**実験1**で測定した光の波長λから，

$$\lambda = \frac{c}{\nu} \tag{1}$$

の関係式を使って光の振動数νを計算し（cは光の速さ），また，**実験2**で測定した光のエネルギーEと振動数νの間の関係式

$$E = h\nu \tag{2}$$

を組み合わせて，プランク定数hを求める．**実験1**と**実験2**を通して，光の波動性と粒子性という二重性を理解する．

(1) 実験で使用する部品・装置

① 簡易分光器（図2.1）

回折格子による光の干渉現象を利用して光の波長を求めるときに使う実験装置である．長方形の金属製の箱の両側に，スリット①と回折格子（グレーティングとも言う）を貼り付ける孔②が開けられている．スリット①の右には，スペクトルの各色がスリットの位置からどれくらい離れたところに見えるのか，その距離を測定するための工夫として，細長い孔（マーカー）の開いたスライド板③が取り付けられている．孔②に貼り付けられているフィルム製回折格子の外側からすかして箱の中をのぞき，スリット①より入ってくる照明灯や発光ダイオード，豆電球などの光を見ると，スライド板③のある箱の内側の側面に

虹色のスペクトルが観察される。スライド板を手で動かし，スペクトルの目的とする位置にスライド板の細長い孔（マーカー）を合わせ，スリットとその細長い孔（マーカー）との距離を，箱の外から定規で測定する。なお，**孔②をのぞく際，眼鏡や眼を傷つけないように十分注意すること。**

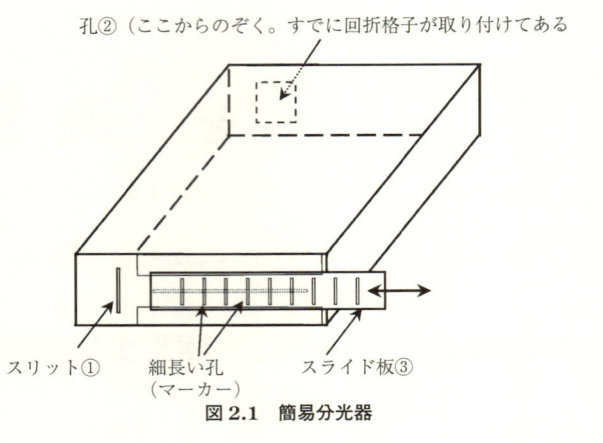

図 2.1　簡易分光器

② **発光ダイオード・豆電球の点灯装置**（図 2.2）

電池ホルダーに単 3 電池 4 個を正しく入れ，出力電圧調節ツマミを回すことによって，クリップ端子の出力電圧を 0～6 V の間で連続的に変化させることができる。クリップ端子の赤色がプラス，黒色がマイナスである。このクリップ端子を発光ダイオードや豆電球の電極棒につないで点灯させる。接続の際，プラスとマイナスの極性を間違えないように注意すること。また，**発光ダイオードは大きな電圧をかけると非常にまぶしく輝くので，眼の保護のため，長時間にわたって注視しないこと。**

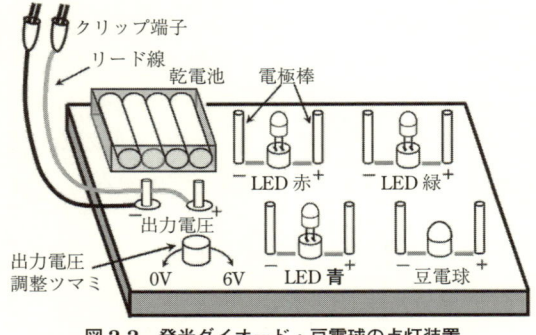

図 2.2　発光ダイオード・豆電球の点灯装置

③ **発光ダイオード（LED）**（図 2.3）

端子間に電圧を加えることによって発光させることができる半導体素子である。豆電球とちがって，端子を電池につなぐとき極性に注意する必要がある。

端子の長い方をプラス，短い方の端子をマイナスに接続する．図 2.2 の点灯装置のソケットに極性を間違えないように差し込み，電極棒に記された極性どおりにリード線を接続すること．なお，発光ダイオードを破損したときには発光ダイオードのソケットから引き抜き，添付の予備の発光ダイオードに交換する．また，発光ダイオードに過大な電圧を加えると，大変まぶしく発光するが寿命が短くなるので，この状態で長時間放置しないこと．

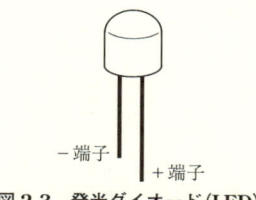

図 2.3　発光ダイオード (LED)

(2) 実験 1　回折格子による光の干渉

　回折格子による光の干渉を利用して，赤色，緑色，青色それぞれの発光ダイオードが発する光の波長を求める．たとえば，図 2.4 のように回折格子にレーザー光を垂直に当てると，スクリーン上に明るい点が幾つも並ぶ．回折格子には 1 mm 中に数百本の割合で細かい溝が等間隔で刻み込まれていて，

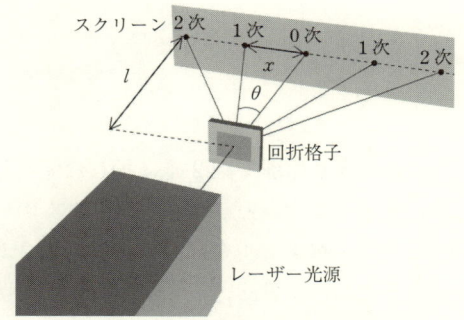

図 2.4　回折格子による干渉実験

溝の部分にあたった光はさまざまな方向に散乱されるが，溝と溝の間の平面の部分にあたった光はスリットのように通り抜ける．そのため，通り抜けた光どうしはスリットによる回折効果で広がり，スクリーン上で重なって干渉を起こす．この場合，スクリーンまでの距離 l に比べて回折格子の平面部分の間隔 d は非常に小さいため，光路を互いに平行とみなすことができる．図 2.5 に回折格子を通過する光路の拡大図を示す．スクリーン上の点（中心からの距離が x の点）が明るくなるのは，隣り合う平面部分から通りぬけた光の光路差 $d\sin\theta$ が光の波長 λ の整数倍のときで，

$$d\sin\theta = m\lambda \quad (m = 0, 1, 2, \cdots) \tag{3}$$

である．これに，$\sin\theta = \dfrac{x}{\sqrt{l^2 + x^2}}$ を代入すると，

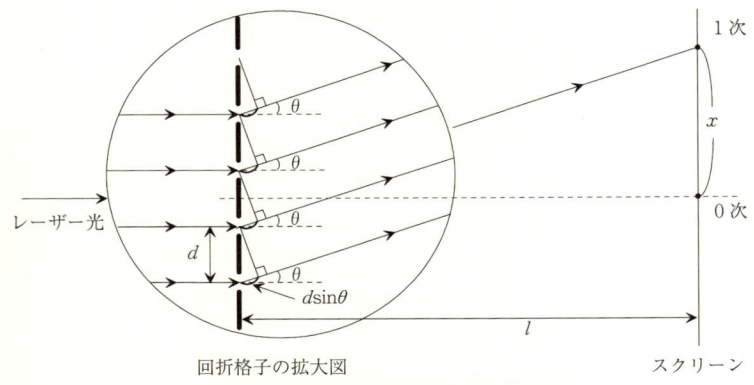

図 2.5 回折格子を通過する光路の拡大図

$$\frac{xd}{\sqrt{l^2+x^2}}=m\lambda \quad (m=0, 1, 2, \cdots) \tag{4}$$

が得られる。

これと同じ原理で図 2.1 に示した簡易分光器を使い，図 2.6 のように回折格子（格子定数 $d=2.00\times 10^{-6}$ m）とスリットを通して LED 光を観察すると，回折光のスペクトルを観測できる。図 2.6 で回折光が強め合ってスペクトルが見えるための条件を，L, x, d, λ, m（m は整数）を用いて表すと(4)式と同様に

$$\frac{xd}{\sqrt{L^2+x^2}}=m\lambda \tag{5}$$

と表せる。ただし，λ は明るく見える光（スペクトル）の波長であり，この実験では $m=1$ のスペクトル（1 次回折光）を測定することになる。また $L=220$ mm である。

プランク定数の測定実験　233

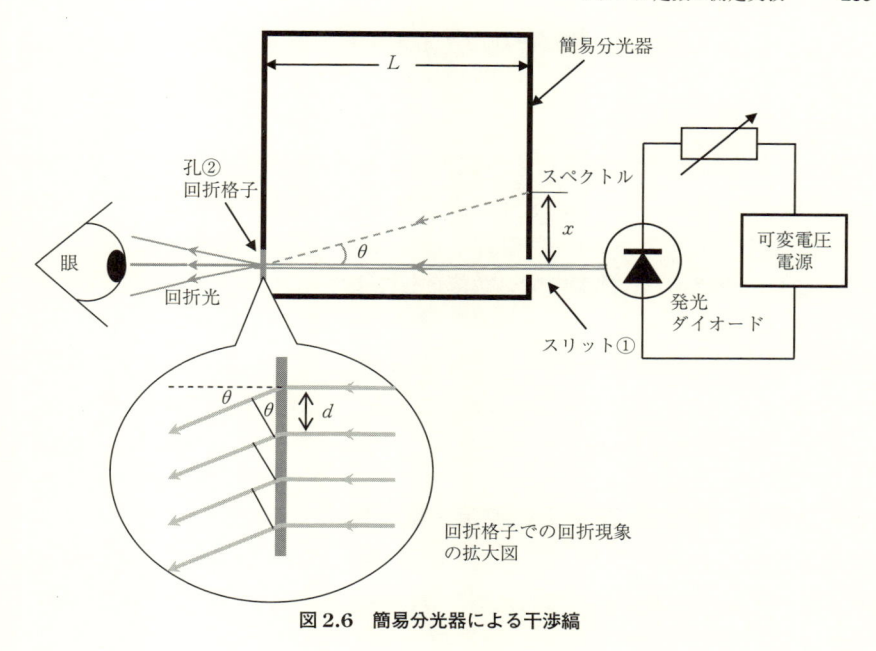

図2.6　簡易分光器による干渉縞

問1　発光ダイオードの出す各色の波長の測定：簡易分光器を用いて，赤色，緑色，青色の各発光ダイオードが発する光の波長を測定する。まず，赤色の発光ダイオードを点灯させ，スライド板をスライドさせてマーカーを赤色のスペクトルの中心に一致させる。次に，そのマーカーからスリットまでの距離 x を，簡易分光器箱の外側で定規を使って測定し，測定結果をメートル単位で解答用紙に記入しなさい（サンプルデータを表2.1に示す）。同じ要領で緑色と青色の発光ダイオードについても測定し，測定結果を解答用紙に記入しなさい。なお，測定に際し緑色の発光ダイオードおよび青色の発光ダイオードでは，それぞれ緑色および青色スペクトルの中心位置を測定すること。また，目測では中心位置を厳密に決められないので，中心位置と思われる付近に幅 Δx を考え，それを x の測定誤差としなさい。その測定結

表2.1

	距離 $x \pm \Delta x$ (m)
赤色ダイオード	$(7.4 \pm 0.1) \times 10^{-2}$
緑色ダイオード	$(6.3 \pm 0.1) \times 10^{-2}$
青色ダイオード	$(5.6 \pm 0.3) \times 10^{-2}$

果と (5) 式を用いて，それぞれのダイオードが発する光の波長を計算しなさい。

問2 問1で求めたそれぞれの光の波長の測定誤差を計算しなさい。その結果と問1の結果をあわせて，有効数字を考慮して波長 λ の測定結果を，誤差を含めて書きなさい。その際，(5) 式での L（$=220\,\mathrm{mm}$）および d（$=2.00\times10^{-6}\,\mathrm{m}$）は誤差の無い数値としてよい。

問3 上で求めた各ダイオードの光の波長 λ から，(1) 式を使って光の振動数 ν を誤差を含めて計算して求めない。ただし，光速度は $c=3.00\times10^8\,\mathrm{m/s}$ で，誤差の無い数値とする。

(3) 実験2 発光ダイオードの電流・電圧特性

光が $h\nu$ というエネルギーを持つことを発光ダイオードの電流・電圧特性曲線を用いて調べ，**実験1**で得られた波長の値と合わせてプランク定数 h の値を求める。

われわれの身の回りには電流が流れやすい金属と，流すことのできない絶縁体と，さらにこの中間の性質を持った半導体の3つに大きく区別することができる。発光ダイオードはこの半導体とよばれる物質で作られている。電流は一般的には電子の移動であるが，この電子はすべての原子が持っている。しかし，それぞれの原子の中で電子がどのようなエネルギー状態にあるか，電流として移動できる状態にあるかどうかが，上述の3つの区別の原因になっている。こ

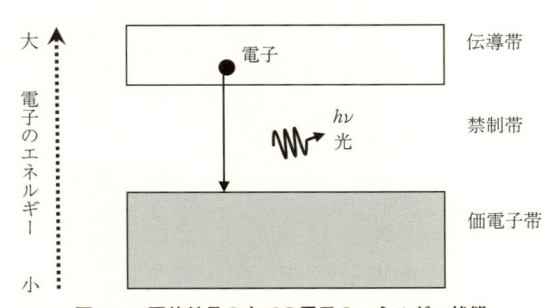

図 2.7　固体結晶の中での電子のエネルギー状態

のような物質の結晶中での電子のエネルギー状態を図2.7のように簡単に表すことができる。

　結晶を作っている原子が持っている電子の多くは価電子帯とよばれるエネルギーの低い状態にある。この状態よりも高いエネルギー状態は伝導帯とよばれているが，価電子帯と伝導帯の間には，電子が存在することのできない禁制帯とよばれる部分がある。エネルギーの高い伝導帯に電子が入ると，物質に電流が流れることができる。

　発光ダイオードは，電池のエネルギーで価電子帯の電子を上の伝導帯に「くみ上げ」，電子がここから価電子帯に「落ちる」ときのエネルギー差を，光のエネルギーとして放射している。禁制帯の幅は発光ダイオードを作る半導体の種類で変えることができるし，光のエネルギーは振動数によって決まっているため，禁制帯の幅を調節することで，色々な振動数（または波長）の光を発する発光ダイオードを作ることが可能である。

　電圧がVの電池で電子をくみ上げるとき，電子が持つエネルギーEは素電荷をeとすると，$E=eV$と表すことができる。このエネルギーが禁制帯を越えるのに必要最小のエネルギーeV_0より大きくなると，つまり，V_0以上の電圧をかけるとダイオードに急激に電流が流れて発光し始める。電子が価電子帯に戻るときには，このエネルギーが光のエネルギーになるので，発光ダイオードから出てくる光のエネルギーは，

$$E = h\nu = eV_0 \tag{6}$$

という式を満たしている。

　発光ダイオードの点灯装置に2つのデジタル・マルチテスターを適切につなぎ，一つを直流電流計，もう一つを直流電圧計として接続する。

問4 各ダイオードに加わる電圧をゼロから徐々に増加させ，わずかに点灯し始めるときの電圧V_0を求めよ（サンプルデータを表2.2に示す）。ただし，点灯しているかどうかは目測で判断するので，厳密にV_0を決めるのは困難である。そのため，点灯し始めたと思われる電圧はV_0付近に，ある

表2.2

	電圧 $V_0 \pm \Delta V_0$ (V)
赤色ダイオード	1.6±0.1
緑色ダイオード	1.8±0.1
青色ダイオード	2.6±0.1

幅を持っているので，それを V_0 の測定誤差 ΔV_0 としなさい．その V_0 からそれぞれの色の光のエネルギー $E=eV_0$ を，誤差を含めて計算し，ジュール単位で答えなさい．ただし，電気素量は $e=1.60\times10^{-19}$ C で誤差の無い値とする．

問5 それぞれのダイオードについて，E を縦軸に，光の振動数 ν を横軸にとり，方眼紙上に点をプロットしなさい．各点に誤差棒も忘れずに描くこと．これらの3点を直線近似して得られる直線をひき，その傾きから，(6) 式を用いてプランク定数 h を，誤差も含めて求めなさい．単位も忘れずにつけること．

問6 各発光ダイオードについて，発光ダイオードに加える電圧と発光ダイオードに流れる電流の大きさを測定する．ただし，20 mA を超えないように測定すること．電圧の測定にはマルチテスターの 2 V または 20 V レンジを使用し，電流の測定には 2 mA または 20 mA レンジを使用すること．測定結果は解答用紙の表に記入し（サンプルデータを表2.3 に示す），この表をもとに，各ダイオードの電圧と電流の関係を表すグラフを，方眼紙および片対数グラフ用紙に描きなさい．ただし，赤色，緑色，青色の各発光ダイオードのデータ（3種類）を1つのグラフにまとめて描きなさい（この各曲線は各発光ダイオードの電流・電圧特性曲線とよばれる）．各グラフ用紙に指定されている電流・電圧の範囲内のデータ点だけをプロットすればよい．

（注意）
・測定する電圧の間隔は測定を行いながらグラフを描いて，各自で判断すること
・測定範囲に対応するデジタル・マルチテスターのレンジの切り替えを適切に行うこと（不適切なレンジで測定すると，ヒューズが切れてヒューズの交換が必要になる場合がある）．

表 2.3

赤色ダイオード		緑色ダイオード		青色ダイオード	
電圧 V (V)	電流 I (mA)	電圧 V (V)	電流 I (mA)	電圧 V (V)	電流 I (mA)
1.41 ± 0.01	0.010 ± 0.001	1.66 ± 0.01	0.015 ± 0.001	2.44 ± 0.01	0.010 ± 0.001
1.44	0.017	1.68	0.026	2.49	0.015
1.5	0.062	1.71	0.046	2.55	0.031
1.55	0.145	1.72	0.063	2.59	0.053
1.59	0.310	1.74	0.110	2.62	0.098
1.64	0.720	1.77	0.230	2.70	0.300
1.7	2.30 ± 0.01	1.80	0.460	2.77	0.820
1.73	5.80	1.83	1.05 ± 0.01	2.81	1.35 ± 0.01
1.8	10.4 ± 0.1	1.86	2.00	2.89	3.95
1.85	15.4	1.92	5.20	2.97	9.00
1.89	19.0	1.97	9.90	3.03	14.0 ± 0.1
		2.01	14.7 ± 0.1	3.11	19.9
		2.06	19.8		

問7 問4で求めた V_0 の測定には個人差があるうえに,そもそもダイオードの性質として V_0 を特定するのは困難である。そこで,問6で求めた電流・電圧特性曲線を利用してプランク定数を求める。問6で描いた緑色ダイオードと青色ダイオードの電流・電圧特性曲線は,赤色ダイオードの電流・電圧特性曲線を横方向に平行移動するとほぼ重なることがわかる。このことから,電流値 0.1 mA における電圧をあらためて V_0 と定義し,それぞれのダイオードの V_0 を片対数グラフから読み取りなさい。その V_0 から計算した $E=eV_0$ を縦軸に,それぞれの発光ダイオードから出る光の振動数 ν を横軸にとり,別紙の方眼紙上に点をプロットしなさい。これらの3つの点を直線近似して得られる直線をひき,その傾きからプランク定数 h を,誤差を含めて求めなさい。

(第2チャレンジ実験問題抜粋)

<　解　答　>

問1 表 2.1 のサンプルデータから,赤の波長は $\lambda=638$ nm,緑は 551 nm,青は 493 nm と計算される。

問2 (5)式より $\lambda = \dfrac{xd}{\sqrt{L^2+x^2}}$ なので，x で微分すると，$\dfrac{d\lambda}{dx} = \lambda\dfrac{L^2}{x(L^2+x^2)}$ なので，x の測定誤差 Δx に起因する波長の測定誤差は $\Delta\lambda = \left|\dfrac{d\lambda}{dx}\Delta x\right|$ $= \left|\dfrac{\lambda L^2}{x(L^2+x^2)}\Delta x\right|$ と書けるので，それぞれのダイオードについて計算すると，赤色の $\Delta\lambda = 7.7$ nm，緑色の $\Delta\lambda = 8.1$ nm，青色の $\Delta\lambda = 24.8$ nm。よって，x の測定値が有効数字2桁なので，波長の測定結果の有効数字も2桁となり，赤：$\lambda \pm \Delta\lambda = 640 \pm 10$ nm，緑：$\lambda \pm \Delta\lambda = 550 \pm 10$ nm，青：$\lambda \pm \Delta\lambda = 490 \pm 20$ nm

問3 (1)式より振動数 $\nu = \dfrac{c}{\lambda}$ なので，波長の測定誤差に起因する振動数の誤差 $\Delta\nu = \left|\dfrac{d\nu}{d\lambda}\Delta\lambda\right| = \dfrac{\nu}{\lambda}\Delta\lambda$ であるので，それぞれの色の振動数 ν は 4.70×10^{14} Hz，5.44×10^{14} Hz，6.09×10^{14} Hz となる。$\Delta\nu$ をそれぞれの色の光に対して計算すると，それぞれ 0.06×10^{14} Hz，0.08×10^{14} Hz，0.31×10^{14} Hz となる。よって，有効数字を考えると，
赤：$\nu \pm \Delta\nu = (4.7\pm0.1)\times10^{14}$ Hz，
緑：$\nu \pm \Delta\nu = (5.4\pm0.1)\times10^{14}$ Hz，
青：$\nu \pm \Delta\nu = (6.1\pm0.3)\times10^{14}$ Hz となる。

問4 $E \pm \Delta E = e(V_0 \pm \Delta V_0)$ なので，それぞれの色で計算すると
赤：$E \pm \Delta E = 1.60\times10^{-19}\times(1.6\pm0.1)$
   $= (2.6\pm0.2)\times10^{-19}$ J
緑：$E \pm \Delta E = 1.60\times10^{-19}\times(1.8\pm0.1)$
   $= (2.9\pm0.2)\times10^{-19}$ J
青：$E \pm \Delta E = 1.60\times10^{-19}\times(2.6\pm0.1)$
   $= (4.2\pm0.2)\times10^{-19}$ J

問5 右のグラフで，原点を通るように3本の直線をフィッティングする（デ

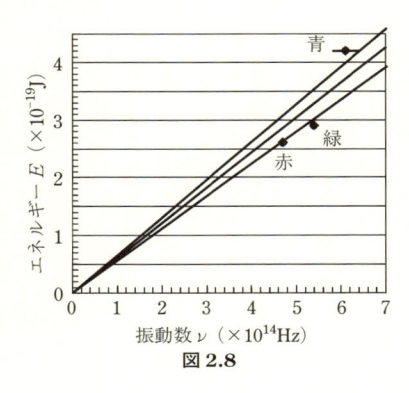

図 2.8

ータ点がばらついているが止むを得ない)。この直線の勾配がプランク定数 h なので,真ん中の直線から $h = \dfrac{4.25 \times 10^{-19}}{7.00 \times 10^{14}} = 6.07 \times 10^{-34}$ Js となる。上下の2本の直線からも勾配を求め,結局,誤差を含めて,$h \pm \Delta h = (6.1 \pm 0.5) \times 10^{-34}$ Js となる。

問6 表2.3のデータを方眼紙および片対数グラフ用紙にプロットすると,図2.9となる。

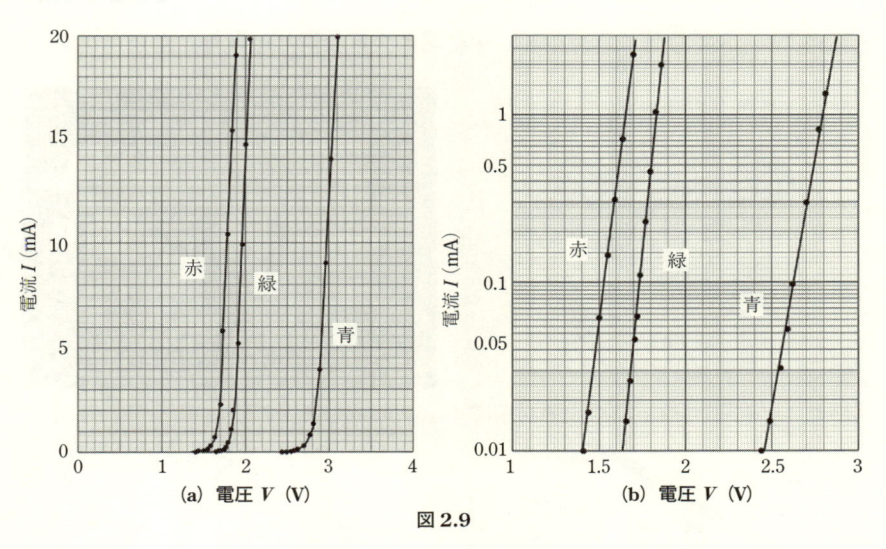

図2.9

問7 問6で描いた片対数グラフから,$I = 0.1$ mA になる電圧 V_0 はそれぞれの色のダイオードで,赤:$V_0 = 1.53 \pm 0.01$ V,緑:$V_0 = 1.73 \pm 0.01$ V,青:$V_0 = 2.62 \pm 0.01$ V となる。これから光のエネルギー $E = eV_0$ を計算すると,赤:$(2.45 \pm 0.02) \times 10^{-19}$ J,緑:$(2.77 \pm 0.02) \times 10^{-19}$ J,青:$(4.19 \pm 0.02) \times 10^{-19}$ J となる。このエネルギ

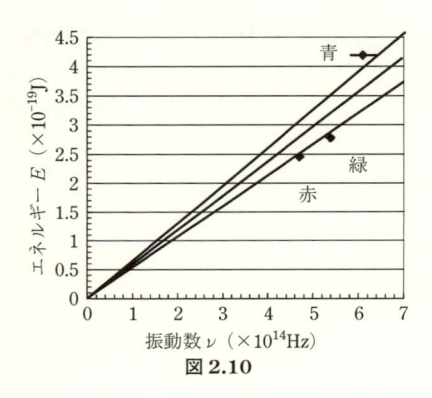

図2.10

−を縦軸に，問 3 で求めた振動数を横軸にしてプロットすると，図 2.10 のようになる。$E = h\nu$ なので，このグラフの傾きがプランク定数 h である。その傾きを求めると，$h = (5.9 \pm 0.6) \times 10^{-34}$ Js となる。

[参考] 理科年表によると，プランク定数は $h = 6.626 \times 10^{-34}$ Js である。

問題 2　マイクロ波の干渉・回折の実験

(1) 実験で使用する部品・装置

図 2.11 に実験器具一式を示す。また表 2.4 に各器具の名称と個数を示す。

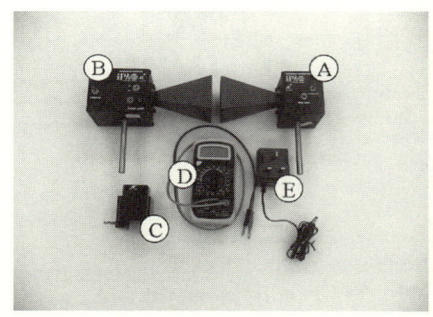

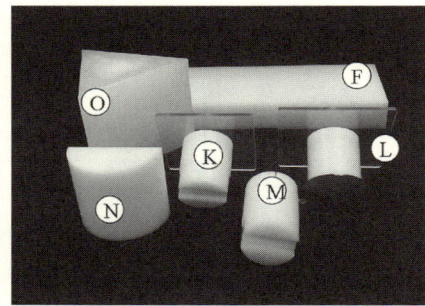

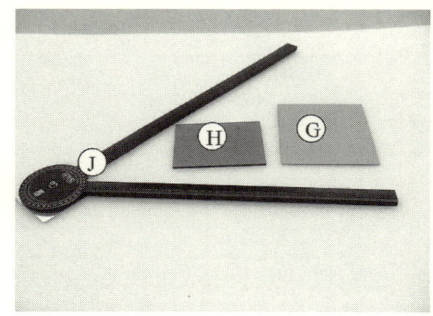

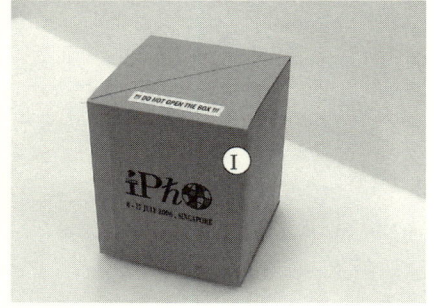

図 2.11　実験器具一式

マイクロ波の干渉・回折の実験　241

表 2.4

器具記号	器　具	個数
Ⓐ	マイクロ波発信器	1
Ⓑ	マイクロ波受信器	1
Ⓒ	発信器/受信器支持台	2
Ⓓ	デジタルマルチメータ	1
Ⓔ	発信器用電源	1
Ⓕ	「薄膜」の役割をする樹脂板	1
Ⓖ	反射板（金属板）	1
Ⓗ	ビーム分別器（青色の透明アクリル樹脂板）	1
	ノギス	

器具記号	器　具	個数
Ⓘ	ダンボール箱（金属棒格子が入っている）	1
Ⓙ	角度調整器（ゴニオメータ）	1
Ⓚ	プリズム支持台	1
Ⓛ	回転台	1
Ⓜ	レンズ/反射板支持台	1
Ⓝ	半円筒型レンズ（片側が平面）	1
Ⓞ	ロウでできた三角柱プリズム	2
	Blu-Tack（固定用の粘着材）	1パック
	30 cm 定規	

(2) 実験1　マイケルソン干渉計

マイケルソン干渉計は図 2.12 のような装置である。ビーム分別器が入射した電磁波を 2 つの経路に分けて送りだし，それぞれのビームは各々反射板で反射された後，一緒になって再び重なった電磁波がつくられ，その結果，干渉パターンができる。図 2.12 はこれから組み立てるマイクロ波を使ったマイケルソン干渉計の概略図である。入射波は発信器から出て，2 つの異なる経路をたどり，これら 2 つの波が重なりあって干渉し，受信器で受信される。受信器の位置での信号の強さは，2 つの波の位相差に依存する。位相差は 2 つの経路の

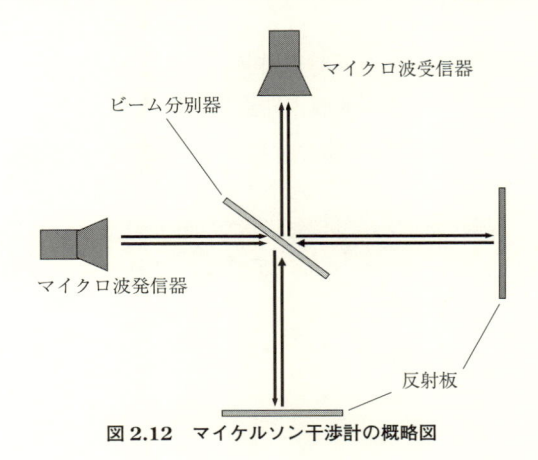

図 2.12　マイケルソン干渉計の概略図

光路差を変えることで変わる。

実験1に必要な器具一覧
　マイクロ波発信器Ⓐとその支持台Ⓒ，マイクロ波受信器Ⓑとその支持台Ⓒ，角度調整器Ⓙ，反射板Ⓖとその支持台Ⓜ，反射板として用いる樹脂板Ⓕ，支持台として機能する回転台Ⓛにのせたビーム分別器Ⓗ，デジタルマルチメータⒹ，発信器用電源Ⓔ

問1　上であげた実験器具だけを用いて，空気中におけるマイクロ波の波長 λ を決定するために，マイケルソン干渉計を組み立てなさい。組み立てた干渉計の平面図を描き，その中の実験部品には器具記号（Ⓐなど）を付けて示しなさい。

問2　反射板を少しずつ移動させて2つの経路の光路差を変えながら測定した受信器の出力値を表にしなさい（サンプルデータを表2.5に示す）。それをもとにして波長 λ を求めなさい。その際，反射板の位置測定において定規の目盛の半分が読み取り誤差であることを考慮し，求めた波長の最終的な誤差 $\Delta\lambda$ が 0.02 cm より小さくなるようにしなさい。

実験2　薄膜の干渉
　電磁波が誘電体の「薄膜」に入射し，図2.13に示されるように，2つの波に分かれる。Aは「薄膜」の上面で反射され，Bは下面で反射される。AとBの重ね合わせにより，いわゆる薄膜干渉が起こる。
　AとBの光路差が干渉による強め合いや弱め合いの原因になる。そのとき得られる波の強度 I は，2つの波の光路差で決まる。それは結局，入射波の入射角 θ_1，波長 λ，薄膜の厚さ t，および薄膜の屈折率 n で変わる。したがって，薄膜の屈折率 n は t と λ の値を使い，受信器の出力 S 対 θ_1 の関係をプロットしたグラフから求めることができる。

マイクロ波の干渉・回折の実験　　243

表 2.5

反射板の位置(cm)	受信器の出力(mA)	反射板の位置(cm)	受信器の出力(mA)	反射板の位置(cm)	受信器の出力(mA)
103.8	0.933	100.8	1.090	95.6	0.192
103.7	1.016	100.7	0.994	95.4	0.669
103.5	0.977	100.4	0.673	95.2	1.009
103.2	0.548	99.8	0.457	94.9	1.080
103.0	0.145	99.4	1.095	94.5	0.403
102.8	0.179	99.2	1.022	94.1	0.364
102.7	0.392	99.0	0.787	93.9	0.860
102.3	0.988	98.2	0.864	93.4	1.083
102.2	1.026	98.0	1.128	93.2	0.753
102.1	1.006	97.9	1.183	93.0	0.331
101.9	0.747	97.7	1.015	92.6	0.515
101.6	0.161	97.0	0.342	92.15	1.234
101.5	0.055	96.8	0.714	92.1	1.230
103.8	0.933	100.8	1.090	95.6	0.192
103.7	1.016	100.7	0.994	95.4	0.669
103.5	0.977	100.4	0.673	95.2	1.009
103.3	0.738	100.0	0.074	95.0	1.138
103.0	0.145	99.4	1.095	94.5	0.403
102.9	0.076	99.3	1.111	94.3	0.044
102.8	0.179	99.2	1.022	94.1	0.364
102.6	0.623	98.8	0.359	93.7	1.103
102.4	0.918	98.4	0.414	93.5	1.159
102.2	1.026	98.0	1.128	93.2	0.753
102.1	1.006	97.9	1.183	93.0	0.331
101.8	0.597	97.5	0.713	92.4	0.968
101.6	0.161	97.0	0.342	92.15	1.234
101.5	0.055	96.8	0.714	92.1	1.230
101.2	0.589	96.4	1.070	91.6	0.353
101.0	0.954	96.2	0.865	91.2	0.394

244　2章　実験物理

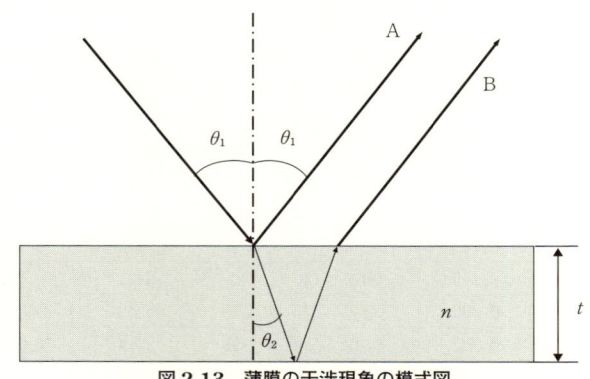

図2.13　薄膜の干渉現象の模式図

実験2に必要な実験器具の一覧

マイクロ波発信器Ⓐと支持台Ⓒ，マイクロ波受信器Ⓑと支持台Ⓒ，半円筒型レンズⓃと支持台Ⓜ，角度調整器Ⓙ，回転台Ⓛ，デジタルマルチメータⒹ，「薄膜」の役割をする樹脂板Ⓕ，発信器用電源Ⓔ，ノギス

問3　強め合いと弱め合いの条件式を θ_1, t, λ, n を使って表しなさい。

問4　上にあげた実験器具だけを使って，受信器の出力 S の変化を，入射角 θ_1 が 40° から 75° の範囲の角度の関数として測定することのできる実験装置を組み立て，その略図を描きなさい。その際，入射角と反射角，および回転台の上の「薄膜」の位置などをはっきりと示しなさい。略図中の実験部品には器具記号（Ⓐなど）を付けて各器具を明記しなさい。

問5　上記の実験装置で得られたデータを表で示しなさい（サンプルデータを表2.6に示す）。それをもとに受信器出力 S を入射角 θ_1 に対してグラフに描きなさい。強め合いと弱め合いに対応する（受信器出力 S の最大値と最小値を与える）角度をそれぞれ正確に決定しなさい。（注意：正しく測定されると，指定された θ_1 の範囲 40°～75°では，干渉によって一つの極大と一つの極小が現れるだけである。）

表 2.6

θ_1(度)	受信器の出力 S (mA)	θ_1(度)	受信器の出力 S (mA)
40.0	0.309	58.0	0.566
41.0	0.270	59.0	0.622
42.0	0.226	60.0	0.664
43.0	0.196	61.0	0.691
44.0	0.164	62.0	0.722
45.0	0.114	63.0	0.754
46.0	0.063	64.0	0.796
47.0	0.036	65.0	0.831
48.0	0.022	66.0	0.836
49.0	0.039	67.0	0.860
50.0	0.066	68.0	0.904
51.0	0.135	69.0	0.970
52.0	0.215	70.0	1.022
53.0	0.262	71.0	1.018
54.0	0.321	72.0	0.926
55.0	0.391	73.0	0.800
56.0	0.454	74.0	0.770
57.0	0.511	75.0	0.915

角度測定の誤差 $\Delta\theta_1 = \pm 0.5°$，検出器の出力測定の誤差：$\pm 0.001$ mA

問 6 空気の屈折率を 1.00 と仮定し，干渉の次数，すなわち整数値 m を決定し，樹脂板の屈折率 n を求めなさい。m と n の値を解答用紙に記入しなさい。

問 7 得られた結果に対する誤差解析を行い，屈折率の誤差を見積もりなさい。誤差 Δn を解答用紙に記入しなさい。

実験 3　マイクロ波の回折

結晶の格子構造はブラッグの法則

$$2d\sin\theta = m\lambda$$

を使って，調べることができる。ここで，d は X 線を「反射」する平行な格子面間の距離で，格子面間隔とよばれる。ここで，m は回折次数で，θ は入射 X 線と結晶面とのなす角である。ブラッグの法則は一般的にはブラッグの反射式，

あるいはX線回折式という名で知られている。

X線の波長は結晶の格子定数と同程度の値であるので，通常のブラッグの回折実験はX線を用いて行われている。しかし，マイクロ波の場合，より大きな格子定数をもつ結晶構造で回折が生じるので，簡単に定規で測定できる。

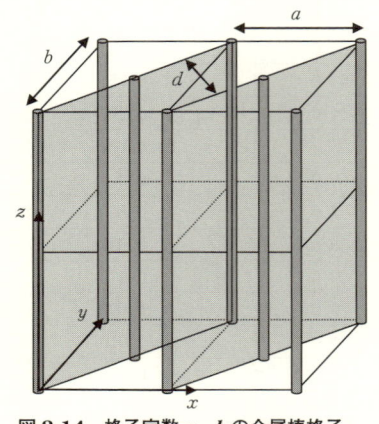

図2.14 格子定数 a, b の金属棒格子，および格子面間隔 d

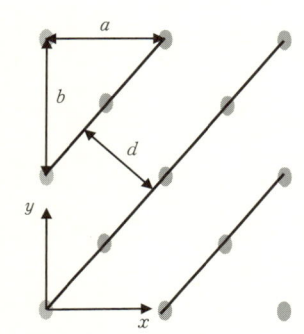

図2.15 図2.14（同じスケールではない）を真上から見た金属棒の格子。直線は，格子の対角線の面を示している

この実験では，金属棒で作られた格子が，ブラッグの法則を確認するために利用される。そのような金属棒格子の例を図2.14に示す。ここで，金属棒は鉛直な太線で示している。影をつけた面で xy 平面の対角線方向に沿った格子面を表している。また，図2.15は金属棒の格子を上から見た図（z 軸に沿って見下ろす）を表し，ここでは点が棒を示し，線が対角線方向の格子面を表している。

実験3に必要な器具一覧

マイクロ波発信器Ⓐと支持台Ⓒ，マイクロ波受信器Ⓑと支持台Ⓒ，円筒型レンズⓃと支持台Ⓜ，金属棒格子の入ったダンボール箱Ⓘ，回転台Ⓛ，デジタルマルチメータⒹ，マイクロ波電源Ⓔ，角度調整器Ⓙ，発信器用電源Ⓔ

この実験では図2.16に描かれているように，金属棒が**単純な**正方格子を作っているものが与えられている。この金属格子は段ボール箱Ⓘの中に密閉されている。この実験結果から格子の格子定数 a を導きだす。密閉されている段ボ

図2.16

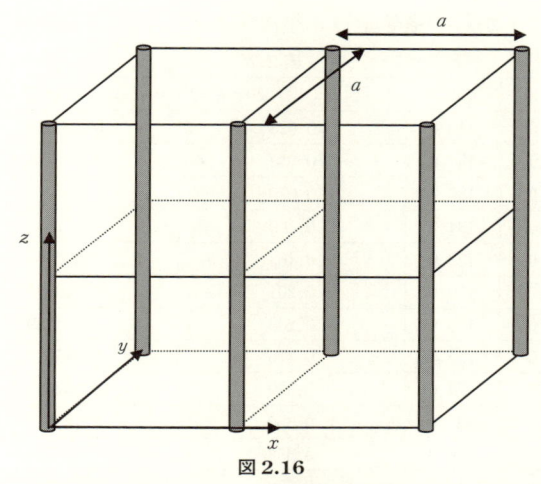

ール箱はそのままで測定できるので，**絶対に開けないこと．**

問8 図2.16に示すような単純正方格子を真上から見るとどのような図形になるか．広い範囲で描きなさい．また，その図形に与えられた格子の格子定数 a と対角線方向の格子面間隔 d とを描き込みなさい．この図形を使ってブラッグの法則を導きなさい．

問9 ブラッグの法則と与えられた装置を使って，格子定数 a を決定するためのブラッグの回折実験を設計しなさい．実験装置の組み立て図の略図を描きなさい．その図のなかでは，器具記号を使ってそれぞれの器具を示しなさい．そして，発信器の方向と格子面とのなす角度 θ，及び発信器と受信器とのなす角度 ζ をはっきりわかるように示しなさい．

問10 回折実験を $20° \leq \theta \leq 50°$ の角度範囲で，ζ および受信器の出力 S を測定しなさい（サンプルデータを表2.7に示した）．（注意：正確な結果を得るには，それぞれの角度 θ での回折強度の最大値を得るように，その最大値を与える角度付近で θ を変化させて最大値を与える θ をさがす．）θ の関数として，回折波の強度をグラフにしなさい．回折波の強度は受信器の出力 S の2乗である．

問11 このグラフから，格子定数 a を決定して，実験誤差を見積もりなさい．

表2.7

θ (°)	ζ (°)	受信器の出力 S(mA)	*回折波の強度 S^2(mA)^2
20.0	140.0	0.023	0.000529
21.0	138.0	0.038	0.001444
22.0	136.0	0.070	0.0049
23.0	134.0	0.109	0.011881
24.0	132.0	0.163	0.026569
25.0	130.0	0.201	0.040401
26.0	128.0	0.233	0.054289
27.0	126.0	0.275	0.075625
28.0	124.0	0.320	0.1024
29.0	122.0	0.350	0.1225
30.0	120.0	0.353	0.124609
31.0	118.0	0.358	0.128164
32.0	116.0	0.354	0.125316
33.0	114.0	0.342	0.116964
34.0	112.0	0.321	0.103041
35.0	110.0	0.303	0.091809
36.0	108.0	0.280	0.0784
37.0	106.0	0.241	0.058081
38.0	104.0	0.200	0.04
39.0	102.0	0.183	0.033489
40.0	100.0	0.162	0.026244
41.0	98.0	0.139	0.019321
42.0	96.0	0.120	0.0144
43.0	94.0	0.109	0.011881
44.0	92.0	0.086	0.007396
45.0	90.0	0.066	0.004356
46.0	88.0	0.067	0.004489
47.0	86.0	0.066	0.004356
48.0	84.0	0.070	0.0049
49.0	82.0	0.084	0.007056
50.0	80.0	0.080	0.0064

＊回折波の強度＝(受信器の出力)^2

(IPhO シンガポール大会実験問題抜粋)

マイクロ波の干渉・回折の実験　249

<解　答>

問1

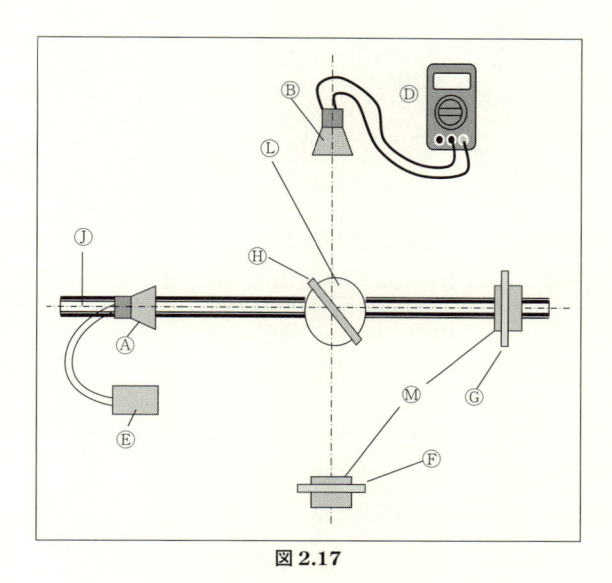

図2.17

問2　（図2.18を描くことは要求されていない。ピーク位置さえわかればよ

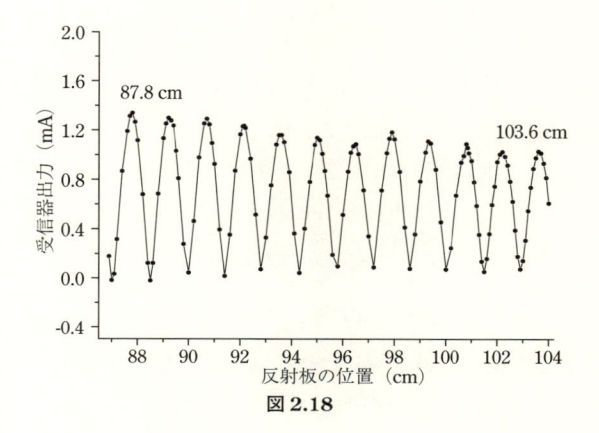

図2.18
（グラフ：横軸「反射板の位置（cm）」、縦軸「受信器出力（mA）」、ピーク位置 87.8 cm および 103.6 cm）

い。)

最初のピーク位置と 12 番目のピーク位置はそれぞれ 87.8 cm と 103.6 cm であるから,マイクロ波が反射板によって往復することを考えると,光路差は鏡の移動距離の 2 倍なので,マイクロ波の波長は,以下のように計算される。

$$\frac{\lambda}{2} = \frac{103.6 - 87.8}{11} \text{ cm} \quad \text{よって,} \lambda = 2.87 \text{ cm となる。}$$

最終的な誤差 $\Delta\lambda$ が 0.02 cm より小さくなるようにするためには,1 波長分の距離を測定するのではなく,下記のように 11 波長分の距離を測定する必要がある。

$103.6 - 87.8 = d$ とすれば,$\lambda = \frac{2}{11}d$ である。それは最小目盛 1 mm の定規で測定されたので,誤差は ± 0.05 cm だが,光路差の誤差は往復なので,その 2 倍になる。

$\Delta d = 0.05 \times 2 \text{ cm} = 0.1$ cm。よって,

$$|\Delta\lambda| = \left|\frac{2}{11}\Delta d\right| = \frac{2}{11} \times 0.10 = 0.018 \text{ cm} < 0.02 \text{ cm}$$

となり,問題に示された条件が満足されている。つまり,11 波長分の距離を測定しなければ,要求された精度での測定にならない。

問 3 薄膜の厚さを t,屈折率を n とする。θ_1 を入射角,θ_2 を屈折角とする。光路差 ΔL は,$\Delta L = 2(nt/\cos\theta_2 - t\tan\theta_2\sin\theta_1)$。また,屈折の法則より $\sin\theta_1 = n\sin\theta_2$ であるから,$\Delta L = 2t\sqrt{n^2 - \sin^2\theta_1}$ となる。一方,樹脂板の表面での反射では,位相が $180°$ ($\lambda/2$) 変化するが,樹脂板下面での反射では位相変化はない。よって,干渉条件は以下のように与えられる:

・弱めあいの条件;$2t\sqrt{n^2 - \sin^2\theta_{\min}} = m\lambda \quad (m = 1, 2, 3, \cdots)$

・強めあいの条件;$2t\sqrt{n^2 - \sin^2\theta_{\max}} = \left(m \pm \frac{1}{2}\right)\lambda$

薄膜の厚さ t と波長 λ がわかれば,反射光の強さ I を入射角 θ_1 の関数として測定して,強めあう角度や弱めあう角度が求められる。これより,薄膜の屈折率 n を決めることができる。

問 4

図 2.19

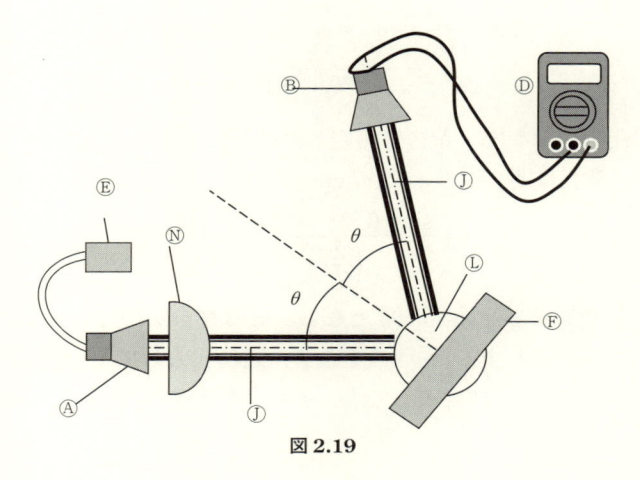

問 5

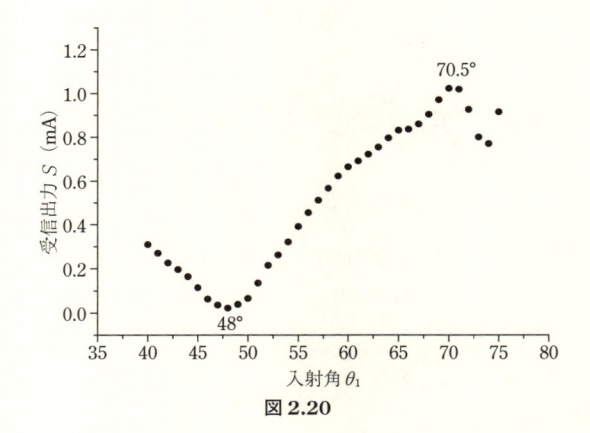

図 2.20

グラフより,谷の角度 $\theta_{\min}$ と山の角度 $\theta_{\max}$ はそれぞれ $\theta_{\min}=48.0\pm0.5°$ と $\theta_{\max}=70.5\pm0.5°$ である.

問 6 屈折率の計算には，以下の式が成り立つ；

$$2t\sqrt{n^2-\sin^2 48°} = m\lambda \quad (m=1,2,3,\cdots) \qquad (ア)$$

$$2t\sqrt{n^2-\sin^2 70.5°} = \left(m-\frac{1}{2}\right)\lambda \qquad (イ)$$

この樹脂板の厚さをノギスで測定した結果，$t=5.28\pm0.01$ cm であり，マイクロ波の波長は問 2 から $\lambda=2.87$ cm である．よって，上の 2 式より，

$$m = \frac{\sin^2 70.5° - \sin^2 48°}{\left(\frac{\lambda}{2t}\right)^2} + 0.25$$

が得られ，計算すると $m=4.83$ となる．m は整数なので，もっとも近い整数をとって $m=5$ とする．$m=5$ を（ア）式に代入して，$n=1.54$ を得る．また，$m=5$ を（イ）に代入しても，$n=1.54$ を得るので，この値は妥当といえる．

問 7 （ア）式より，

$$n = \sqrt{\sin^2\theta + \left(\frac{m\lambda}{2t}\right)^2}$$

と書けるので，

$$\Delta n = \sqrt{\left(\frac{\partial n}{\partial \theta}\Delta\theta\right)^2 + \left(\frac{\partial n}{\partial \lambda}\Delta\lambda\right)^2 + \left(\frac{\partial n}{\partial t}\Delta t\right)^2}$$

$$= \frac{1}{2n}\sqrt{(\sin 2\theta \cdot \Delta\theta)^2 + \left(\frac{m^2\lambda}{2t^2}\Delta\lambda\right)^2 + \left(\frac{m^2\lambda^2}{2t^3}\Delta t\right)^2}$$

ここで，$\Delta\theta=\pm 0.5°=\pm 0.0087$ rad，$\Delta t=\pm 0.01$ cm を使って，$\Delta\lambda=\pm 0.02$ cm の場合で計算すると；$\Delta n \approx 0.02$ となる．よって，$n+\Delta n=1.54\pm 0.02$

問 8 回折ピークの観測に必要な条件；
1. 入射角＝散乱角
2. 光路差は波長の整数倍に等しい

図 2.21 より $h=d\sin\theta$
よって，図の 2 つの経路の光路差は，

$$2h = 2d\sin\theta$$

回折が起きるには，光路差が以下の条件を満足しなければならない．

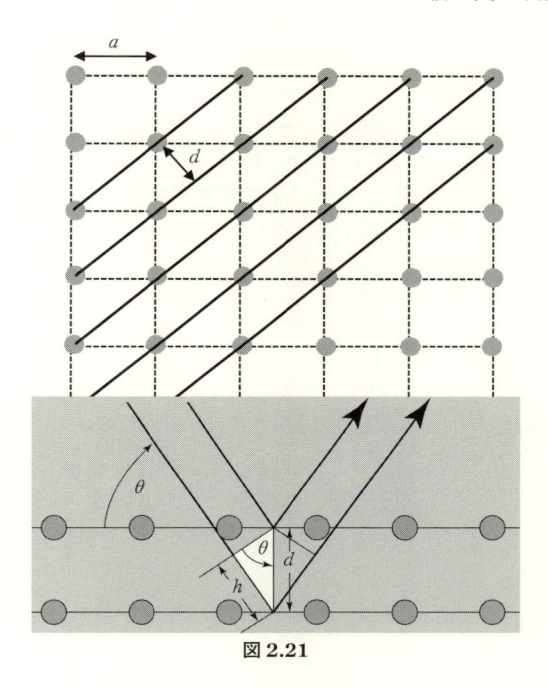

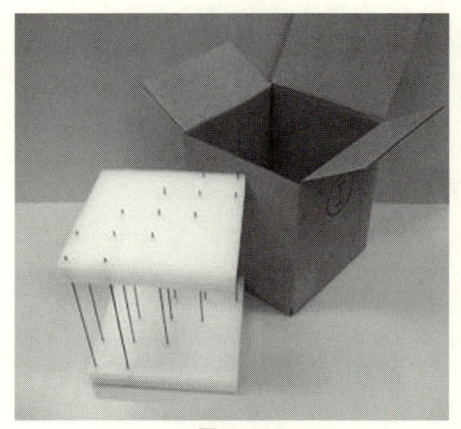

マイクロ波の干渉・回折の実験　253

図 2.21

図 2.22

$$2d\sin\theta = m\lambda \quad (m=1, 2, 3, \cdots)$$

[参考図] 段ボール箱①の中は図 2.22 のような金属棒が格子状に並んでいる。

254　2章　実験物理

問 9

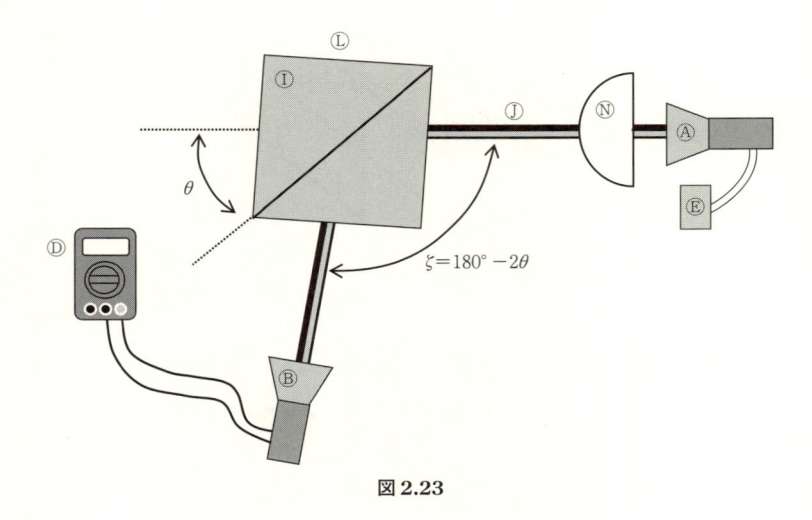

図 2.23

$\xi = 180° - 2\theta$

問 10

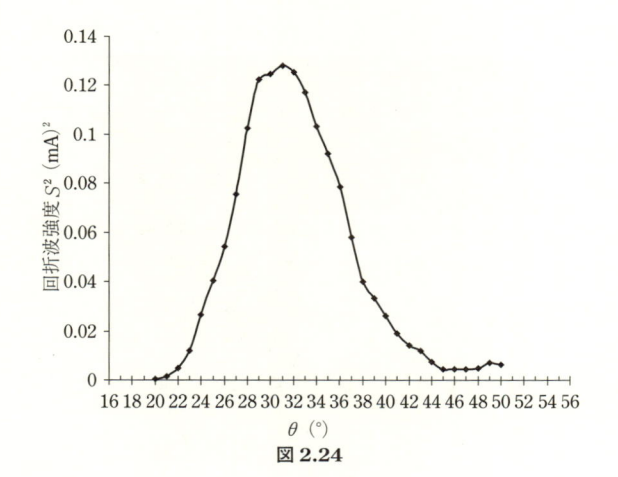

図 2.24

回折波強度 S^2 (mA)^2

θ (°)

マイクロ波の干渉・回折の実験   255

問 11 得られたグラフから，ピーク位置は $\theta_{\max}=31\pm1°$ と決定できる（問 10 のグラフのピーク位置の決定の不確かさから θ の誤差を $\pm1°$ とした）。問 8 の結果で $m=1$ として，$2d\sin\theta_{\min}=\lambda$。また，問 8 の図から $a=\sqrt{2}d$ となる。この 2 式から，以下の式が得られる。

$$a=\frac{\lambda}{\sqrt{2}\sin\theta_{\max}}=\frac{2.87}{\sqrt{2}\sin 31°}\text{ cm}=3.940\text{ cm}$$

ここで，$m=2$ とすると a は上の値の 2 倍となり，およそ 7 cm となる。与えられた段ボール箱①の大きさ（1 辺が約 15 cm）を考慮すると m が 2 以上はあり得ない。

誤差解析：既に得られている不確かさ：$\Delta\lambda=0.02$ cm，$\Delta\theta=1$ deg$=0.017$ rad。

$a=\dfrac{\lambda}{\sqrt{2}\sin\theta_{\max}}$ より，

$$\Delta a=\sqrt{\left(\frac{\partial a}{\partial \lambda}\Delta\lambda\right)^2+\left(\frac{\partial a}{\partial \theta_{\max}}\Delta\theta_{\max}\right)^2}=a\sqrt{\left(\frac{\Delta\lambda}{\lambda}\right)^2+(\cot\theta_{\max}\cdot\Delta\theta_{\max})^2}\approx0.11\text{ cm}$$

よって，小数第 1 位に誤差がはいるので，$a\pm\Delta a=3.9\pm0.1$ cm

●物理オリンピック OB の声 その③

　物理チャレンジやオリンピックに出場することによって築いてきた友人関係が実質的な価値を帯びてきたのは，むしろ大学生になってからだと思う。そこで親交を持った友人達とは，月に数回のペースで会い物理関係の本を輪読している。それらの本の内容は高度であり，独力で読むにはかなり抵抗感があるが，友人達と議論し合いながら読み進め，なんとか理解していくことができる。このような勉強会で得た知識に比すと，大学に入ってから物理関係で得たその他の知識は皆無に等しいと言えるほど，今の私にとって彼らとの勉強会は有意義であり，彼らとの交友は重要である。また，物理オリンピックで交友をもった外国出身の人々との関係も，将来的に海外で研究活動を行うとしたら，切磋琢磨し合える仲になると思う。私にとって物理オリンピックが将来につながる人生の契機となったように，物理チャレンジはみなさんの将来的な可能性を拓きうるものだと思う。

付 録

物理のための数学
physical mathematics

——物理学者に必要なものが三つある。一に数学，二に数学，三に数学だ　（W. Röntgen）

　国際物理オリンピックでは，複雑な微分積分の計算，微分方程式の解法，複素数に関する知識などは必要とされないことになっている。しかしオリンピックの問題でしばしば出会う近似式や様々な物理現象を記述する微分方程式に慣れておくことは，物理オリンピックに限らず物理学の学習を進める上で大変役に立つ。適切な近似式を使えば必要な精度で物理量を計算したり方程式の解を求めたりすることができる。物理現象を微分方程式の形に書いておくと一見異なる現象でも同じ構造をもっていることが一目でわかることがある。この付録では物理を学ぶ上で重要だが高校数学では扱われない項目のうち微分積分に関連する内容について述べる。各項目の例題は実際に鉛筆を動かして解きながら読み進めてほしい。

A.1　逆三角関数

　三角関数は1対1の関数ではないので，そのままでは逆関数を定義することは不可能であるが，適当に定義域を区切り，その範囲での1対1の関数と考えることで逆関数を定義できる。例えば，$\sin x$，$\tan x$ の定義域を $[-\pi/2, \pi/2]$ に区切ったときの逆関数をそれぞれ逆正弦関数 $\arcsin x$，逆正接関数 $\arctan x$，$\cos x$ の定義域を $[0, \pi]$ に区切ったときの逆関数を逆余弦関数 $\arccos x$ 等とする。逆三角関数の微分の知識があれば，高校数学では置換積分によって実行される積分を簡単に求められる。

【例題1】　$\arcsin x$, $\arccos x$, $\arctan x$ をそれぞれ微分せよ。

［解］　$y = \arcsin x$ とおくと，逆三角関数の定義より $x = \sin y$ となる。

$$\frac{dy}{dx} = \frac{1}{dx/dy} = \frac{1}{\cos y} = \frac{1}{\sqrt{1-x^2}} \quad \left(\because y \in \left[-\frac{\pi}{2}, \frac{\pi}{2}\right] \text{より} \cos y > 0 \right)$$

$$\therefore (\arcsin x)' = \underline{\frac{1}{\sqrt{1-x^2}}}$$

同様に,

$$(\arccos x)' = -\underline{\frac{1}{\sqrt{1-x^2}}}, \quad (\arctan x)' = \underline{\frac{1}{1+x^2}}$$

を得る。

以上より積分公式

$$\int \frac{dx}{\sqrt{a^2-x^2}} = \arcsin \frac{x}{a} + C_1, \quad -\int \frac{dx}{\sqrt{a^2-x^2}} = \arccos \frac{x}{a} + C_2$$

$$\int \frac{dx}{a^2+x^2} = \frac{1}{a} \arctan \frac{x}{a} + C_3$$

を得る。ここで, C_1, C_2, C_3 は積分定数である。

【例題2】 調和振動子のエネルギー保存則 $\frac{1}{2}mv^2 + \frac{1}{2}kx^2 = E$ から $\frac{dt}{dx}$ を x の式で表し, それを積分することによって x と t の関係式を求めよ。

[解] $v^2 = \frac{2E}{m} - \frac{k}{m}x^2$ より, $\frac{dx}{dt} = \sqrt{\frac{k}{m}} \sqrt{\frac{2E}{k} - x^2}$ なので,

$$\frac{dt}{dx} = \sqrt{\frac{m}{k}} \frac{1}{\sqrt{\frac{2E}{k} - x^2}}$$

積分を実行して,

$$t = \sqrt{\frac{m}{k}} \left(\arcsin \sqrt{\frac{k}{2E}} x - \phi \right) \quad (\phi \text{は積分定数})$$

よって,

$$\underline{x = \sqrt{\frac{2E}{k}} \sin\left(\sqrt{\frac{k}{m}} t + \phi \right)}$$

A.2 極座標

物理の問題を考える際, 問題に応じて適切な座標系を選ぶと計算が容易になることがある。ここではよく使われる2次元極座標, 円柱座標, 3次元極座標

について述べる。

(1) 2次元極座標への変換

xy 直交座標で表された平面上の点 $\mathrm{P}(x,y)$ の位置を，$r=\overline{\mathrm{OP}}$ と，$\overrightarrow{\mathrm{OP}}$ と x 軸の正の部分とがなす角 θ によって指定する（図 A.1）。このような新たな座標 (r,θ) を **2 次元極座標** とよぶ。極座標ともとの直交座標の間には，

$$x=r\cos\theta, \quad y=r\sin\theta$$

という関係が成り立つ。

あるベクトルが与えられたとき，OP 方向の成分を r 成分，それと垂直で θ が増える方向の成分を θ 成分という。r 方向の単位ベクトル $\boldsymbol{e}_r$，θ 方向の単位ベクトル $\boldsymbol{e}_\theta$ は直交座標で表すと，

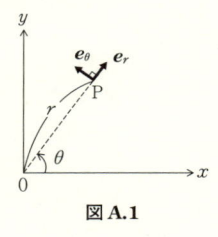

$$\boldsymbol{e}_r=\begin{pmatrix}\cos\theta\\ \sin\theta\end{pmatrix}, \quad \boldsymbol{e}_\theta=\begin{pmatrix}-\sin\theta\\ \cos\theta\end{pmatrix}$$

となる。

図 A.1

【例題 3】 位置ベクトル $\boldsymbol{r}$ を極座標表示すると，

$$\boldsymbol{r}=\begin{pmatrix}x\\ y\end{pmatrix}=r\begin{pmatrix}\cos\theta\\ \sin\theta\end{pmatrix}=r\boldsymbol{e}_r$$

となる。速度ベクトル $\boldsymbol{v}=\dot{\boldsymbol{r}}$（$\boldsymbol{r}$ の上のドットは時間微分を表す），加速度ベクトル $\boldsymbol{a}=\ddot{\boldsymbol{r}}$ の極座標表示を与えよ。すなわち，

$$\boldsymbol{v}=v_r\boldsymbol{e}_r+v_\theta\boldsymbol{e}_\theta, \quad \boldsymbol{a}=a_r\boldsymbol{e}_r+a_\theta\boldsymbol{e}_\theta$$

と表したときの，$v_r,\ v_\theta,\ a_r,\ a_\theta$ を求めよ。

[解] まず単位ベクトルの時間微分を求めておく。

$$\dot{\boldsymbol{e}}_r=\begin{pmatrix}-\dot\theta\sin\theta\\ \dot\theta\cos\theta\end{pmatrix}=\dot\theta\boldsymbol{e}_\theta, \quad \dot{\boldsymbol{e}}_\theta=-\begin{pmatrix}\dot\theta\cos\theta\\ \dot\theta\sin\theta\end{pmatrix}=-\dot\theta\boldsymbol{e}_r$$

よって，

$$\boldsymbol{v}=\dot{\boldsymbol{r}}=\dot r\boldsymbol{e}_r+r\dot{\boldsymbol{e}}_r=\dot r\boldsymbol{e}_r+r\dot\theta\boldsymbol{e}_\theta$$

$$\boldsymbol{a}=\dot{\boldsymbol{v}}=\ddot r\boldsymbol{e}_r+\dot r\dot{\boldsymbol{e}}_r+\dot r\dot\theta\boldsymbol{e}_\theta+r\ddot\theta\boldsymbol{e}_\theta+r\dot\theta\dot{\boldsymbol{e}}_\theta$$

$$=\ddot r\boldsymbol{e}_r+\dot r\dot\theta\boldsymbol{e}_\theta+\dot r\dot\theta\boldsymbol{e}_\theta+r\ddot\theta\boldsymbol{e}_\theta+r\dot\theta(-\dot\theta\boldsymbol{e}_r)$$

$$=(\ddot r-r\dot\theta^2)\boldsymbol{e}_r+(2\dot r\dot\theta+r\ddot\theta)\boldsymbol{e}_\theta$$

$$\therefore\ v_r=\underline{\dot{r}},\ v_\theta=\underline{r\dot{\theta}},\ a_r=\underline{\ddot{r}-r\dot{\theta}^2},\ a_\theta=\underline{2\dot{r}\dot{\theta}+r\ddot{\theta}}$$

【例題 4】 図 A.2 のように，質量 m の惑星 P が，大きな質量 M の太陽 S から大きさ $F=G\dfrac{Mm}{r^2}$（r は太陽と惑星の間の距離，G は万有引力定数）の万有引力を受けて運動している。M は m に比べて十分大きいので太陽は動かないとする。

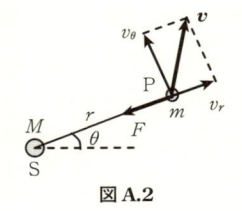

図 A.2

(1) 角運動量 $L=mr^2\dot{\theta}$ が保存することを示せ。

(2) 質量 M の太陽のまわりを回る質量 m の惑星の全力学的エネルギー E を，太陽から惑星までの距離 r，r の時間微分 $\dot{r}$，万有引力定数 G，角運動量 L を用いて表せ。この結果を用いて，惑星が太陽のまわりを回り続け，太陽から無限に遠くまで離れないための全エネルギー E に対する条件を示せ。また，惑星が太陽のまわりを円運動するとき，円軌道の半径は角運動量 L の何乗に比例するか，求めよ。

［解］ (1) 万有引力は θ 方向の成分をもたない。このような力は中心力とよばれる。いま，θ 方向の運動方程式を立てると，

$$ma_\theta=0 \;\Rightarrow\; 2\dot{r}\dot{\theta}+r\ddot{\theta}=0$$

となる。これより，

$$\frac{dL}{dt}=\frac{d}{dt}(mr^2\dot{\theta})=2mr\dot{r}\dot{\theta}+mr^2\ddot{\theta}=mr(2\dot{r}\dot{\theta}+r\ddot{\theta})=0$$

となり，L は時間によらず一定となることがわかる。

(2) 太陽から万有引力を受けて運動する惑星の力学的エネルギーを考える。位置エネルギーの基準点を $r=\infty$ にとると，位置エネルギー U は，万有引力 $-\dfrac{GMm}{r^2}$ を $r=r$ から $r=\infty$ まで r に関して積分することにより与えられ，

$$U=\int_r^\infty \left(-\frac{GMm}{r^2}\right)dr=-\frac{GMm}{r}$$

となる。

一方，運動エネルギーを極座標成分で書くと，運動エネルギー K は，

$$K=\frac{1}{2}mv^2=\frac{1}{2}m(v_r{}^2+v_\theta{}^2)$$
$$=\frac{1}{2}\left\{m\dot{r}^2+m(r\dot{\theta})^2\right\}$$

$$= \frac{1}{2}\left(m\dot{r}^2 + \frac{L^2}{mr^2}\right)$$

よって，全力学的エネルギーは，$E=K+U$ より，

$$E = \frac{1}{2}m\dot{r}^2 + \frac{L^2}{2mr^2} - \frac{GMm}{r} \tag{A.1}$$

となる．ここで，(A.1)式の右辺第2項と第3項の和

$$U_0(r) = \frac{L^2}{2mr^2} - \frac{GMm}{r}$$

を**有効ポテンシャル**という．

惑星の角運動量 L は一定であるから，(A.1)式の右辺は，動径 r 方向の運動エネルギー $\frac{1}{2}m\dot{r}^2$ と距離 r で決まる位置エネルギー $U_0(r)$ の和であり，r 方向の1次元運動とみなすことができる．

ここで，

$$\frac{dU_0}{dr} = -\frac{L^2}{mr^3} + \frac{GMm}{r^2} = 0$$

より，$U_0(r)$ は，$r = r_0 = \frac{L^2}{GMm^2}$ で負の極小値をとることがわかる．これより，$r \to \infty$ のとき，$U_0(r) \to 0$ であることを考慮して，$U_0(r)$ の概略図は図A.3のようになる．

(A.1)式より，力学的エネルギー E は，運動エネルギー $\frac{1}{2}m\dot{r}^2$ に有効ポテンシャル $U_0(r)$ を加えたものである．ある時刻に惑星が太陽から遠ざかっている（$\dot{r}>0$）とする．$E \geqq 0$ の場合，図A.3のように，r が

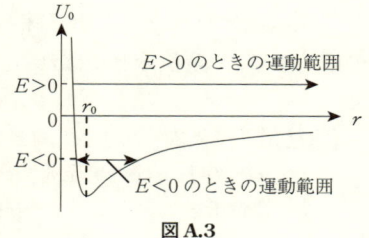

図A.3

いくら大きくなっても $\dot{r}>0$ であり続けることができ，惑星は太陽から無限に遠く離れる．一方 $E<0$ の場合，r が増加するとどこかで $\frac{1}{2}m\dot{r}^2=0$ ⟺ $\dot{r}=0$ となり，その後は，$\dot{r}<0$ となって太陽に近づく．

これより，惑星は太陽から有限の距離の範囲に留まり，無限に遠く離れないための条件は，<u>$E<0$</u> であることがわかる．

惑星が円軌道を描くとき r は一定であるから，その半径 r_0 は，有効ポテンシャル $U_0(r)$ の極小値を与える $r=r_0$ である．よって，その半径 r_0 は角運動量 L の<u>2乗</u>に比例する．

(2) 円柱座標への変換

xyz 直交座標で表された空間上の点 $P(x, y, z)$ の位置を，Pから xy 平面に下ろした垂線の足の2次元極座標 (r, θ) とPの z 座標によって指定する（図 A.4）。座標 (r, θ, z) を**円柱座標**とよぶ。

体積積分は次のように表される。$r \sim r+dr$, $\theta \sim \theta+d\theta$ の微小領域の面積は，$dS = rdrd\theta$ であるから（図 A.5），$r \sim r+dr$, $\theta \sim \theta+d\theta$, $z \sim z+dz$ の微小領域の体積は，$dV = rdrd\theta dz$ と表される。被積分関数が極座標表示で $f(r, \theta, z)$ であるとき，その体積積分は，

$$\iiint dV f(r, \theta, z)$$
$$= \int dz \int d\theta \int dr [r \cdot f(r, \theta, z)]$$

となる。ここで，上式の右辺は，z, θ, r に関して順次積分を行うことを意味し（次の例題5の解答参照），**重積分**とよばれる。

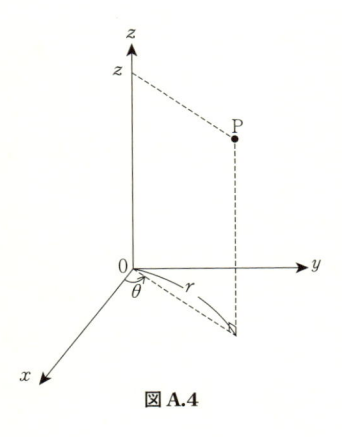

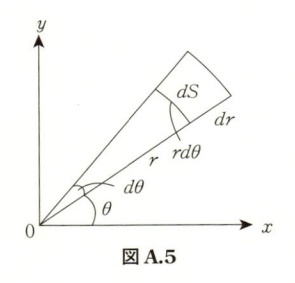

図 A.4

図 A.5

【**例題 5**】 半径 R, 高さ L, 質量 m で一様な密度の円柱の中心軸まわりの慣性モーメント I_1 および，半径 R, 質量 m で一様な密度の球の中心を通る回転軸まわりの慣性モーメント I_2 を，円柱座標の体積積分を用いて計算せよ。慣性モーメントの定義は，理論編第2章 2.8 節 (1) を参照せよ。

[**解**] 円柱：密度を ρ とすると，

$$m = \int_0^L dz \int_0^{2\pi} d\theta \int_0^R dr [r \cdot \rho] = L \cdot 2\pi \cdot \rho \cdot \frac{R^2}{2} = \pi R^2 L \rho$$

$$I_1 = \int_0^L dz \int_0^{2\pi} d\theta \int_0^R \rho r^2 \cdot r dr = L \cdot 2\pi \cdot \rho \cdot \frac{R^4}{4} = \pi R^2 L \rho \cdot \frac{R^2}{2} = \underline{\frac{1}{2} m R^2}$$

球：密度を ρ とする。各 z ($-R \leq z \leq R$) に対し，$0 \leq r \leq \sqrt{R^2 - z^2}$ が成り立つので，

$$m = \rho \int_{-R}^R dz \int_0^{2\pi} d\theta \int_0^{\sqrt{R^2-z^2}} rdr = 2\pi \rho \int_{-R}^R \frac{R^2 - z^2}{2} dz = \frac{4}{3} \pi \rho R^3$$

$$I_2 = \rho \int_{-R}^{R} dz \int_{0}^{2\pi} d\theta \int_{0}^{\sqrt{R^2-z^2}} r^3 dr = 2\pi\rho \int_{-R}^{R} \frac{(R^2-z^2)^2}{4} dz = \frac{8}{15}\pi\rho R^4 = \underline{\underline{\frac{2}{5}mR^2}}$$

上の計算を 2.9 節(1)の例題の解答と比較してみよ。

(3) 球座標の変換

xyz 直交座標で表された空間上の点 P(x,y,z) の位置を，原点 O からの距離 r と，原点と P から xy 平面に下ろした垂線の足 H を結ぶ線分が x 軸の正の部分となす角 ϕ と，OP と z 軸のなす角 θ によって指定する（図 A.6）。座標 (r,θ,ϕ) を**球座標（3 次元極座標）**とよぶ。

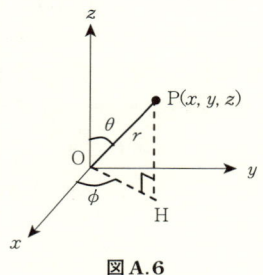

図 A.6

【例題 6】 このとき (x,y,z) を (r,θ,ϕ) で表せ。また，$r\sim r+dr$, $\theta\sim\theta+d\theta$, $\phi\sim\phi+d\phi$ の微小領域の体積を求めよ。

〔解〕 図 A.6 より，
$$x = \underline{r\sin\theta\cos\phi}, \quad y = \underline{r\sin\theta\sin\phi}, \quad z = \underline{r\cos\theta}$$
である。また，図 A.7 より微小領域の各辺の長さは dr, $rd\theta$, $r\sin\theta d\phi$ なので，
$$dV = \underline{r^2\sin\theta dr d\theta d\phi}$$

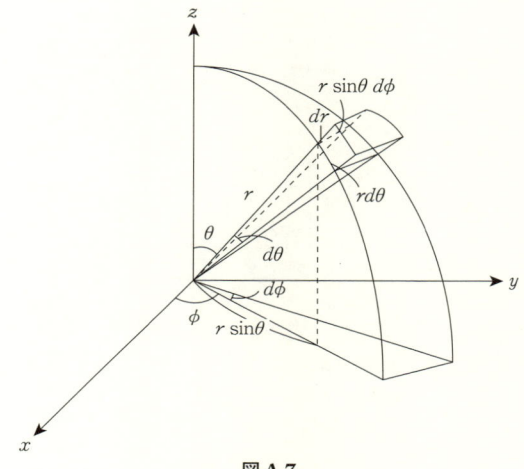

図 A.7

【例題 7】 半径 a, 質量 M で一様な密度の球殻による, 中心から距離 r だけ離れた位置にある質量 m の質点のもつ万有引力の位置エネルギー（ポテンシャルエネルギー）を計算せよ.

[解] 球殻の中心を原点にとると, 球殻がつくる位置エネルギーは球対称（位置エネルギーが r だけに依存するという意味）になる. そこで, 図 A.8 に示された z 軸上の点 P（直交座標表示で $(0,0,r)$）における位置エネルギーを計算すればよい. 極座標表示で (a, θ, ϕ) の点 Q のまわりの微小質量 dM が点 P につくる位置エネルギー dU を考える. 線分 PQ の長さ r_1 は, 三角形の余弦定理より $r_1 = \sqrt{r^2 - 2ar\cos\theta + a^2}$ と書けるから,

$$dU = -\frac{GmdM}{r_1} = -\frac{GmdM}{\sqrt{r^2 - 2ar\cos\theta + a^2}}$$

ここで, 球殻上の微小面積 $a^2 \sin\theta d\theta d\phi$ の質量が dM であるから,

$$dM = \frac{M}{4\pi a^2} a^2 \sin\theta d\theta d\phi = \frac{M}{4\pi} \sin\theta d\theta d\phi$$

と書ける. したがって,

$$U = \int_{球面} dU = \int_0^{2\pi} d\phi \int_0^{\pi} d\theta \left[-\frac{GMm}{4\pi} \frac{\sin\theta}{\sqrt{r^2 - 2ra\cos\theta + a^2}} \right]$$

$s = \cos\theta$ とおくと,

$$U = 2\pi \cdot \frac{GMm}{4\pi} \int_1^{-1} \frac{ds}{\sqrt{r^2 - 2ras + a^2}} = -\frac{GMm}{2} \int_{-1}^{1} \frac{ds}{\sqrt{r^2 - 2ras + a^2}}$$

となり, 定積分は次のように計算される.

$$\int_{-1}^{1} \frac{ds}{\sqrt{r^2 - 2ras + a^2}} = \left[\frac{\sqrt{r^2 - 2ras + a^2}}{-ra} \right]_{s=-1}^{s=1} = \frac{|r+a| - |r-a|}{ra} = \begin{cases} \dfrac{2}{r}, & r > a \\ \dfrac{2}{a}, & r < a \end{cases}$$

よって,

$$U = \begin{cases} -\dfrac{GMm}{r}, & r > a \\ -\dfrac{GMm}{a}, & r < a \end{cases}$$

$r < a$ では $U(r)$ は r に依らない定数だから, 球殻の内側では力がはたらかない. また, 球殻の外側では原点に質量 M の質点があるときの位置エネルギーと等価である.

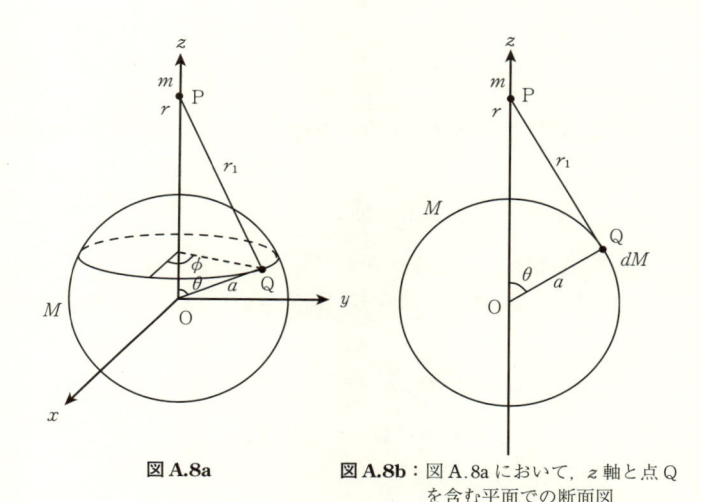

図A.8a　　**図A.8b**：図 A.8a において，z 軸と点 Q を含む平面での断面図

A.3 テイラー展開

必要な回数だけ微分可能なある関数 $f(x)$ が与えられたとき，

$$P_n(x) = f(a) + f'(a)(x-a) + \frac{f''(a)}{2!}(x-a)^2 + \cdots + \frac{f^{(n)}(a)}{n!}(x-a)^n$$

$$= \sum_{k=0}^{n} \frac{f^{(k)}(a)}{k!}(x-a)^k$$

を a における $f(x)$ の n 次の**テイラー多項式**とよぶ。$(x-a)$ が十分に小さいところでは，$P_n(x)$ と $f(x)$ との差は $(x-a)^{n+1}$ の程度であることが知られているので，$f(x)$ の値を $P_n(x)$ で近似することができる。一方，$f(x)$ との差が $(x-a)^{n+1}$ の程度である n 次の多項式関数は $P_n(x)$ のみである。また，

$$T(x) = \lim_{n \to \infty} P_n(x) = \sum_{k=0}^{\infty} \frac{f^{(k)}(a)}{k!}(x-a)^k$$

を a における $f(x)$ の**テイラー級数**とよぶ。テイラー級数 $T(x)$ が $f(x)$ の定義域の各点で収束し，$f(x)$ に一致するとき，$f(x)$ はその定義域内で**テイラー展開可能**という。$a=0$ のときのテイラー展開を特に**マクローリン展開**という。

【例題 8】 $f(x) = \dfrac{1}{1-x}$ （$|x|<1$）のマクローリン展開を求めよ。

[解]
$$f(x)=\frac{1}{1-x}=a_0+a_1x+a_2x^2+a_3x^3+\cdots \tag{A.2}$$

とおく。(A.2)式に $x=0$ を代入すると $1=a_0$, 次に, (A.2)式の両辺を x で微分すると,
$$f'(x)=\frac{1}{(1-x)^2}=a_1+2a_2x+3a_3x^2+\cdots+ka_kx^{k-1}+\cdots \tag{A.3}$$

となり, (A.3)式に再び $x=0$ を代入すると, $1=a_1$ となる。

こうして「微分して $x=0$ を代入する」ことを繰り返す。$f(x)$ を k 回微分すると,
$$f^{(k)}(x)=\frac{k!}{(1-x)^{k+1}}=k!a_k+(k+1)!a_{k+1}x+\cdots$$

となり, $x=0$ を代入して x^k の係数 $a_k=1$ を得る。これより, $f(x)$ のマクローリン展開は,
$$f(x)=\frac{1}{1-x}=1+x+x^2+\cdots=\sum_{k=0}^{\infty}x^k \tag{A.4}$$

と求められる。

(別解)

$(1-x)(1+x+\cdots+x^k)=1-x^{k+1}$ より, $1+x+\cdots+x^k=\dfrac{1-x^{k+1}}{1-x}$ となるので, $f(x)=\dfrac{1}{1-x}$ と $1+x+\cdots+x^k$ の差は, $|x|<1$ のとき x^{k+1} 程度となり, $f(x)$ のテイラー多項式は $1+x+\cdots+x^k$ であることがわかる。こうして $k\to\infty$ としてマクローリン展開(A.4)を得る。

【例題9】 $\sin x$, $\cos x$, e^x のマクローリン展開を求めよ。

[解] $f(x)=\sin x$ を x で何回も微分すると,
$$f'(x)=\cos x, \quad f''(x)=-\sin x, \quad f'''(x)=-\cos x, \quad f^{(4)}(x)=\sin x, \quad \cdots$$

となり, 一般に, $f^{(2k)}(x)=(-1)^k\sin x$, $f^{(2k+1)}(x)=(-1)^k\cos x$ となるので, $f^{(2k)}(0)=0$, $f^{(2k+1)}(0)=(-1)^k$ となる。したがって,
$$f(x)=a_0+a_1x+a_2x^2+\cdots=\sum_{k=0}^{\infty}a_kx^k$$

とおくと, $a_0=0$, $a_1=1$, $a_2=0$, $a_3=-\dfrac{1}{3!}$, $\cdots$ となり,

$$\sin x = x - \frac{1}{3!}x^3 + \cdots = \underline{\sum_{k=0}^{\infty} \frac{(-1)^k}{(2k+1)!} x^{2k+1}}$$

を得る。

同様にして，$\cos x$ のマクローリン展開は，

$$\cos x = 1 - \frac{1}{2!}x^2 + \cdots = \sum_{k=0}^{\infty} \frac{(-1)^k}{(2k)!} x^{2k}$$

となる。ここで，$\sin x$ は奇関数であるから x の奇数乗 x^{2k+1} のべき級数で書けること，$\cos x$ は偶関数であるから x の偶数乗 x^{2k} のべき級数で書けることに注意しよう。

次に，$f(x) = e^x$ のマクローリン展開を求める。

$$f'(x) = f''(x) = \cdots = f^{(k)}(x) = \cdots = e^x$$
$$\Rightarrow \quad f'(0) = f''(0) = \cdots = f^{(k)}(0) = \cdots = 1$$

であるから，マクローリン展開は，

$$e^x = 1 + x + \frac{1}{2}x^2 + \cdots = \underline{\sum_{k=0}^{\infty} \frac{1}{k!} x^k}$$

となる。

A.4 テイラー多項式を用いた近似式

前節で述べたようにテイラーの多項式はもとの関数を一定の精度で近似しているので，ある値を必要な精度で求めたいというときに計算を簡単にすることができる。

【例題10】 $f(x) = (1+x)^a$ の2次の精度での近似式（テイラー多項式）を求めよ。

[解]

$$f'(x) = a(1+x)^{a-1}, \ f''(x) = a(a-1)(1+x)^{a-2}$$
$$\Rightarrow \quad f'(0) = a, \ f''(0) = a(a-1)$$

となるから，

$$(1+x)^a \approx \underline{1 + ax + \frac{a(a-1)}{2}x^2}$$

を得る。

【例題 11】 図 A.9 のように，真空中で座標 $(0, d)$，$(0, -d)$ にそれぞれ電荷 q，$-q$ を置いたとき，原点から十分離れた点 (x, y) における電位 V を d の 1 次の項まで求めよ。ただし，電位は無限遠で 0 とし，真空の誘電率を ε_0 とする。

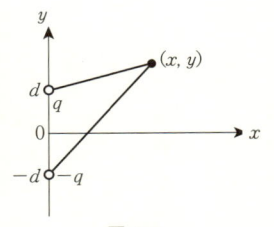

図 A.9

[解] 題意より，$V = \dfrac{q}{4\pi\varepsilon_0} \dfrac{1}{\sqrt{x^2+(y-d)^2}} - \dfrac{q}{4\pi\varepsilon_0} \dfrac{1}{\sqrt{x^2+(y+d)^2}}$ と書ける。一方，

$$\frac{1}{\sqrt{x^2+(y-d)^2}} = \frac{1}{\sqrt{x^2+y^2}} \left(1 - \frac{2yd-d^2}{x^2+y^2}\right)^{-\frac{1}{2}}$$

$$\approx \frac{1}{\sqrt{x^2+y^2}} \left(1 + \frac{yd-d^2/2}{x^2+y^2}\right) \approx \frac{1}{\sqrt{x^2+y^2}} \left(1 + \frac{yd}{x^2+y^2}\right)$$

ただし，例題 10 で求めた近似式を 1 次までで使った。
同様に，

$$\frac{1}{\sqrt{x^2+(y+d)^2}} = \frac{1}{\sqrt{x^2+y^2}} \left(1 - \frac{yd}{x^2+y^2}\right)$$

したがって，

$$V = \frac{q}{2\pi\varepsilon_0} \frac{yd}{(x^2+y^2)^{\frac{3}{2}}}$$

を得る。

【例題 12】 図 A.10 のように，一様で微弱な磁束密度 B の磁場の中で，電荷 q，質量 m の荷電粒子を距離 L 離れたスクリーン上の点 P に向かって垂直に速度 v で打ち込んだ。電荷がスクリーン上で到達する点と P との距離 l を求めよ。ただし，粒子の偏向角（進路変更の角）は微小であるとする。必要ならば，$|\theta| \ll 1$ のとき，テイラー多項式による 2 次までの近似式 $\sin\theta \approx \tan\theta \approx \theta$，$\cos\theta \approx 1 - \theta^2/2$ を使ってよい。

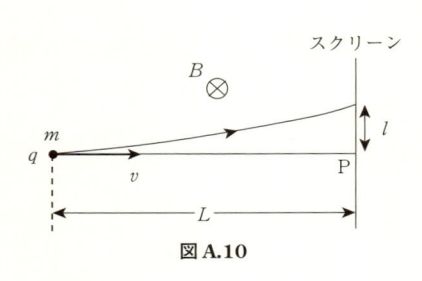

図 A.10

[解] ローレンツ力は速度に垂直にはたらくため，粒子は仕事をされず，速度 v を保ったまま円運動をする。円運動における向心力はローレンツ力によるもの

なので，円運動の半径を r とすると，
$$m\frac{v^2}{r}=qvB \quad \therefore \quad r=\frac{mv}{qB}$$

図 A.11 のように，粒子がスクリーンに達するまでに，円運動の中心からみて角度 θ ($\theta \ll 1$) だけ移動していたとすると，
$$l=r-r\cos\theta \approx \frac{r\theta^2}{2}$$
一方で，$\sin\theta=L/r$ より，$\theta \approx L/r$ なので，
$$l \approx \frac{L^2}{2r}=\underline{\frac{qBL^2}{2mv}}$$

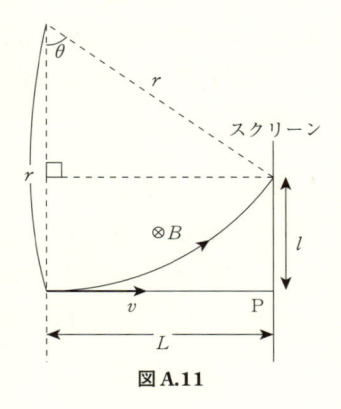

図 A.11

A.5 複素数平面

図 A.12 のように，2 次元直交座標で表した平面上の点 (x, y) は，複素数 $z=x+iy$ と 1 対 1 に対応している。ここに i は虚数単位 ($i^2=-1$) である。つまり平面と複素数全体は同一視される。また z を極座標 (r, θ) で表示すると，

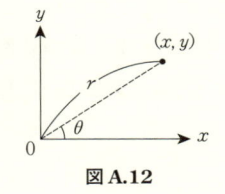

$$z=r(\cos\theta+i\sin\theta)$$

となる。このように複素数を r, θ で表す書き方を極表示という。

図 A.12

【例題 13】 2 つの複素数 $z_1=\cos\theta_1+i\sin\theta_1$，$z_2=\cos\theta_2+i\sin\theta_2$ に対して，積を計算し，極表示で表せ。

[解] 三角関数の加法定理
$$\cos(\theta+\phi)=\cos\theta\cos\phi-\sin\theta\sin\phi$$
$$\sin(\theta+\phi)=\sin\theta\cos\phi+\cos\theta\sin\phi$$
を用いると，
$$z_1z_2=\cos\theta_1\cos\theta_2-\sin\theta_1\sin\theta_2+i\sin\theta_1\cos\theta_2+i\sin\theta_2\cos\theta_1$$
$$=\underline{\cos(\theta_1+\theta_2)+i\sin(\theta_1+\theta_2)}$$

$z=\cos\theta+i\sin\theta$ を θ の関数とみると，これは指数法則（変数の和が関数の積になる）と同じ法則を満たしていることが，例題 13 からわかる。指数関数と三角関数は $e^{i\theta}=\cos\theta+i\sin\theta$ という関係でつながっていることを次の節で確かめる。

A.6 オイラーの公式

多項式関数の定義域を複素数まで拡張することは，実数を複素数に置き換えることで自然に行うことができる。同様にテイラー展開可能な関数ではテイラー展開した形で実数を複素数に置き換えることで定義域を複素数まで拡大できる。例えば，

$$\sin z=\sum_{k=0}^{\infty}\frac{(-1)^k}{(2k+1)!}z^{2k+1},\ \cos z=\sum_{k=0}^{\infty}\frac{(-1)^k}{(2k)!}z^{2k},\ e^z=\sum_{k=0}^{\infty}\frac{z^k}{k!} \quad (\text{A.5})$$

のように複素数を変数とする三角関数，指数関数を自然に定義することができる（例題 9 参照）。

微分演算も多項式関数では複素数まで自然に拡張することができる。同様に，テイラー展開可能な複素関数の微分はテイラー展開の各項を項別に微分したものとなる。

【例題 14】 (A.5)式を $\sin z$, $\cos z$, e^z の定義として，
$$(\sin z)'=\cos z,\ (\cos z)'=-\sin z,\ (e^z)'=e^z$$
が成り立つことを確認せよ。

［解］

$$(\sin z)'=\sum_{k=0}^{\infty}\left(\frac{(-1)^k}{(2k+1)!}z^{2k+1}\right)'=\sum_{k=0}^{\infty}\frac{(-1)^k}{(2k)!}z^{2k}=\cos z$$

$$(\cos z)'=\sum_{k=0}^{\infty}\left(\frac{(-1)^k}{(2k)!}z^{2k}\right)'=\sum_{k=1}^{\infty}\frac{(-1)^k}{(2k-1)!}z^{2k-1}=-\sum_{k'=0}^{\infty}\frac{(-1)^{k'}}{(2k'+1)!}z^{2k'+1}=-\sin z$$

$$(e^z)'=\sum_{k=0}^{\infty}\left(\frac{z^k}{k!}\right)'=\sum_{k=1}^{\infty}\frac{z^{k-1}}{(k-1)!}=\sum_{k'=0}^{\infty}\frac{z^{k'}}{k'!}=e^z$$

【例題 15】 オイラーの公式 $e^{i\theta}=\cos\theta+i\sin\theta$ を確認せよ。また，指数法則から三角関数の加法定理が，指数関数の微分公式から三角関数の微分公式が導かれることをそれぞれ確認せよ。

[解] θ は実数とする。

・オイラーの公式の導出
$$\cos\theta + i\sin\theta = \sum_{k=0}^{\infty}\frac{(-1)^k}{(2k)!}\theta^{2k} + i\sum_{k=0}^{\infty}\frac{(-1)^k}{(2k+1)!}\theta^{2k+1}$$
$$= \sum_{k=0}^{\infty}\frac{i^{2k}}{(2k)!}\theta^{2k} + \sum_{k=0}^{\infty}\frac{i^{2k+1}}{(2k+1)!}\theta^{2k+1} = \sum_{k=0}^{\infty}\frac{(i\theta)^k}{k!} = e^{i\theta}$$

・指数法則と加法定理
$e^{i(\theta+\phi)} = e^{i\theta} \cdot e^{i\phi}$ より,
$$\cos(\theta+\phi) + i\sin(\theta+\phi) = (\cos\theta + i\sin\theta)(\cos\phi + i\sin\phi)$$
となる。右辺を展開して両辺の実部と虚部を比較して,
$$\cos(\theta+\phi) = \cos\theta\cos\phi - \sin\theta\sin\phi$$
$$\sin(\theta+\phi) = \sin\theta\cos\phi + \cos\theta\sin\phi$$

・微分公式
$$(\cos\theta + i\sin\theta)' = (e^{i\theta})' = ie^{i\theta} = i(\cos\theta + i\sin\theta) = i\cos\theta - \sin\theta$$
実部,虚部を比較して三角関数の微分公式
$$(\cos\theta)' = -\sin\theta, \quad (\sin\theta)' = \cos\theta$$
を得る。

三角関数を複素数変数の指数関数の形で書いた方が便利なことが多い。

【例題16】 格子間隔 d の N 個の回折格子に波長 λ の光を入射し,その回折を考える(図 A.13)。隣り合う格子の位相差を ϕ とすると,1番目の格子点を通った光の観測地点での振動が $A\cos\omega t$ と表されるとき,n 番目の格子点を通った光の振動は $A\cos(\omega t + (n-1)\phi)$ と表される。それらの重ね合わせが回折角 θ の波の観測地点での振動を表すことを利用して,回折光の強度の θ 依存性を求めよ。

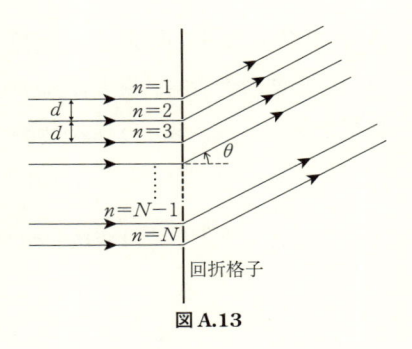

図 A.13

[解] $A\cos\omega t = \text{Re}(Ae^{i\omega t}) = \frac{A}{2}(e^{i\omega t} + e^{-i\omega t})$ を利用する。($\text{Re}(z)$ は z の実部を表す。) e^x を $\exp(x)$ と書くことにすると,

$$\sum_{n=1}^{N} A\exp[i\omega t + i(n-1)\phi] = Ae^{i\omega t}\sum_{n=1}^{N}\exp[i(n-1)\phi] = Ae^{i\omega t}\frac{1-e^{iN\phi}}{1-e^{i\phi}}$$

$$\sum_{n=1}^{N} A\cos[\omega t + (n-1)\phi] = \mathrm{Re}\Big[\sum_{n=1}^{N} A\exp[i\omega t + i(n-1)\phi]\Big]$$

$$= \frac{A}{2}\Big(e^{i\omega t}\frac{1-e^{iN\phi}}{1-e^{i\phi}} + e^{-i\omega t}\frac{1-e^{-iN\phi}}{1-e^{-i\phi}}\Big)$$

$$= \frac{A}{2}\frac{e^{-\frac{iN\phi}{2}}-e^{\frac{iN\phi}{2}}}{e^{-\frac{i\phi}{2}}-e^{\frac{i\phi}{2}}}\Big(e^{i\omega t + \frac{iN\phi}{2} - \frac{i\phi}{2}} + e^{-i\omega t - \frac{iN\phi}{2} + \frac{i\phi}{2}}\Big)$$

$$= A\frac{\sin N\phi/2}{\sin\phi/2}\cos\Big(\omega t + \frac{N-1}{2}\phi\Big)$$

ここで，合成波の振幅は $A\dfrac{\sin N\phi/2}{\sin\phi/2}$, 振動は $\cos\Big(\omega t + \dfrac{N-1}{2}\phi\Big)$ で表される。

回折光の強度は振幅の 2 乗に比例するので，$\Big(\dfrac{\sin N\phi/2}{\sin\phi/2}\Big)^2$ に比例する。一方で，隣り合う格子点を通った光の経路差は $d\sin\theta$ であるので，位相差は $\phi = \dfrac{2\pi d}{\lambda}\sin\theta$ となり，強度は，$\Big(\dfrac{\sin(N\pi d\sin\theta/\lambda)}{\sin(\pi d\sin\theta/\lambda)}\Big)^2$ に比例する形で θ に依存するとわかる。

以上の結果は $A\cos\omega t$ を実数のまま計算して得ることもできるが，その場合はテクニカルな変形を要する。

A.7 微分方程式の解法 I（変数分離型）

未知の関数の導関数を含む方程式を**微分方程式**といい，微分方程式を満たす関数を**解**という。微分方程式の解を求めることを，**微分方程式を解く**という。

$$\frac{dy}{dx} = P(x)Q(y)$$

という形の微分方程式は**変数分離型微分方程式**とよばれる。この式は，

$$\int \frac{1}{Q(y)}\frac{dy}{dx}dx = \int P(x)dx$$

と変形でき，置換積分の公式により，

$$\int \frac{dy}{Q(y)} = \int P(x)dx$$

となるので，変数分離型微分方程式を解く問題は不定積分を求める問題に帰着する。

【例題17】 微分方程式
$$\frac{dy}{dx}+P(x)y=0$$
を解け。

[解] $\dfrac{1}{y}\dfrac{dy}{dx}=-P(x)$ の両辺を x で積分して，
$$\log|y|=-\int P(x)dx+C \quad (C は積分定数)$$
したがって，$C_0=\pm e^C$ とおいて，
$$y=C_0\exp\left(-\int P(x)dx\right) \tag{A.6}$$
が求める解である。特に，$C_0=0$ のときも解になっている。

A.8 微分方程式の解法 II （線形微分方程式）

従属変数とその導関数について1次の項までしか含まない微分方程式を**線形微分方程式**とよぶ。すなわち線形微分方程式とは，
$$P_n(x)\frac{d^n y}{dx^n}+P_{n-1}(x)\frac{d^{n-1}y}{dx^{n-1}}+\cdots+P_1(x)\frac{dy}{dx}+P_0(x)y=Q(x)$$
$$(ただし，P_n(x)\neq 0)$$
という形の微分方程式である。n を微分方程式の階数とよぶ。また，$Q(x)=0$ のとき**斉次方程式**とよび，$Q(x)\neq 0$ のとき**非斉次方程式**とよぶ。両辺を $P_n(x)$ で割ることで n 階微分の係数を消すことができるので，以下では $P_n(x)=1$ として議論する。n 階の微分方程式の一般解は n 個の積分定数を含むことが知られている。

斉次の1階微分方程式は変数分離型であり，例題17においてすでに解いている。

【例題18】 非斉次の一階微分方程式
$$\frac{dy}{dx}+P(x)y=Q(x) \tag{A.7}$$
に，(A.6)式の積分定数を関数に変えた式
$$y=C(x)\exp\left(-\int P(x)dx\right)$$
を代入し，$C(x)$ の関数形を求めよ。

[解]
$$\frac{dy}{dx} = C'(x)\exp\left(-\int P(x)dx\right) - P(x)C(x)\exp\left(-\int P(x)dx\right)$$
を微分方程式 (A.7) に代入して,
$$C'(x)\exp\left(-\int P(x)dx\right) = Q(x)$$
$$C'(x) = Q(x)\exp\left(\int P(x)dx\right)$$
$$C(x) = \underline{\int Q(x)\exp\left(\int P(x)dx\right)dx + C_1} \quad (C_1 \text{ は積分定数})$$

上式は 1 個の積分定数を含むので,
$$y = \left(\int Q(x)\exp\left(\int P(x)dx\right)dx + C_1\right)\exp\left(-\int P(x)dx\right) \tag{A.8}$$
は非斉次の 1 階微分方程式の一般解になっている。以上のように斉次方程式の積分定数を関数に置き換えることで，非斉次方程式の解を求める方法を**定数変化法**とよぶ。

次に定数係数の 2 階線形微分方程式を考えよう。

【例題 19】 微分方程式
$$\frac{d^2y}{dx^2} + 2p\frac{dy}{dx} + qy = 0 \tag{A.9}$$
の解のうち $y = e^{\alpha x}$ という形のものを求めよ。

[解] $y = e^{\alpha x}$ を微分方程式 (A.9) に代入し，$e^{\alpha x}$ で割ると,
$$\alpha^2 + 2p\alpha + q = 0 \tag{A.10}$$
を得る。これを解いて,
$$\alpha_{\pm} = -p \pm \sqrt{p^2 - q}$$
よって，求める解は,
$$y = \underline{\exp\left[\left(-p \pm \sqrt{p^2 - q}\right)x\right]}$$
の 2 つ（$p^2 = q$ のときは 1 つ）である。

斉次の線形微分方程式の解の定数倍や和はもとの微分方程式の解になっている。すなわち，$y = y_1, y_2$ を微分方程式の解とするとき,

$$y = C_1 y_1 + C_2 y_2$$

も，元の微分方程式の解となっている．2つの積分定数を含む解は2階の微分方程式の一般解となるので，$p^2 \neq q$ のとき，$y = C_+ e^{\alpha_+ x} + C_- e^{\alpha_- x}$ は微分方程式の一般解となる．$p^2 < q$ のとき，特に $\alpha_\pm$ は虚数となり，オイラーの公式を用いると，A，B を適当な定数として，一般解は，

$$y = e^{-px}(A\cos\sqrt{q-p^2}\,x + B\sin\sqrt{q-p^2}\,x)$$

と書きなおせることがわかる（この式は x とともに振幅が指数関数的に減少ないし増加する振動を表している）．

【例題20】 $p^2 = q$ のとき，微分方程式(A.9)の一般解を定数変化法を用いて求めよ．

［解］ $y = C(x)e^{-px}$ を微分方程式(A.9)に代入し，e^{-px} で割ると，
$$(C''(x) - 2pC'(x) + p^2 C(x)) + 2p(C'(x) - pC(x)) + p^2 C(x) = 0$$
$$\therefore C''(x) = 0$$

したがって，
$$C(x) = \alpha x + \beta \quad (\alpha, \beta \text{は積分定数})$$

となり，求める一般解は，
$$y = (\alpha x + \beta)e^{-px}$$

非斉次の2階線形微分方程式を考える．
$$\frac{d^2 y}{dx^2} + 2p\frac{dy}{dx} + qy = f(x) \tag{A.11}$$

簡単な計算により，この方程式の解と，$f(x) \equiv 0$ とおいたときの斉次微分方程式の解の和がこの方程式の解となることがわかる．したがって，非斉次方程式の1つの解（特解とよぶ）を見つけることができれば，この解と斉次微分方程式の一般解の和が非斉次微分方程式の一般解となる．$f(x)$ が簡単な関数形のとき，特解は直感的に求めることができる．

【例題21】 $f(x) = kx + l$ のとき，(A.11)式の特解を1つ見つけよ．ただし，$q \neq 0$ とする．

[解] $y=\alpha x+\beta$ を微分方程式(A.11)に代入すると,
$$q\alpha x+2p\alpha+q\beta=kx+l$$
となる．これが恒等式となる条件は,
$$\alpha=\frac{k}{q}, \quad \beta=\frac{l}{q}-\frac{2kp}{q^2}$$
となり,
$$y=\frac{k}{q}x+\frac{l}{q}-\frac{2kp}{q^2}$$
が求める特解の1つであることがわかる．

【例題22】 定数変化法を用いて，(A.11)式の特解を1つ求めよ．

[解] $y=C(x)e^{\alpha x}$ $(\alpha=\alpha_\pm)$ を微分方程式(A.11)に代入し，$e^{\alpha x}$ で割ると,
$$(C''(x)+2\alpha C'(x)+\alpha^2 C(x))+2p(C'(x)+\alpha C(x))+qC(x)=f(x)e^{-\alpha x}$$
(A.10)式を用いて,
$$C''(x)+2(p+\alpha)C'(x)=f(x)e^{-\alpha x}$$
これは $C'(x)$ に関する1階線形微分方程式であるのでその1つの解は，(A.8)式より，
$$C'(x)=e^{-2(p+\alpha)x}\int f(x)e^{(2p+\alpha)x}dx$$
であり，積分して,
$$C(x)=\int e^{-2(p+\alpha)x}\left(\int f(x)e^{(2p+\alpha)x}dx\right)dx$$
となるので,
$$y=e^{\alpha x}\int e^{-2(p+\alpha)x}\left(\int f(x)e^{(2p+\alpha)x}dx\right)dx$$
が求める特解の1つである．

A.9 偏微分方程式

複数の変数 $x_1, x_2, \cdots, x_n$ の関数 $f(x_1, x_2, \cdots, x_n)$ を x_i 以外の変数を固定し，x_i で微分する操作を**偏微分**とよび，その操作によって得られる導関数を偏導関数とよび，$\dfrac{\partial f}{\partial x_i}$ と書く．高階の導関数も同様に定義することができる．

変数 $x_1, x_2, \cdots, x_n$ の関数 $f(x_1, x_2, \cdots, x_n)$ とその偏導関数を含む方程式を**偏微分方程式**とよぶ．偏微分方程式に対して，今まで扱ってきた一変数の微分方程式のことを**常微分方程式**とよぶこともある．n 階の微分方程式の一般解には n

個の任意関数が含まれることが知られている。

【例題 23】 2 つの実数変数 x, y で定義された 2 変数関数 $f(x,y)$ が偏微分方程式
$$\frac{\partial^2 f}{\partial x \partial y} = 0$$
を満たすとき，$f(x,y)$ を求めよ。ただし，
$$\frac{\partial^2 f}{\partial x \partial y} = \frac{\partial}{\partial x}\left(\frac{\partial f}{\partial y}\right)$$
である。

[解] $\frac{\partial}{\partial x}\left(\frac{\partial f}{\partial y}\right) = 0$ は，$\frac{\partial f}{\partial y}$ が x に依存しないことを示しているので，
$$\frac{\partial f}{\partial y} = \phi(y) \quad (\phi(y) \text{ は任意関数})$$
と書ける。したがって，
$$f = \psi(x) + \int \phi(y) dy = \underline{\psi(x) + \Phi(y)} \tag{A.12}$$
$$(\psi(x), \ \Phi(y) = \int \phi(y) dy \text{ は任意関数})$$
と書ける。ここで，$\psi(x)$ は，f を y の関数と考えたときの積分定数として現れた。

　一般の偏微分方程式を解くことは難しいが，ある種の偏微分方程式は，変数分離法とよばれる手法で常微分方程式に帰着させて解ける場合がある。

【例題 24】 2 つの実数変数 x, y で定義された 2 変数関数 $f(x,y)$ の偏微分方程式
$$\frac{\partial f}{\partial x} + \frac{\partial f}{\partial y} = f \tag{A.13}$$
が $f(x,y) = X(x)Y(y)$ の形の解をもつと仮定して，(A.13)式を解け。

[解] $f(x,y) = X(x)Y(y)$ を偏微分方程式(A.13)に代入して，
$$Y \frac{\partial X}{\partial x} + X \frac{\partial Y}{\partial y} = XY$$
$$\frac{1}{X} \frac{\partial X}{\partial x} = 1 - \frac{1}{Y} \frac{\partial Y}{\partial y}$$
左辺は x のみの関数であり，右辺は y のみの関数なので，恒等的に成り立つためには，両辺は定数でなければならない。したがって，上式は，

$$\frac{1}{X}\frac{\partial X}{\partial x}=c_x, \quad \frac{1}{Y}\frac{\partial Y}{\partial y}=c_y \quad (c_x+c_y=1)$$

という2つの常微分方程式に帰着される。よって,

$$\frac{\partial X}{\partial x}=c_x X, \quad \frac{\partial Y}{\partial y}=c_y Y$$

∴ $X=C_x\exp(c_x x), \quad Y=C_y\exp(c_y y)$ （C_x, C_y は積分定数）

となり，求める解は，$C=C_x C_y$ として，

$$f=\underline{C\exp(c_x x+c_y y)} \quad (c_x+c_y=1)$$

物理でよく見かける偏微分方程式の例として弦を伝わる波などを記述する偏微分方程式

$$\frac{\partial^2 f}{\partial t^2}-c^2\frac{\partial^2 f}{\partial x^2}=0 \quad (c>0) \tag{A.14}$$

を考えてみよう。これは**1次元波動方程式**とよばれる。例えば，A, B を定数として，波長 λ, 振動数 f の右向きおよび左向き正弦波の重ね合わせの式

$$f(x,t)=A\sin 2\pi\left(\frac{x}{\lambda}+ft\right)+B\sin 2\pi\left(\frac{x}{\lambda}-ft\right)$$

$$=A\sin\frac{2\pi}{\lambda}(x+ct)+B\sin\frac{2\pi}{\lambda}(x-ct) \quad (c=f\lambda) \tag{A.15}$$

が (A.14) 式を満たすことは，すぐに確かめられるであろう。

【例題 25】 $\xi=x+ct, \eta=x-ct$ と変数変換することにより，偏微分方程式 (A.14) の一般解を求めよ。ただし，変数変換の際に，偏微分の公式

$$\frac{\partial f}{\partial x}=\frac{\partial f}{\partial \xi}\frac{\partial \xi}{\partial x}+\frac{\partial f}{\partial \eta}\frac{\partial \eta}{\partial x}, \quad \frac{\partial f}{\partial t}=\frac{\partial f}{\partial \xi}\frac{\partial \xi}{\partial t}+\frac{\partial f}{\partial \eta}\frac{\partial \eta}{\partial t} \tag{A.16}$$

が成り立つことを用いよ。

[解] (A.16) 式より，

$$\frac{\partial f}{\partial t}=\frac{\partial f}{\partial \xi}\frac{\partial \xi}{\partial t}+\frac{\partial f}{\partial \eta}\frac{\partial \eta}{\partial t}=c\left(\frac{\partial f}{\partial \xi}-\frac{\partial f}{\partial \eta}\right)$$

$$\frac{\partial^2 f}{\partial t^2}=\frac{\partial}{\partial \xi}\left(\frac{\partial f}{\partial t}\right)\frac{\partial \xi}{\partial t}+\frac{\partial}{\partial \eta}\left(\frac{\partial f}{\partial t}\right)\frac{\partial \eta}{\partial t}=c^2\left(\frac{\partial^2 f}{\partial \xi^2}-2\frac{\partial^2 f}{\partial \xi\partial \eta}+\frac{\partial^2 f}{\partial \eta^2}\right)$$

同様にして，

$$\frac{\partial^2 f}{\partial x^2}=\frac{\partial^2 f}{\partial \xi^2}+2\frac{\partial^2 f}{\partial \xi\partial \eta}+\frac{\partial^2 f}{\partial \eta^2}$$

よって，上の2式を(A.14)式に代入すると，
$$\frac{\partial^2 f}{\partial \xi \partial \eta}=0$$
となる。したがって，(A.12)式より，
$$f=\psi(\xi)+\phi(\eta) \quad (\psi(\xi),\ \phi(\eta) \text{ は任意関数})$$
すなわち，
$$f=\psi(x+ct)+\phi(x-ct) \tag{A.17}$$
となる．

(A.17)式は，正弦波の重ね合わせの式(A.15)に対応している．

$\xi=x+ct$ は $\psi(\xi)$ の位相に比例する項であり，位相が一定となる点では $\xi=$ 一定が成り立つ．このとき，この式の両辺を時間微分することによって，
$$\frac{dx}{dt}=-c$$
が得られ，"位相" が一定の点は速さ c で $-x$ 方向に進んでいることがわかる．同様にして，$\phi(\eta)$ の "位相" が一定の点は速さ c で $+x$ 方向に進んでいることがわかる．1次元波動方程式の解は，速さ c で x 軸の正負の方向に進む波の重ね合わせである．

A.10 微分方程式と物理

以上で紹介した微分方程式の解法にしたがって，具体的な物理の問題を解く．

【例題26】 質量 m の物体が初速 v_0 で動き出した．速さが v に達したとき，物体は速度と反対向きに大きさ $\alpha v+\beta v^2$ の抵抗力を受けて進むとする．時間 t が経過した時点での物体の速度を求めよ．

[解] 運動方程式を立てると，
$$m\frac{dv}{dt}=-\alpha v-\beta v^2$$
$$\therefore\ \frac{1}{\alpha v+\beta v^2}\frac{dv}{dt}=-\frac{1}{m}$$
両辺を t で積分して，
$$\int \frac{dv}{v(\alpha+\beta v)}=-\frac{1}{m}t+C$$

一方,
$$\int \frac{dv}{v(\alpha+\beta v)} = \int \frac{1}{\alpha}\left(\frac{1}{v} - \frac{\beta}{\alpha+\beta v}\right)dv = \frac{1}{\alpha}(\log|v| - \log|\alpha+\beta v|) = \frac{1}{\alpha}\log\left|\frac{v}{\alpha+\beta v}\right|$$
したがって,
$$v = \frac{\alpha}{\exp\left(\frac{\alpha}{m}t - \alpha C\right) - \beta}$$
$t=0$ で $v=v_0$ より,
$$e^{-\alpha C} = \frac{\alpha + \beta v_0}{v_0}$$
これを代入して,
$$v = \frac{\alpha}{(\alpha+\beta v_0)\exp\left(\frac{\alpha}{m}t\right) - \beta v_0} v_0$$

【例題 27】 z 軸方向負の向きに一様な重力がはたらいている空間に,温度 T の理想気体が入れられた筒状の容器が置かれている(図 A.14)。気体 1 モルの質量を μ,気体定数を R,重力加速度の大きさを g として,高さ z での気体の圧力 $p(z)$ を求めよ。ただし,$z=0$ の点での圧力を $p(0)=p_0$ とする。

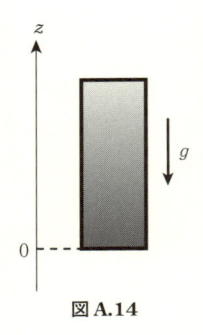

[解] 高さ z での理想気体の物質量密度(単位体積あたりのモル数)を $\rho(z)$ とすると,状態方程式は
$$p(z) = \rho(z)RT \tag{A.18}$$
容器の底面積を A とおき,微小領域 $A \cdot \Delta z$ にある気体にはたらく力のつり合いを考える。この微小領域にある気体の物質量は,高さ $z \sim z+\Delta z$ の物質量密度が一定値 $\rho(z)$ に等しいと見なせるから,
$$p(z)A = p(z+\Delta z)A + \mu[\rho(z)A\Delta z]g \tag{A.19}$$
が成り立つ。したがって,高度差 Δz での圧力変化を $\Delta p = p(z+\Delta z) - p(z)$ とおくと,(A.19)式は,$\Delta z \to dz$, $\Delta p \to dp$ として,
$$\frac{\Delta p}{\Delta z} = -\mu \rho(z) g$$
となる。よって,(A.18)式を用いて,
$$\frac{dp}{dz} = -\frac{\mu g}{RT} p(z) \tag{A.20}$$
を得る。(A.20)式は変数分離型微分方程式であるから,両辺を $p(z)$ でわり

図 A.14

$p(0)=p_0$ として解く（**A.7** 節参照）と，

$$\int_{p_0}^{p}\frac{dp}{p}=-\int_{0}^{z}\frac{\mu g}{RT}dz \quad \Rightarrow \quad \log\frac{p}{p_0}=-\frac{\mu g}{RT}z$$

より，

$$p(z)=p_0\exp\left(-\frac{\mu g}{RT}z\right)$$

を得る。

●国際物理オリンピックへの道のり

☆国際物理オリンピック
世界トップレベルの高校生たちと難問ぞろいの理論・実験コンテストで競い合う

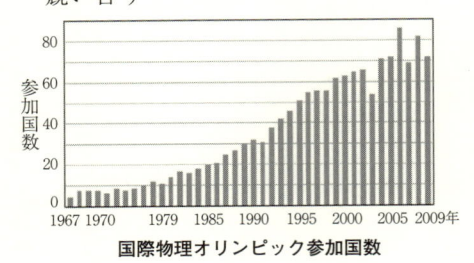

国際物理オリンピック参加国数

世界中から集まった物理好きの高校生たちとの刺激的な交流

JUMP

★チャレンジ・ファイナル
2度の合宿と通信添削で物理を特訓し，日本代表を決める

STEP

★第2チャレンジ
3泊4日で理論・実験コンテストを行う合宿型全国大会

HOP

★第1チャレンジ
全国約70箇所の会場で一斉に理論試験を行い，実験はレポートを提出する

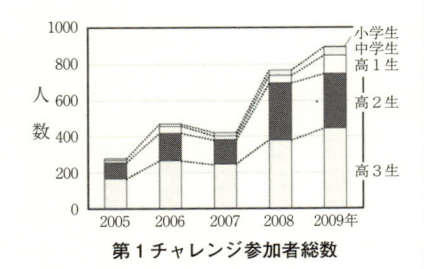

第1チャレンジ参加者総数

○参加申込み
満20歳未満で大学等の高等教育機関に在学していないこと
参加方法など詳しい情報は以下のホームページをご覧ください
http:www.jpho.jp/

索引

1 次元波動方程式　280
1 モル　137
2 次元極座標　40, 261
3 次元極座標　265

あ行

アインシュタインの関係式　156
アボガドロ数　137

位相　67
位置エネルギー　15
移動度　155

宇宙原理　51
うなり　78
運動エネルギー　15
運動方程式　15
運動量　37
運動量保存則　37

エネルギー　15
円柱座標　264

オーム抵抗　95
オームの法則　95
温度　137

か行

外積　38
回転運動に関する方程式　47
回転の運動方程式　47
外力　37
回路方程式　121

ガウスの法則　108
可逆　146
可逆過程　146
角運動量　39
拡散　153
拡散係数　156
角振動数　67
荷電粒子　106

気体定数　138
気体分子運動論　143
基本単位　7
逆三角関数　57
球座標　265
共鳴吸収　167
行列式　39
極板　110
キルヒホッフの第1法則　97
キルヒホッフの第2法則　97

クーロンの法則　107

経験的温度　137
ケプラー運動　40

剛体　38
剛体の回転による運動エネルギー　49
剛体の慣性モーメント　47
固有振動数　67
コンダクタンス　96
コンデンサー　110

さ 行

磁界　98
次元　7
次元解析　8
仕事　15
磁束　99
磁場　98, 112
周期　67
重積分　264
終端速度　27
自由度　47
重力の位置エネルギー　17
準静的過程　146
衝撃波　81
定数変化法　276
状態量　137
常微分方程式　278
初期位相　67
食連星　91
磁力線　98
浸透圧　154
振幅　67

スケール因子　52
スケール変換　8

正弦波　68
斉次方程式　275
赤方偏移　51
絶対温度　138
線形抵抗　95
線形微分方程式　275

た 行

単振動　67
弾性エネルギー　17

調和振動　67
直列　96

強め合う干渉　75

定圧モル比熱　147
定常波　76
定積モル比熱　147
ディメンション　7
テイラー級数　267
テイラー多項式　267
テイラー展開　267
電圧　95
電位差　95
電荷　106
電界　107
電気抵抗率　96
電気容量　111
電気力線　107
電磁誘導　99
電磁誘導の法則　118
点電荷　107
電場　107
電場ベクトル　107

ドップラー効果　79

な 行

内部エネルギー　146
内力　37

熱運動　138
熱平衡状態　137
熱容量　138
熱力学第1法則　147
熱力学的温度　138
熱量　138

は 行

波数　69
波長　69
波長比　86
ハッブル定数　51

索引 287

ハッブルパラメータ　51
波動　68
腹　76
半直弦　46
万有引力の法則　19

非オーム抵抗　95
非斉次方程式　275
非線形抵抗　95
比熱　138
比熱比　148
微分方程式　274
非保存力　19

節　76
フレミングの左手の法則　98

平均自由行程　156
並進運動に関する方程式　47
並列　96
ベクトル積　38
変位電流　123
変数分離型微分方程式　274
偏微分　278
偏微分方程式　278

ポアソンの関係式　148
ボイルの法則　138
放物運動　14
保存力　17
ポテンシャルエネルギー　17
ボルツマン定数　145

ま 行

マイヤーの関係式　147
マクスウェル-アンペールの法則　123
マクローリン展開　267

面積速度　43
面積分　108

や 行

有効ポテンシャル　35, 263
誘電率　107
誘導起電力　99, 117
誘導電場　118
誘導電流　99, 117
ゆらぎ　153

弱め合う干渉　75

ら 行

力学的エネルギー　19
力学的エネルギー保存則　19
力積　37
離心率　46
理想気体　138
理想気体の状態方程式　138

ローレンツ力　116

オリンピック問題で学ぶ
世界水準の物理入門

平成 22 年 4 月 30 日　発　　行
令和 4 年 3 月 10 日　第 6 刷発行

編　者　物理チャレンジ・オリンピック日本委員会
　　　　（2011 年 3 月より NPO 法人物理オリンピック日本委員会に改称）

発行者　池　田　和　博

発行所　丸善出版株式会社
　　　　〒101-0051 東京都千代田区神田神保町二丁目17番
　　　　編 集：電話 (03) 3512-3266／FAX (03) 3512-3272
　　　　営 業：電話 (03) 3512-3256／FAX (03) 3512-3270
　　　　http://www.maruzen-publishing.co.jp

© The Japan Committee of the Physics Olympiad, 2010

組版印刷・製本／藤原印刷株式会社

ISBN 978-4-621-08248-5 C 3042　　　　Printed in Japan

JCOPY 〈(一社)出版者著作権管理機構　委託出版物〉

本書の無断複写は著作権法上での例外を除き禁じられています．複写
される場合は，そのつど事前に，(一社)出版者著作権管理機構（電話
03-5244-5088, FAX 03-5244-5089, e-mail : info@jcopy.or.jp）の許諾
を得てください．